U0170991

# 多面体氧化亚铜晶体的
# 制备、性质及应用

## Preparation, Properties and Applications of
## Polyhedral Cuprous Oxide Crystals

孙少东　杨志懋　梁淑华　著

科 学 出 版 社

北 京

# 内 容 简 介

本书源于作者在多面体氧化亚铜（$Cu_2O$）单晶领域十余年的成果积累和研究心得。从材料四要素出发，在对多面体 $Cu_2O$ 单晶粉体液相生长工艺、表征分析和基础理论进行全面论述的基础上，系统地介绍多面体 $Cu_2O$ 的晶面特性和晶面效应，多面体 $Cu_2O$ 基复合材料的表面肖特基势垒效应，Cu-O 界面效应和晶面依赖界面效应，以及 $Cu_2O$ 在化学模板领域的应用。全书共 4 章，即绪论，多面体 $Cu_2O$ 的可控合成、生长机理与表征，多面体 $Cu_2O$ 晶体的晶面与界面效应，$Cu_2O$ 晶体在化学模板领域的应用。

本书内容丰富、层次分明、素材翔实、指导性强，可供从事微/纳米单晶材料、晶体生长技术、晶体学基础理论和催化技术研究的科技工作者参考，亦可作为高等院校材料、物理、化学及相关专业学生的课外读物。

**图书在版编目（CIP）数据**

多面体氧化亚铜晶体的制备、性质及应用 = Preparation, Properties and Applications of Polyhedral Cuprous Oxide Crystals / 孙少东，杨志懋，梁淑华著. —北京：科学出版社，2022.5

ISBN 978-7-03-071986-7

Ⅰ. ①多… Ⅱ. ①孙… ②杨… ③梁… Ⅲ. ①多面体-氧化铜-晶体-研究 Ⅳ. ①O614.121 ②O74

中国版本图书馆CIP数据核字（2022）第050494号

责任编辑：吴凡洁 罗 娟 / 责任校对：王萌萌
责任印制：吴兆东 / 封面设计：蓝正设计

**科学出版社** 出版
北京东黄城根北街 16 号
邮政编码：100717
http://www.sciencep.com

**北京中石油彩色印刷有限责任公司** 印刷
科学出版社发行 各地新华书店经销

\*

2022 年 5 月第 一 版 开本：720 × 1000 1/16
2023 年 4 月第二次印刷 印张：14 1/4
字数：276 000

定价：118.00 元
（如有印装质量问题，我社负责调换）

# 前　　言

氧化亚铜(Cu2O)晶体作为一种价格低廉且环境友好的窄禁带 p 型半导体材料，在催化、太阳能电池、农药、生物抗菌、化学传感和化学模板等领域均具有广泛的应用前景。研究表明，Cu2O 晶体的物理化学特性与其裸露的晶面密切相关。由此可见，掌握 Cu2O 晶面的生长机制、调控规律和可控合成技术，对设计和制备契合环境催化、能源转换与利用等产业需要的新型 Cu2O 基微/纳米复合材料至关重要。

在此背景下，为了使广大读者更加深入地了解 Cu2O 晶体的可控制备工艺、生长习性与机理、晶面/界面效应及相关应用，作者总结十余年来关于 Cu2O 晶体的研究成果及心得，并以此为基础撰写本书。本书包含作者及课题组主持的国家自然科学基金项目和省部级基金项目的研究成果，内容翔实、语言通俗，为读者详尽地介绍具有多面体形状的 Cu2O 单晶粉体的液相可控制备工艺、表征分析、生长机理、晶面特性、晶面效应、表面肖特基势垒效应、界面效应、晶面依赖界面效应及其在化学模板领域的应用。希望本书提及的研究方法可为从事微/纳米单晶材料、晶体生长技术和催化技术等应用基础研究的广大科技工作者及院校师生提供参考与借鉴。

本书全面阐述多面体 Cu2O 单晶的可控制备、性能及应用，共分为 4 章。第 1 章为绪论，主要概述 Cu2O 晶体的基本性质、应用领域与形貌调控研究进展；第 2 章详细介绍多面体 Cu2O 单晶的液相制备工艺、生长机理与表征分析；第 3 章主要阐述多面体 Cu2O 单晶的晶面特性与晶面效应以及多面体 Cu2O 基复合材料的表面肖特基效应、Cu-O 界面效应和晶面依赖界面效应；第 4 章着重介绍 Cu2O 晶体在化学模板领域的应用。

本书由西安理工大学孙少东教授、梁淑华教授以及西安交通大学杨志懋教授撰写。撰写过程中得到杨小丽、张鑫、何利平、张小川和石珍珍等在资料整理方面提供的帮助，孔春才、唐林丽和邓东楚等参与本书所涉及的部分研究工作，在此表示诚挚感谢。

需要说明的是，由于 Cu2O 晶体的应用领域极为广泛，且近年来关于可控合成 Cu2O 基复合材料的新技术和新成果不断涌现，故本书并未详细介绍 Cu2O 基复合材料方面的研究进展。整体而言，本书仅介绍 Cu2O 晶体研究领域的部分内容。

由于作者水平有限，书中存在的疏漏与不妥之处殷切期望各位同行及读者朋友批评指正。

孙少东

2021 年 10 月

# 目　　录

# 第1章 绪　　论

## 1.1　Cu₂O 的晶体结构

氧化亚铜（$Cu_2O$）晶体为"赤铜矿"结构，属于立方晶系，空间点群为 $Pn\bar{3}m$，它是由两个独立的 $Cu_4O$ 四面体相互嵌套而成的，其原子结构单元及排列方式如图 1-1 所示[1]，其中大球代表 O 原子，小球代表 Cu 原子。由图可知，每个 Cu 原子与两个 O 原子相连接，而 O 原子则处于四个 Cu 原子所围成的四面体中心[1-4]。$Cu_2O$ 的晶体学标准 PDF 卡片主要有两种（图 1-2），分别为 JCPDS 编号 05-0667（晶

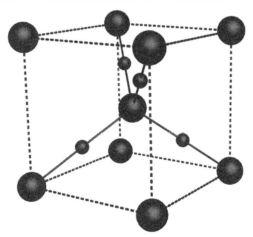

图 1-1　$Cu_2O$ 的晶体结构示意图[1]

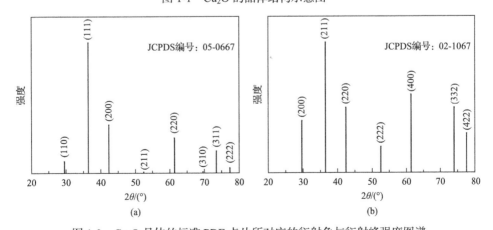

图 1-2　$Cu_2O$ 晶体的标准 PDF 卡片所对应的衍射角与衍射峰强度图谱

格常数=4.27nm)和 JCPDS 编号 02-1067(晶格常数=6.00nm)。而目前已报道的 $Cu_2O$ 晶体的 X 射线衍射(X-ray diffraction, XRD)图谱通常与 JCPDS 编号 05-0667 卡片相对应。

## 1.2 $Cu_2O$ 晶体的物理化学性质

### 1.2.1 $Cu_2O$ 晶体的物理性质

$Cu_2O$ 的分子量为 143.08,密度约为 $6.1g/cm^3$,熔点约为 1500K。自然界中的 $Cu_2O$ 晶体通常为红色固体粉末,但在化学合成中由于其颗粒尺寸差异会呈现出明显的颜色效应。例如,微米量级以上的 $Cu_2O$ 颗粒通常呈暗红色或红色,亚微米量级的 $Cu_2O$ 颗粒通常呈砖红色、橘红色或黄色,而纳米量级($<100nm$)的 $Cu_2O$ 颗粒则呈淡黄色、黄绿色或墨绿色。

$Cu_2O$ 晶体是一种非化学计量的窄禁带 p 型半导体材料[5],禁带宽度(band gap, $E_g$)约为 $2.17eV$[6]。室温下,其受主能级(空位)位于价带(valence band, VB)上方 $0.4eV$ 处,施主能级(电子)则位于导带(conductive band, CB)下方 $1.1\sim1.3eV$ 处[7]。强光激发下 $Cu_2O$ 晶体能够产生连续的、键能约为 $150meV$ 的激子[8],这些光生激子能够穿透 $Cu_2O$ 晶体。在低温环境下可观测到 $Cu_2O$ 激子的吸收光谱和荧光光谱,这有利于其量子限域效应研究[9]。

$Cu_2O$ 晶体的可见光吸收系数高,太阳能转化效率约为 12%,与合适的 n 型半导体结合可形成 p-n 结,能够产生较高的开关电压,因而它是一种极具前景的太阳能电池材料[5,6]。此外,$Cu_2O$ 晶体还具有独特的磁学性质和负膨胀行为,可用于磁记录存储[10,11]与光电子学器件的制造[12]。

### 1.2.2 $Cu_2O$ 晶体的化学性质

$Cu_2O$ 的 Cu 元素呈+1 价,因而它既可被氧化为 $Cu^{2+}$ 又可被还原为单质 Cu,这为原位构筑 Cu-O 界面及揭示表面重构与催化性能之间的相关性提供了理论依据[13]。室温下 $Cu_2O$ 的化学性质较为稳定,但在潮湿或高温环境下却易于氧化成黑色的 CuO[14]。更重要的是,$Cu_2O$ 中的 Cu 元素可与多种金属元素发生离子交换反应[15],O 原子可与 S 原子发生离子交换反应[16],且在离子交换反应之后用强酸(硝酸、盐酸)[17]或碱(氨水)[18]可将剩余的 $Cu_2O$ 溶解去除,或利用卤素与 $Cu^+$ 发生歧化反应,通过自刻蚀亦可溶解并去除剩余的 $Cu_2O$[19],这些独特的化学性质使得 $Cu_2O$ 成为一种良好的化学模板。第 4 章将重点介绍 $Cu_2O$ 在化学模板领域中的应用。

## 1.3 Cu₂O 晶体的应用领域简介

Cu$_2$O 晶体仅由 Cu 和 O 两种元素组成，原材料来源丰富、价格低廉，且制备工艺简单、对设备要求低、可控性和可操作性强，是一种经济型半导体材料，受到了学界与业界的广泛关注。Cu$_2$O 拥有独特的物理化学性能，因而在太阳能电池[7]、光催化降解[20-23]、气敏传感器[24-27]、一氧化碳催化氧化[28-30]、生物传感器[31-37]、重金属检测[38]、二氧化碳还原[39-41]、锂离子电池[42-44]、化学模板[45]、阻抗存储器[46,47]和生物抗菌[48]等领域得到了广泛应用。因此，控制合成形貌规则、尺寸均匀且单分散性良好的微/纳米 Cu$_2$O 晶体，并揭示其生长机理和相关的物理化学特性，对构筑新型 Cu$_2$O 基复合材料和扩展其使用价值具有重要意义。

## 1.4 Cu₂O 晶体的研究进展

### 1.4.1 研究现状概述

在纳米材料的可控合成领域，除了被高度关注的贵金属和二氧化钛，Cu$_2$O 晶体的晶面调控和形貌控制同样受到国内外研究人员的青睐。目前，已合成的具有规则几何形貌的 Cu$_2$O 晶体包括量子点、纳米线、纳米管、纳米棒、纳米片、纳米带、分等级结构、分支结构和各种多面体(例如，立方体、八面体、十四面体、十八面体、二十四面体、二十六面体、三十面体、五十面体、七十四面体和九十八面体等)[49]。利用这些形貌多样的 Cu$_2$O 微/纳米结构，研究人员可以进行"构效关系"的深入研究。例如，中国科学技术大学 Hua 等关于 Cu$_2$O 晶体的研究主要集中于单晶多面体的表面重构与晶面依赖催化性能[50-55]。北京航空航天大学 Shang 等关于 Cu$_2$O 晶体的研究主要集中于表面活性与拉曼性能增强机制以及化学模板应用[56-68]。台湾"清华大学"Huang 等关于 Cu$_2$O 晶体的研究主要集中于晶面/界面依赖催化性能[69-81]。西安理工大学孙少东教授、梁淑华教授及西安交通大学杨志懋教授在 Cu$_2$O 晶体的晶面指数调控、异质界面构筑和化学模板等领域均进行了大量的基础性研究[49,82-120]。

### 1.4.2 国内外关于 Cu₂O 形貌控制的典型示例

#### 1. 纳米球

采用液相法可控制备 Cu$_2$O 纳米球通常需要使用表面活性剂或有机溶剂。例如，Pang 和 Zeng[121]利用硝酸铜作铜源，2-丙醇作溶剂，聚乙烯吡咯烷酮作保护剂，氢氧化钠作沉淀剂，水合肼作还原剂，在室温下成功制备出由众多尺寸规则的纳米球（130～135nm）高度有序排列而成的 $Cu_2O$ 超结构，如图 1-3 所示[121]。Zhang 等[24] 选用乙酸铜作铜源，$N,N$-二甲基甲酰胺和去离子水的混合物作溶剂，聚乙烯吡咯烷酮作形貌调控剂，硼氢化钠作还原剂，在 85～95℃下，快速制备出单分散性良好的 $Cu_2O$ 纳米球。此外，Xu 等[122]采用乙酸铜作铜源，β 环糊精作形貌调控剂，抗坏血酸作还原剂，在超声波辅助环境下制备出具有多孔结构的 $Cu_2O$ 纳米球。

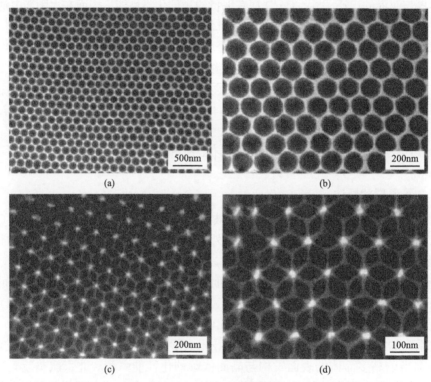

图 1-3　$Cu_2O$ 纳米球[121]

2. 一维结构

　　水热与溶剂热合成法通常是指在一定温度和压强的液相反应体系中，利用金属盐溶液和有机溶剂或保护剂等物质发生化学反应来制备微/纳米颗粒。水分子或其他溶剂分子在高温高压环境中处于临界或超临界状态，其反应活性高，对晶体的晶向调控起关键作用。因此，水热与溶剂热合成法有利于一维 $Cu_2O$ 晶体的构筑。例如，Tan 等[6]采用乙酸铜作铜源，邻-甲氧苯胺吡咯或 2,5-二甲基乙氧基苯胺作还原剂，在水热条件下制备出 $Cu_2O$ 纳米线和以 $Cu_2O$ 为内核、2,5-二甲基乙氧基苯胺为外壳的电缆状 $Cu_2O$@2,5-二甲基乙氧基苯胺纳米线，如图 1-4 所示[6]。又如，Liu 等[123]以乙酸铜作铜源，乙二醇作溶剂，在 160℃水热条件下保温 18h

后制备出了威化饼干形貌的 $Cu_2O$ 纳米线（直径约 30nm）阵列。Orel 等[124]采用水热法，以乙酸铜作铜源，二甘醇作溶剂，在 190℃水热条件下保温 6h 后制备出了球形和圆锥形的 $Cu_2O$ 纳米线（直径约 20nm，长度达 5μm）阵列。此外，Xiong 等[125]选用乙酸铜作铜源，首先让乙酸铜与二甲基乙二肟反应产生 $Cu(dmg)_2$，随后将形成的 $Cu(dmg)_2$ 与氯化铜配位生成 $Cu_3(dmg)_2Cl_4$ 前驱体，最后将 $Cu_3(dmg)_2Cl_4$ 前驱体加入由环己胺、十二烷基硫酸钠、pfl-辛醇、葡萄糖和水组成的混合溶剂中，经过 60℃水热保温 4h 后制备出了 $Cu_2O$ 纳米线（直径约 20nm，长度达 3～6μm）。

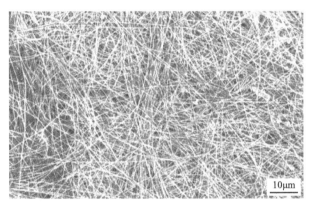

图 1-4 $Cu_2O$@2,5-二甲基乙氧基苯胺纳米线[6]

### 3. 多面体

液相合成多面体 $Cu_2O$ 单晶通常需要引入形貌调控剂。例如，Siegfried 和 Choi[126]采用电化学法，以硝酸铜作铜源、十二烷基硫酸钠作形貌调控剂，通过调控反应时间，成功制备出了形貌多样的 $Cu_2O$ 微米结构，包括立方体、八面体、截角和截棱结构，如图 1-5 所示[126]。Gou 和 Murphy[127]采用液相还原法，以硫酸铜作铜源，十六烷基三甲基溴化铵作保护剂，氢氧化钠作沉淀剂，抗坏血酸钠作还原剂，在反应温度为 55℃的条件下制备出了尺寸约为 450nm 的 $Cu_2O$ 立方体。Xu 等[128]采用液相还原法，以氯化铜作铜源，氨水作络合剂，氢氧化钠作沉淀剂，水合肼作还原剂，在室温下通过调控 $Cu^{2+}$∶$NH_3$∶$OH^-$（物质的量之比）获得了 $Cu_2O$ 八面体。Kuo 等[129]采用液相籽晶法，以硫酸铜作铜源，十二烷基硫酸钠作保护剂，氢氧化钠作沉淀剂，抗坏血酸钠作还原剂，通过调控十二烷基硫酸钠和氢氧化钠之间的比例和添加顺序使得溶液中产生一定量的 $Cu_2O$ 晶种，然后继续添加硫酸铜和抗坏血酸钠，最终成功制备出了尺寸可控（40～420nm）且单分散性良好的纳米 $Cu_2O$ 立方体。在此基础上，通过调整铜源种类、反应物浓度和还原剂类型，还可制备出尺寸合适的纳米 $Cu_2O$ 立方体、八面体和十二面体，这些裸露不同晶面的

Cu$_2$O 晶体明显表现出晶面依赖光催化活性。Yang 和 Liu[130]以氯化铜作铜源，氢氧化钠作沉淀剂，酒石酸钠作还原剂，在水热环境下实现了由六足 Cu$_2$O 晶体向八面体和截角八面体形状的演变。Zhao 等[131]以硝酸铜作铜源，乙醇/水作溶剂，甲酸作还原剂，在 150℃水热环境中制备出了尺寸均匀、形貌单一且单分散性良好的微米级 Cu$_2$O 立方体。以此为基础，继续调整反应物浓度并引入氨水，可以获得八足结构和截角、截棱立方体。Sui 等[132]以硫酸铜作铜源，聚乙烯吡咯烷酮作保护剂，柠檬酸钠和无水碳酸钠作沉淀剂，葡萄糖作还原剂，通过调整聚乙烯吡咯烷酮用量实现了 Cu$_2$O 由立方体向截角八面体、八面体和球体的形貌调变。Liang 等[133]以硫酸铜作铜源，氢氧化钠作沉淀剂，油酸/乙醇作溶剂，葡萄糖作还原剂，在 100℃液相体系下实现了 Cu$_2$O 由立方体向八面体、截棱八面体和菱形十二面体的形貌演变。Yao 等[134]以乙酸铜作铜源，十六烷基伯胺和十一烷混合液作溶剂，在 160～220℃水热体系中，通过调控反应物浓度和反应时间，构筑了由 Cu$_2$O 立方体或菱形十二面体纳米结构单元自组装形成的高度有序的超结构。结果发现，由纳米 Cu$_2$O 立方体结构单元组成的超结构的晶体学取向为[001]晶向，而由菱形十二面体纳米结构单元构筑的超结构的晶体学取向分别为[112]、[111]、[011]和[001]晶向，如图 1-6 所示[134]。

| 0min | 5min | 15min | 30min | 90min |
|---|---|---|---|---|
| {111} | | {110} | | {100} |
| {111} | {110} | | | {100} |

图 1-5　Cu$_2$O 多面体(标尺为 1μm)[126]

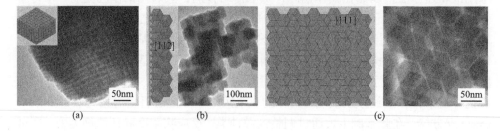

(a)　　　　　　　　(b)　　　　　　　　(c)

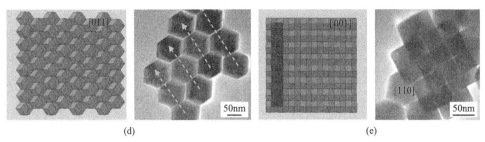

(d)                              (e)

图 1-6  利用 Cu$_2$O 立方体或菱形十二面体自组装形成的高度有序超结构及其几何示意图[134]

### 4. 多足分支结构

调控扩散动力学可以改变不同晶面的生长速率，进而制备出多足分支结构。例如，Xu 和 Xue[135]利用扩散限制聚集机制揭示了立方晶系 Cu$_2$O 典型的五种分支生长方式。实验采用水热合成法，以硝酸铜作铜源，乙二胺四乙酸作络合剂，氢氧化钠作沉淀剂，通过调控体系的 pH、反应温度和反应时间等参数可控制备出了形貌多样的多足结构 Cu$_2$O 聚集体，如图 1-7 所示[135]。类似地，Chang 和 Zeng[136]以硝酸铜作铜源，甲酸/水作溶剂，通过调整水热体系的反应物浓度、反应温度和反应时间等参数，可控合成出了形态更为复杂的多足 Cu$_2$O 聚集体。Liu 等[137]以硫酸铜作铜源，乙醇/水作溶剂，乙二胺四乙酸二钠和十六烷基三甲基溴化铵作保护剂，采用氢氧化钠调控体系的 pH，在 γ 射线照射环境下成功制备出了 Cu$_2$O 多足体和纺锤体。此外，Siegfried 和 Choi[138-140]、McShane 和 Choi[141]及 Li 等[142]利

图 1-7  Cu$_2$O 多足分支结构(标尺为 1μm)[135]

用电化学法，通过调控反应体系电势、pH 和引入添加剂实现了对 Cu$_2$O 不同裸露晶面生长习性的定向操控，并揭示了 Cu$_2$O 晶体由多面体生长向分支多足生长演变的基本规律[139]，由此人们意识到无机离子在晶体生长过程中亦具有形貌调控剂的作用。

### 5. 分等级结构

在液相体系中，选择适当的还原剂并引入有机保护剂，可以对不同晶面的生长速率进行操控，这有利于 Cu$_2$O 分等级纳米结构的可控制备。例如，Zhang 等[143]采用微乳液法，以硫酸铜作铜源，乙二胺四乙酸作络合剂，氢氧化钠作沉淀剂，葡萄糖作还原剂，制备出了具有塔尖外形的分等级 Cu$_2$O 纳米结构，如图 1-8(a)所示[143]。微乳液体系中的表面活性剂和助表面活性剂可以在油相-水相界面形成纳米反应器，这有利于调整 Cu$_2$O 晶体自身的生长习性。例如，Luo 等[144]采用液相还原法，在十六烷基三甲基溴化铵/N,N-二甲基甲酰胺/水体系中，以乙酸铜作铜源、硼氢化钠作还原剂，制备出了花状 Cu$_2$O 纳米结构，如图 1-8(b)所示[144]，这种特殊纳米结构在微电子领域具有潜在的应用前景。

(a)                                    (b)

图 1-8  具有塔尖外形的分等级 Cu$_2$O 纳米结构[143](a)和花状 Cu$_2$O 纳米结构(b)[144]

### 6. 空心结构

在过去十几年里，软模板和无模板合成法已经广泛地应用于各种空心 Cu$_2$O 微/纳米结构的可控合成。以下内容将重点介绍具有不同形貌的空心 Cu$_2$O 微/纳米结构的合成方法和生长机制。

#### 1)零维纳米点

作为一种独特的纳米结构，量子点(QDs)具有特殊的物理化学性质[145]，但学术界关于零维空心 Cu$_2$O 纳米点却鲜有报道。根据柯肯德尔(Kirkendall)原理，空心金属氧化物纳米颗粒的合成包括以下步骤。

(1)金属纳米粒子的合成。

(2)金属纳米粒子表面经氧化形成金属@氧化物纳米核壳结构。

(3)借助柯肯德尔效应,金属原子向外扩散,最终形成空心结构。

在不同反应条件下金属纳米粒子的表面氧化可以决定最终空心金属氧化物的成分、尺寸和形状。在铜氧化物中,铜的高扩散速率使之成为研究柯肯德尔效应的理想模型。Hung 等[146]利用柯肯德尔效应成功制备出空心 $Cu_2O$ 纳米点。需要注意的是,这种空心 $Cu_2O$ 纳米点是在氯仿环境中形成的,其在空气中的化学稳定性可能会限制其实际应用。

2)一维纳米管

2003 年,Cao 等[147]发现室温下利用水合肼或葡萄糖还原$[Cu(OH)_4]^{2-}$前驱体可分别形成 $Cu_2O$ 纳米管和纳米棒。当前驱体浓度较低时有利于管状结构的形成,而前驱体浓度较高时则会形成棒状纳米结构。类似地,利用氢氧化铜纳米棒阵列作牺牲模板,可制备出由空心 $Cu_2O$ 纳米球定向排列组装的高度有序的纳米管阵列[148]。在此过程中,$Cu_2O$ 纳米管的合成归因于柯肯德尔效应,而空心 $Cu_2O$ 纳米球是由实心 $Cu_2O$ 纳米球经过奥斯特瓦尔德(Ostwald)熟化后的产物。虽然纳米 $Cu_2O$ 合成方法已日趋成熟,但是制备表面积大且扩散性能良好的空心 $Cu_2O$ 纳米管仍具挑战。

3)空心球的外壳控制

奥斯特瓦尔德熟化是制备具有可控壳层 $Cu_2O$ 空心球的常规机制。在典型的奥斯特瓦尔德熟化过程中,较小的纳米颗粒通过持续的固相-液相-固相再结晶转变逐渐溶解并最终形成较大的纳米颗粒。迄今为止,人们在优化奥斯特瓦尔德熟化过程的基础上,已成功制备出了具有单壳层、双壳层和多壳层的 $Cu_2O$ 空心球,相关研究进展如下所述。

(1)单壳层空心球。

Chang 等[149]发现,由 CuO 纳米晶组成的聚集体可以被液相还原形成具有多晶外壳的 $Cu_2O$ 空心球,这种 $Cu_2O$ 空心球是通过溶剂热处理硝酸铜/$N,N$-二甲基甲酰胺/水实现的。具体制备过程如下:

①构筑 CuO 纳米粒子。

②形成球形 CuO 聚集体。

③将 CuO 聚集体还原成球形 $Cu_2O$。

④借助奥斯特瓦尔德熟化机制形成具有单一壳层的 $Cu_2O$ 空心球。

类似地,Li 等[150]采用溶剂热法,在 180℃下处理硝酸铜/乙二醇/水混合物,成功合成出了兼具{111}和{110}活性面的 $Cu_2O$ 空心球。该体系中乙二醇作为一种结构导向剂可吸附于 Cu₂O 纳米颗粒表面，从而诱导活性{110}和{111}晶面的交联。这种 Cu₂O 空心球的形成机制可归因于亚稳态纳米粒子聚集体的自转化过程，并伴有局部的奥斯特瓦尔德熟化。

水热法与溶剂热法涉及的反应温度较高，因而开发一种简便快速的合成方法非常必要。Zhang 和 Wang[151]发现由硝酸铜/聚乙烯吡咯烷酮/水合肼组成的混合溶液，在常温常压下借助奥斯特瓦尔德熟化即可实现球形 Cu₂O 的空心演变。如图 1-9(a)～(f)所示，随着熟化时间的延长，Cu₂O 实心球逐渐演化成厚的纳米壳层，继而由厚的纳米壳层演变为薄的纳米壳层的空心球，最终演化成塌陷的 Cu₂O 多孔结构。具体形成过程如下：

①水合肼还原 $Cu^{2+}$ 形成实心的球状 Cu₂O 聚集体。

②借助奥斯特瓦尔德熟化，球状 Cu₂O 聚集体的纳米颗粒结构单元由内向外吞噬形成空腔。

③通过调整奥斯特瓦尔德熟化时间来改变壳层厚度。由图 1-9 可知，随着奥斯特瓦尔德熟化的进行壳层厚度不断减小，直至壳层结构坍塌。

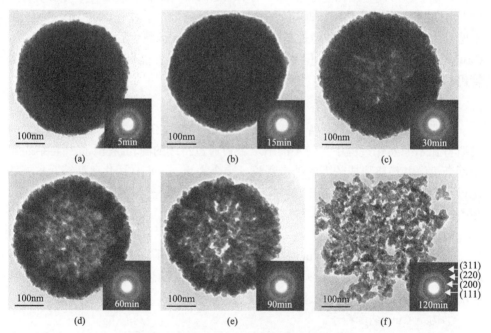

图 1-9　奥斯特瓦尔德熟化过程中不同反应时间获得的单壳层 Cu₂O
空心球对应的透射电镜图像和衍射图(内插图)[151]

不借助任何有机保护剂也可制备空心 Cu₂O 纳米结构。例如，Wang 等发现仅利用水合肼还原硫酸铜溶液即可获得 Cu₂O 空心球，其形成机理如图 1-10 所示。首先，水合肼将 $Cu^{2+}$ 还原成铜纳米粒子，这些纳米粒子再通过溶解氧的氧化作用演变成 Cu₂O 纳米粒子,演变过程如图 1-10 步骤 Ⅰ 所示。然后,形成的 Cu₂O 纳米颗粒有向反应过程中产生的氮气气泡周围聚集的趋势(步骤 Ⅱ)。最终,在气-液界面能的驱动下形成由细小纳米粒子聚集而成的 Cu₂O 空心球(步骤 Ⅲ)。

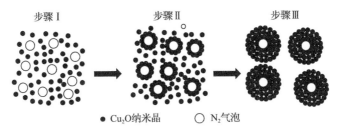

图 1-10 气泡辅助合成 Cu₂O 空心球的反应机理示意图[152]

(2) 双壳层空心球。

基于单壳层 Cu₂O 空心球制备工艺,Zhang 和 Wang[153]开发了一种新的多步奥斯特瓦尔德熟化法,并制备出了具有双层外壳的 Cu₂O 空心球。首先,依据文献[151]提及的实验方法制备出单壳层 Cu₂O 空心球,如图 1-11(a)所示。然后,向反应体系中再次添加反应物,这些新反应物将会在单壳层 Cu₂O 空心球的外壳表面进一步组装和填充,形成壳层较厚的新纳米晶聚集体(图 1-11(b))。随后,这种新的前驱体将继续发生奥斯特瓦尔德熟化使得内壳和外壳逐渐变薄,从而形成双壳层结构(图 1-11(c)和(d))。需要强调的是,在不同反应阶段添加新的反应物,可以使 Cu₂O 空心球的多步奥斯特瓦尔德熟化过程得以延续,进而形成具有更多壳层的空心结构。

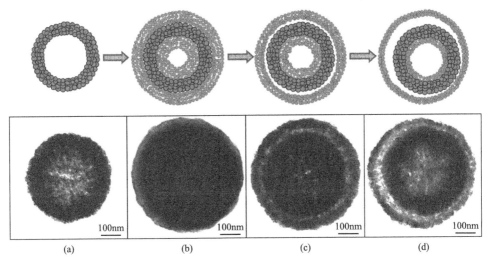

图 1-11 双壳 Cu₂O 空心球的多级奥斯特瓦尔德熟化机理示意图[153]

(a)单壳层 Cu₂O 空心球的透射电镜图像;(b)多壳层 Cu₂O 空心球的透射电镜图像;
(c)厚外壳 Cu₂O 双壳层结构的透射电镜图像;(d)薄外壳 Cu₂O 双壳层结构的透射电镜图像

除上述方法外，微乳液法亦可用来制备具有多级壳层的空心 $Cu_2O$。例如，Wang 等[154]在室温下利用水合肼还原硫酸铜/十六烷基三甲基溴化铵/水混合溶液制备出了双壳层 $Cu_2O$ 空心球。具体演变过程如下：①首先 $Cu^{2+}$被水合肼还原得到铜纳米粒子，随后这些粒子经氧化熟化形成单壳 $Cu_2O$ 空心球；②吸附在 $Cu_2O$ 纳米颗粒表面的十六烷基三甲基溴化铵分子层借助亚稳态聚集自转化过程和奥斯特瓦尔德熟化最终形成双壳层 $Cu_2O$ 空心球。此外，无模板法合成双壳层 $Cu_2O$ 空心球一直受到人们的关注。例如，Geng 等[155]在室温下不借助任何表面活性剂成功制备出了尺寸均匀的纳米 $Cu_2O$ 空心结构。

(3) 多壳层空心球。

目前，虽然人们已制备出多种具有多层壳的 $Cu_2O$ 空心球，但这些多晶态壳层中普遍存在的晶体缺陷将限制电子的转移与传输，因此制备具有高活性晶面的单晶多壳层 $Cu_2O$ 空心结构极为必要。如文献[154]所述，对水/十六烷基三甲基溴化铵微乳液而言，随着十六烷基三甲基溴化铵含量的增加可形成自组装的胶束和双层(甚至多层)聚集体，具体包括胶束、囊泡和多片层囊泡。受该原理启发，Xu 和 Wang[156]发现具有多层外壳的 $Cu_2O$ 空心球可在 60℃的硫酸铜/十六烷基三甲基溴化铵/抗坏血酸/氢氧化钠体系中获得。图 1-12(a)是利用十六烷基三甲基溴化铵微乳液合成多壳层 $Cu_2O$ 空心结构的反应机理示意图。在硫酸铜/十六烷基三甲基溴化铵/抗坏血酸/氢氧化钠体系中，作为生长位点的多层囊泡将导致多壳空心球的形成，通过调整体系中十六烷基三甲基溴化铵的浓度，可以控制这些空心 $Cu_2O$ 球体的外壳结构数量(包括单壳层结构、双壳层结构和三壳层结构，如图 1-12(b)～(d)所示)。此外，Yec 和 Zeng[157]利用晶种诱导连续奥斯特瓦尔德熟化法成功制备出了各种多壳层"核-壳"和"蛋黄-壳"纳米结构，记作($Cu_2O@$) $n$-$Cu_2O$($n$=1～4)。该方法与"增材制造"技术类似，即前一步形成的 $Cu_2O$ 可作为后续壳层生长的基底，如此反复叠加即可构筑多级壳层结构，迄今为止已制备出 20 种典型的 $Cu_2O$ 空心结构。Zhang 等[26]利用硝酸铜作铜源，乙醇作溶剂，氨基酸作还原剂，在 160℃下采用水热法同样制备出了具有多级壳层的 $Cu_2O$ 空心球。通过调控 $Cu^{2+}$和氨基酸的物质的量之比等参数，可实现纳米颗粒、微米实心球、空心正八面体、空心十二面体和多壳层空心球等多种形貌的可控制备。

综上所述，$Cu_2O$ 晶体的研究内容主要包括形貌控制合成和晶面指数操控。以形貌多样的 $Cu_2O$ 晶体为基体，研究人员可构筑出新型的 $Cu_2O$ 基复合材料。在掌握 $Cu_2O$ 晶体裸露晶面生长规律的基础上，可将这种生长规律和研究方法进一步扩展至其他类型半导体材料的晶体生长领域，丰富晶体生长的基础理论。

目前，虽然人们已制备出了多种典型的 $Cu_2O$ 多面体(如立方体、八面体、菱形十二面体及其截角、截棱多面体)，但是这些多面体均是由低指数的{100}、{110}和{111}晶面排列组合而成的，而含有高指数晶面的 $Cu_2O$ 多面体却鲜见报道，并

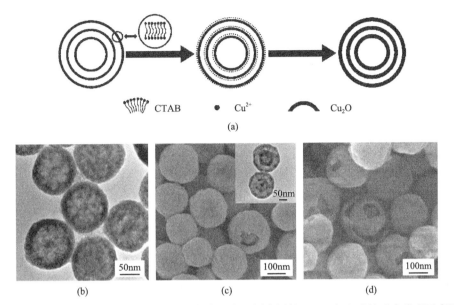

图 1-12 (a)十六烷基三甲基溴化铵辅助制备具有不同壳层的 Cu$_2$O 空心球的反应机理示意图；(b)单壳层 Cu$_2$O 空心球的透射电镜图像；(c)双壳层 Cu$_2$O 空心球的扫描电镜图像，插图为对应的透射电镜图像；(d)三壳层 Cu$_2$O 空心球的扫描电镜图像[156]

且这些合成方法主要局限于有机物辅助液相法和添加剂辅助电化学沉积法，存在操作复杂、需要有机保护剂及成本较高等缺点。因此，探索操作简便、无模板辅助且高产量制备形貌新颖、尺寸均匀且单分散性良好的高对称 Cu$_2$O 多面体的液相合成工艺已成为当前的研究热点，但该问题的解决仍具挑战。

## 1.5 章 节 安 排

本书在对 Cu$_2$O 晶体基本特性、应用领域和形貌可控合成的研究进展进行简要叙述的基础上，着重对多面体 Cu$_2$O 单晶粉体的液相合成工艺、生长机理、晶面/界面效应和化学模板应用等方面进行详细论述。

全书共 4 章。

第 1 章，主要概述 Cu$_2$O 晶体的基本特性、应用领域与形貌调控研究进展。

第 2 章，详细阐述液相合成工艺对多面体 Cu$_2$O 单晶形貌的调控规律，介绍各种类型多面体 Cu$_2$O 单晶的微观结构表征与分析，揭示不同类型多面体 Cu$_2$O 单晶的生长机理。

第 3 章，着重介绍多面体 Cu$_2$O 单晶的晶面/界面效应。结合多种典型实例，为读者系统讲述多面体 Cu$_2$O 的晶面效应以及多面体 Cu$_2$O 基复合材料的肖特基势垒效应、Cu-O 界面效应和晶面依赖界面效应。

第 4 章，重点讲述 Cu$_2$O 晶体作为化学模板在可控制备空心或具有规则几何形貌微/纳米结构领域所取得的研究进展。以控制合成空心硫化物、空心金属化合物、空心或具有规则几何形貌的金属或合金为示例，详细阐述利用 Cu$_2$O 模板制备不同类型空心结构的可控技术与生长机理。同时，作者对"基于 Cu$_2$O 模板制备空心结构"的发展方向提出一些新的思考与建议。

## 参 考 文 献

[1] Zuo J M, Kim M, O'Keeffe M, et al. Direct observation of d-orbital holes and Cu-Cu bonding in Cu$_2$O[J]. Nature, 1999, 401: 49-52.

[2] Raebiger H, Lany S, Zunger A. Origins of the p-type nature and cation deficiency in Cu$_2$O and related materials[J]. Physical Review B, 2007, 76: 045209.

[3] Soon A, Todorova M, Delley B, et al. Thermodynamic stability and structure of copper oxide surfaces: A first-principles investigation[J]. Physical Review B, 2007, 75: 125420.

[4] Roslyak O, Birman J L. Theory of high-density optical effects on polaritons in Cu$_2$O: Bistability and optical hysteresis[J]. Physical Review B, 2008, 77: 075206.

[5] Mahalingam T, Chitra J S P, Chu J P, et al. Structural and annealing studies of potentiostatically deposited Cu$_2$O thin films[J]. Solar Energy Materials and Solar Cells, 2005, 88: 209-216.

[6] Tan Y W, Xue X Y, Peng Q, et al. Controllable fabrication and electrical performance of single crystalline Cu$_2$O nanowires with high aspect ratios[J]. Nano Letters, 2007, 7: 3723-3728.

[7] Rakhshani A E. Preparation, characteristics and photovoltaic properties of cuprous-oxide—A review[J]. Solid State Electronics, 1986, 29: 7-17.

[8] Huang L M, Wang H T, Wang Z B, et al. Cuprite nanowires by electrodeposition from lyotropic reverse hexagonal liquid crystalline phase[J]. Chemistry of Materials, 2002, 14: 876-886.

[9] Borgohain K, Murase N, Mahamuni S. Synthesis and properties of Cu$_2$O quantum particles[J]. Journal of Applied Physics, 2002, 92: 1292-1297.

[10] Yermakov A Y, Uimin M A, Mysik A A, et al. Magnetism and structure of Cu$_2$O$_{1+x}$ and 3d-doped TiO$_{2-x}$ nanopowders[J]. Journal of Magnetism and Magnetic Materials, 2007, 310: 2102-2104.

[11] Yermakov A Y, Feduschak T A, Uimin M A, et al. Reactivity of nanocrystalline copper oxide and its modification under magnetic field[J]. Solid State Ionics, 2004, 172: 317-323.

[12] Artioli G, Dapiaggi M, Fornasini P, et al. Negative thermal expansion in cuprite-type compounds: A combined synchrotron XRPD, EXAFS, and computational study of Cu$_2$O and Ag$_2$O[J]. Journal of Physics and Chemistry of Solids, 2006, 67: 1918-1922.

[13] Wan L L, Zhou Q X, Wang X, et al. Cu$_2$O nanocubes with mixed oxidation-state facets for (photo)catalytic hydrogenation of carbon dioxide[J]. Nature Catalysis, 2019, 2: 889-898.

[14] Sun S D, Zhang X Z, Sun Y X, et al. A facile strategy for the synthesis of hierarchical CuO nanourchins and their application as non-enzymatic glucose sensors[J]. RSC Advances, 2013, 3: 13712-13719.

[15] Nai J W, Tian Y, Guan X, et al. Pearson's principle inspired generalized strategy for the fabrication of metal hydroxide and oxide nanocages[J]. Journal of the American Chemical Society, 2013, 135: 16082-16091.

[16] Jiao S H, Xu L F, Jiang K, et al. Well-defined non-spherical copper sulfide mesocages with single-crystalline shells by shape-controlled Cu$_2$O crystal templating[J]. Advanced Materials, 2006, 18: 1174-1177.

[17] Qin Y, Che R C, Liang C Y, et al. Synthesis of Au and Au-CuO cubic microcages via an in situ sacrificial template approach[J]. Journal of Materials Chemistry, 2011, 21: 3960-3965.

[18] Zhang W X, Chen Z X, Yang Z H. An inward replacement/etching route to synthesize double-walled Cu$_7$S$_4$ nanoboxes and their enhanced performances in ammonia gas sensing[J]. Physical Chemistry Chemical Physics, 2009, 11: 6263-6268.

[19] Wang Z Y, Luan D Y, Boey F Y C, et al. Fast formation of SnO$_2$ nanoboxes with enhanced lithium storage capability[J]. Journal of the American Chemical Society, 2011, 133: 4738-4741.

[20] Zhang Y, Deng B, Zhang T R, et al. Shape effects of Cu$_2$O polyhedral microcrystals on photocatalytic activity[J]. The Journal of Chemical Physics C, 2010, 114: 5073-5079.

[21] de Jongh P E, Vanmaekelbergh D, Kelly J J. Cu$_2$O: A catalyst for the photochemical decomposition of water[J]. Chemical Communications, 1999, 12: 1069-1070.

[22] Pang H, Gao F, Lu Q Y. Glycine-assisted double-solvothermal approach for various cuprous oxide structures with good catalytic activities[J]. CrystEngComm, 2010, 12: 406-412.

[23] Hara M, Kondo T, Komoda M, et al. Cu$_2$O as a photocatalyst for overall water splitting under visible light irradiation[J]. Chemical Communications, 1998, 3: 357-358.

[24] Zhang J T, Liu J F, Peng Q, et al. Nearly monodisperse Cu$_2$O and CuO nanospheres: Preparation and applications for sensitive gas sensors[J]. Chemistry of Materials, 2006, 18: 867-871.

[25] Shishiyanu S T, Shishiyanu T S, Lupan O I. Novel NO$_2$ gas sensor based on cuprous oxide thin films[J]. Sensors and Actuators B: Chemical, 2006, 113: 468-476.

[26] Zhang H G, Zhu Q S, Zhang Y, et al. One-pot synthesis and hierarchical assembly of hollow Cu$_2$O microspheres with nanocrystals-composed porous multishell and their gas-sensing properties[J]. Advanced Functional Materials, 2007, 17: 2766-2771.

[27] Guan L N, Pang H A, Wang J J, et al. Fabrication of novel comb-like Cu$_2$O nanorod-based structures through an interface etching method and their application as ethanol sensors[J]. Chemical Communications, 2010, 46: 7022-7024.

[28] Leng M, Liu M Z, Zhang Y B, et al. Polyhedral 50-facet Cu$_2$O microcrystals partially enclosed by {311} high-index planes: Synthesis and enhanced catalytic CO oxidation activity[J]. Journal of the American Chemical Society, 2010, 132: 17084-17087.

[29] Wang X, Liu C, Zheng B J, et al. Controlled synthesis of concave Cu$_2$O microcrystals enclosed by {$hhl$} high-index facets and enhanced catalytic activity[J]. Journal of Materials Chemistry A, 2013, 1: 282-287.

[30] Bao H Z, Zhang W H, Hua Q, et al. Crystal-plane-controlled surface restructuring and catalytic performance of oxide nanocrystals[J]. Angewandte Chemie International Edition, 2011, 50: 12294-12298.

[31] Kumar M S, Ghosh S, Nayak S, et al. Recent advances in biosensor based diagnosis of urinary tract infection[J]. Biosensors and Bioelectronics, 2016, 80: 497-510.

[32] Reverté L, Prieto-Simón B, Campàs M. New advances in electrochemical biosensors for the detection of toxins: Nanomaterials, magnetic beads and microfluidics systems: A review[J]. Analytica Chimica Acta, 2016, 908: 8-21.

[33] Zhu Z G, Garcia-Gancedo L, Flewitt A J, et al. A critical review of glucose biosensors based on carbon nanomaterials: Carbon nanotubes and graphene[J]. Sensors, 2012, 12: 5996-6022.

[34] Toghill K E, Compton R G. Electrochemical non-enzymatic glucose sensors: A perspective and an evaluation[J]. International Journal of Electrochemical Science, 2010, 5: 1246-1301.

[35] Hahn Y B, Ahmad R, Tripathy N. Chemical and biological sensors based on metal oxide nanostructures[J]. Chemical Communications, 2012, 48: 10369-10385.

[36] Lee J H. Gas sensors using hierarchical and hollow oxide nanostructures: Overview[J]. Sensors and Actuators B: Chemical, 2009, 140: 319-336.

[37] Fellx S, Kollu P, Raghupathy B P C, et al. Electrocatalytic activity of $Cu_2O$ nanocubes based electrode for glucose oxidation[J]. Journal of Chemical Sciences, 2014, 126: 25-32.

[38] Liu Z G, Sun Y F, Chen W K, et al. Facet-dependent stripping behavior of $Cu_2O$ microcrystals toward lead ions: A rational design for the determination of lead ions[J]. Small, 2015, 11: 2493-2498.

[39] Li C W, Kanan M W. $CO_2$ reduction at low overpotential on Cu electrodes resulting from the reduction of thick $Cu_2O$ films[J]. Journal of the American Chemical Society, 2012, 134: 7231-7234.

[40] Larrazábal G O, Martín A J, Krumeich F, et al. Solvothermally-prepared $Cu_2O$ electrocatalysts for $CO_2$ reduction with tunable selectivity by the introduction of p-block elements[J]. ChemSusChem, 2017, 10: 1255-1265.

[41] Jung H J, Lee S Y, Lee C W, et al. Electrochemical fragmentation of $Cu_2O$ nanoparticles enhancing selective C-C coupling from $CO_2$ reduction reaction[J]. Journal of the American Chemical Society, 2019, 141: 4624-4633.

[42] Poizot P, Laruelle S, Grugeon S, et al. Nano-sized transition-metal oxides as negative-electrode materials for lithium-ion batteries[J]. Nature, 2000, 407: 496-499.

[43] Zhang C Q, Tu J P, Huang X H, et al. Preparation and electrochemical performances of cubic shape $Cu_2O$ as anode material for lithium ion batteries[J]. Journal of Alloys and Compounds, 2007, 441: 52-56.

[44] Fu L, Gao J, Zhang T, et al. Effect of $Cu_2O$ coating on graphite as lithium ion battery in PC-based anode material of electrolyte[J]. Journal of Power Sources, 2007, 171: 904-907.

[45] Zhang Z M, Sui J, Zhang L J, et al. Synthesis of polyaniline with a hollow, octahedral morphology by using a cuprous oxide template[J]. Advanced Materials, 2005, 17: 2854-2857.

[46] Chen A, Haddad S, Wu Y C, et al. Erasing characteristics of $Cu_2O$ metal-insulator-metal resistive switching memory[J]. Applied Physics Letters, 2008, 92: 013503.

[47] Yang W Y, Rhee S W. Effect of electrode material on the resistance switching of $Cu_2O$ film[J]. Applied Physics Letters, 2007, 91: 232907.

[48] Pang H, Gao F, Lu Q Y. Morphology effect on antibacterial activity of cuprous oxide[J]. Chemical Communications, 2009, 9: 1076-1078.

[49] Sun S D, Zhang X J, Yang Q, et al. Cuprous oxide ($Cu_2O$) crystals with tailored architectures: A comprehensive review on synthesis, fundamental properties, functional modifications and applications[J]. Progress in Materials Science, 2018, 96: 111-173.

[50] Hua Q, Chen K, Chang S J, et al. Crystal plane-dependent compositional and structural evolution of uniform $Cu_2O$ nanocrystals in aqueous ammonia solutions[J]. The Journal of Chemical Physics C, 2011, 115: 20618-20627.

[51] Hua Q, Cao T, Gu X K, et al. Crystal plane-controlled selectivity of $Cu_2O$ catalysts in propylene oxidation with molecular oxygen[J]. Angewandte Chemie International Edition, 2014, 53: 4856-4861.

[52] Zhang Z H, Wu H, Yu Z Y, et al. Site-resolved $Cu_2O$ catalysis in the oxidation of CO[J]. Angewandte Chemie International Edition, 2019, 58: 4276-4280.

[53] Hua Q, Shang D L, Zhang W H, et al. Morphological evolution of $Cu_2O$ nanocrystals in an acid solution: Stability of different crystal planes[J]. Langmuir, 2011, 27: 665-671.

[54] Hua Q, Chen K, Chang S J, et al. Reduction of Cu₂O nanocrystals: Reactant-dependent influence of capping ligands and coupling between adjacent crystal planes[J]. RSC Advances, 2011, 1: 1200-1203.

[55] Bao H Z, Zhang Z H, Hua Q, et al. Compositions, structures, and catalytic activities of CeO₂@Cu₂O nanocomposites prepared by the template-assisted method[J]. Langmuir, 2014, 30: 6427-6436.

[56] Shang Y, Shao Y M, Zhang D F, et al. Recrystallization-induced self-assembly for the growth of Cu₂O superstructures[J]. Angewandte Chemie International Edition, 2014, 53: 11514-11518.

[57] Shang Y, Sun D, Shao Y M, et al. A facile top-down etching to create a Cu₂O jagged polyhedron covered with numerous {110} edges and {111} corners with enhanced photocatalytic activity[J]. Chemistry-A European Journal, 2012, 18: 14261-14266.

[58] Shang Y, Guo L. Facet-controlled synthetic strategy of Cu₂O-based crystals for catalysis and sensing[J]. Advanced Science, 2015, 2: 1500140.

[59] Liu Q, Cui Z M, Zhang Q, et al. Gold-catalytic green synthesis of Cu₂O/Au/CuO hierarchical nanostructure and application for CO gas sensor[J]. Chinese Science Bulletin, 2014, 59: 7-10.

[60] Jiang L, You T T, Yin P G, et al. Surface-enhanced Raman scattering spectra of adsorbates on Cu₂O nanospheres: Charge-transfer and electromagnetic enhancement[J]. Nanoscale, 2013, 5: 2784-2789.

[61] Zhao D Y, Xu L H, Shang Y, et al. Facet-dependent electro-optical properties of cholesteric liquid crystals doped with Cu₂O nanocrystals[J]. Nano Research, 2018, 11: 4836-4845.

[62] Lin J, Hao W, Shang Y, et al. Direct experimental observation of facet-dependent SERS of Cu₂O polyhedra[J]. Small, 2017, 14: 1703274.

[63] Zhang H, Zhang D F, Guo L, et al. One-pot assembly of Cu₂O chain-like hollow structures[J]. Journal of Nanoscience and Nanotechnology, 2008, 8: 6332-6337.

[64] Fan W H, Shi Z W, Yang X P, et al. Bioaccumulation and biomarker responses of cubic and octahedral Cu₂O micro/nanocrystals in Daphnia magna[J]. Water Research, 2012, 46: 5981-5988.

[65] 孙都, 殷鹏刚, 郭林. 纳米多级结构枣核型多孔氧化亚铜的合成及拉曼性质[J]. 物理化学学报, 2011, 27: 1543-1550.

[66] Shang Y, Zhang D F, Guo L. CuCl-intermediated construction of short-range-ordered Cu₂O mesoporous spheres with excellent adsorption performance[J]. Journal of Materials Chemistry, 2012, 22: 856-861.

[67] Zhang L, Cui Z M, Wu Q, et al. Cu₂O-CuO composite microframes with well-designed micro/nano structures fabricated via controllable etching of Cu₂O microcubes for CO gas sensors[J]. CrystEngComm, 2013, 15: 7462-7467.

[68] Zhang D F, Zhang H, Shang Y, et al. Stoichiometry-controlled fabrication of CuₓS hollow structures with Cu₂O as sacrificial templates[J]. Crystal Growth & Design, 2011, 11: 3748-3753.

[69] Huang M H, Madasu M. Facet-dependent and interfacial plane-related photocatalytic behaviors of semiconductor nanocrystals and heterostructures[J]. Nanotoday, 2019, 28: 100768.

[70] Thoka S, Lee A T, Huang M H. Scalable synthesis of size-tunable small Cu₂O nanocubes and octahedra for facet-dependent optical characterization and pseudomorphic conversion to Cu nanocrystals[J]. ACS Sustainable Chemistry & Engineering, 2019, 7: 10467-10476.

[71] Naresh G, Hsieh P L, Meena V, et al. Facet-dependent photocatalytic behaviors of ZnS-decorated Cu₂O polyhedra arising from tunable interfacial band alignment[J]. ACS Applied Materials & Interfaces, 2019, 11: 3582-3589.

[72] Tsai H Y, Madasu M, Huang M H. Polyhedral Cu₂O crystals for diverse aryl alkyne hydroboration reactions[J]. Chemistry-A European Journal, 2019, 25: 1300-1303.

[73] Madasu M, Hsia C F, Rej S, et al. Cu$_2$O pseudomorphic conversion to Cu crystals for diverse nitroarene reduction[J]. ACS Sustainable Chemistry & Engineering, 2018, 6: 11071-11077.

[74] Huang J Y, Hsieh P L, Naresh G, et al. Photocatalytic activity suppression of CdS nanoparticle-decorated Cu$_2$O octahedra and rhombic dodecahedra[J]. The Journal of Chemical Physics C, 2018, 122: 12944-12950.

[75] Huang J Y, Madasu M, Huang M H. Modified semiconductor band diagrams constructed from optical characterization of size-tunable Cu$_2$O cubes, octahedra, and rhombic dodecahedra[J]. The Journal of Chemical Physics C, 2018, 122: 13027-13033.

[76] Rej S, Madasu M, Tan C S, et al. Polyhedral Cu$_2$O to Cu pseudomorphic conversion for stereoselective alkyne semihydrogenation[J]. Chemical Science, 2018, 9: 2517-2524.

[77] Huang M H, Naresh G, Chen H S. Facet-dependent electrical, photocatalytic, and optical properties of semiconductor crystals and their implications for applications[J]. ACS Applied Materials & Interfaces, 2018, 10: 4-15.

[78] Chu C Y, Huang H Y. Facet-dependent photocatalytic properties of Cu$_2$O crystals probed by electron, hole and radical scavengers[J]. Journal of Materials Chemistry A, 2017, 5: 15116-15123.

[79] Wu S C, Tan C S, Huang M H. Strong facet effects on interfacial charge transfer revealed through the examination of photocatalytic activities of various Cu$_2$O-ZnO heterostructures[J]. Advanced Functional Materials, 2017, 27: 1604635.

[80] Yuan G Z, Hsia C F, Lin Z W, et al. Highly facet-dependent photocatalytic properties of Cu$_2$O crystals established through the formation of Au-decorated Cu$_2$O heterostructures[J]. Chemistry-A European Journal, 2016, 22: 12548-12556.

[81] Tan C S, Hsu S C, Ke W H, et al. Facet-dependent electrical conductivity properties of Cu$_2$O crystals[J]. Nano Letters, 2015, 15: 2155-2160.

[82] Ren H Q, Zhang X, Zhang X C, et al. An Mn$^{2+}$-mediated construction of rhombicuboctahedral Cu$_2$O nanocrystals enclosed by jagged surfaces for enhanced enzyme-free glucose sensing[J]. CrystEngComm, 2020, 22: 2042-2048.

[83] Yu X J , Liu X, Wang B, et al. An LSPR-based "push-pull" synergetic effect for the enhanced photocatalytic performance of a gold nanorod@cuprous oxide-gold nanoparticle ternary composite[J]. Nanoscale, 2020, 12: 1912-1920.

[84] Sun S D, Zhang X, Cui J, et al. Tuning interfacial Cu-O atomic structures for enhanced catalytic applications[J]. Chemistry-An Asian Journal, 2019, 14: 2912-2924.

[85] Sun S D, Yang Q, Liang S H, et al. Hollow Cu$_x$O ($x$=2,1) micro/nanostructures: Synthesis, fundamental properties and applications[J]. CrystEngComm, 2017, 19: 6225-6251.

[86] Sun S D. Recent advances in hybrid Cu$_2$O-based heterogeneous nanostructures[J]. Nanoscale, 2015, 7: 10850-10882.

[87] Tang L L, Du Y H, Kong C C, et al. One-pot synthesis of etched Cu$_2$O cubes with exposed {110} facets with enhanced visible-light-driven photocatalytic activity[J]. Physical Chemistry Chemical Physics, 2015, 17: 29479-29482.

[88] Sun S D, Yang Z M. Cu$_2$O-templated strategy for synthesis of definable hollow architectures[J]. Chemical Communications, 2014, 50: 7403-7415.

[89] Sun S D, Yang Z M. Recent advances in tuning crystal facets of polyhedral cuprous oxide architectures[J]. RSC Advances, 2014, 4: 3804-3822.

[90] Sun S D, Zhang H J, Tang L L, et al. One-pot fabrication of novel cuboctahedral Cu$_2$O crystals enclosed by anisotropic surfaces with enhancing catalytic performance[J]. Physical Chemistry Chemical Physics, 2014, 16: 20424-20428.

[91] Kong C C, Tang L L, Zhang X Z, et al. Templating synthesis of hollow CuO polyhedron and its application for nonenzymatic glucose detection[J]. Journal of Materials Chemistry A, 2014, 2: 7306-7312.

[92] Tang L L, Lv J, Sun S D, et al. Facile hydroxyl-assisted synthesis of morphological Cu$_2$O architectures and their shape-dependent photocatalytic performances[J]. New Journal of Chemistry, 2014, 38: 4656-4660.

[93] Sun S D, Deng D C, Song X P, et al. Elucidating a twin-dependent chemical activity of hierarchical copper sulfide nanocages[J]. Physical Chemistry Chemical Physics, 2013, 15: 15964-15970.

[94] Sun S D, Wang S R L, Deng D C, et al. Formation of hierarchically polyhedral Cu$_7$S$_4$ cages from Cu$_2$O templates and their structure-dependent photocatalytic performances[J]. New Journal of Chemistry, 2013, 37: 3679-3684.

[95] Kong C C, Sun S D, Zhang X Z, et al. Nanoparticle-aggregated hollow copper microcages and their surface-enhanced Raman scattering activity[J]. CrystEngComm, 2013, 15: 6136-6139.

[96] Sun S D, Deng D C, Kong C C, et al. Twins in polyhedral 26-facet Cu$_7$S$_4$ cages: Synthesis, characterization and their enhancing photochemical activities[J]. Dalton Transactions, 2012, 41: 3214-3222.

[97] Sun S D, Song X P, Sun Y X, et al. The crystal-facet-dependent effect of polyhedral Cu$_2$O microcrystals on photocatalytic activity[J]. Catalysis Science & Technology, 2012, 2: 925-930.

[98] Sun S D, Song X P, Deng D C, et al. Nanotwins in polycrystalline Cu$_7$S$_4$ cages: Highly active architectures for enhancing photocatalytic activities[J]. Catalysis Science & Technology, 2012, 2: 1309-1314.

[99] Sun S D, Zhang X Z, Song X P, et al. Bottom-up assembly of hierarchical Cu$_2$O nanospheres: Controllable synthesis, formation mechanism and enhanced photochemical activities[J]. CrystEngComm, 2012, 14: 3545-3553.

[100] Sun S D, Song X P, Deng D C, et al. Copper sulfide cages wholly exposed with nanotwinned building blocks[J]. CrystEngComm, 2012, 14: 67-70.

[101] Sun S D, Kong C C, You H J, et al. Facet-selective growth of Cu-Cu$_2$O heterogeneous architectures[J]. CrystEngComm, 2012, 14: 40-43.

[102] Sun S D, Kong C C, Yang S C, et al. Highly symmetric polyhedral Cu$_2$O crystals with controllable-index planes[J]. CrystEngComm, 2011, 13: 2217-2221.

[103] Sun S D, Deng D C, Kong C C, et al. Seed-mediated synthesis of polyhedral 50-facet Cu$_2$O architectures[J]. CrystEngComm, 2011, 13: 5993-5997.

[104] Sun S D, Zhang H, Song X P, et al. Polyhedron-aggregated multi-facet Cu$_2$O homogeneous structures[J]. CrystEngComm, 2011, 13: 6040-6044.

[105] Sun S D, Song X P, Kong C C, et al. Selective-etching growth of urchin-like Cu$_2$O architectures[J]. CrystEngComm, 2011, 13: 6616-6620.

[106] Sun S D, You H J, Kong C C, et al. Etching-limited branching growth of cuprous oxide during ethanol-assisted solution synthesis[J]. CrystEngComm, 2011, 13: 2837-2840.

[107] Sun S D, Song X P, Kong C C, et al. Unique polyhedral 26-facet CuS hollow architectures decorated with nanotwinned, mesostructural and single crystalline shells[J]. CrystEngComm, 2011, 13: 6200-6205.

[108] Hong F, Sun S D, You H J, et al. Cu$_2$O template strategy for the synthesis of structure-definable noble metal alloy mesocages[J]. Crystal Growth & Design, 2011, 11: 3694-3697.

[109] Sun S D, Zhou F Y, Wang L Q, et al. Template-free synthesis of well-defined truncated edge polyhedral Cu$_2$O architectures[J]. Crystal Growth & Design, 2010, 10: 541-547.

[110] Yang Z M, Sun S D, Kong C C, et al. Designated-tailoring on {100} facets of Cu$_2$O nanostructures: From octahedral to its different truncated forms[J]. Journal of Nanomaterials, 2010, 2010: 710584.

[111] Ma B, Kong C C , Lv J, et al. Cu-Cu$_2$O heterogeneous architecture for the enhanced CO catalytic oxidation[J]. Advanced Materials Interfaces, 2020, 7: 1901643.

[112] Yu Z P, Kong C C, Lv J, et al. Ultrathin Cu$_x$O nanoflakes anchored Cu$_2$O nanoarray for enhanced nonenzymatic glucose detection[J]. Journal of Solid State Electrochemistry, 2020, 24: 583-590.

[113] Ma B, Kong C C, Lv J, et al. Controllable in-situ synthesis of Cu-Cu$_2$O heterostructures with enhanced visible-light photocatalytic activity[J]. ChemistrySelect, 2018, 3: 10641-10645.

[114] Lv J, Kong C C, Liu K, et al. Surfactant-free synthesis of novel Cu$_2$O hollow yolk-shell cubes decorated with Pt nanoparticles for enhanced H$_2$O$_2$ detection[J]. Chemical Communications, 2018, 54: 8458-8461.

[115] Kong C C, Ma B, Liu K, et al. Continuous UV irradiation synthesis of ultra-small Au nanoparticles decorated Cu$_2$O with enhanced photocatalytic activity[J]. Composites Communications, 2018, 9: 27-32.

[116] Kong C C, Ma B, Liu K, et al. Templated-synthesis of hierarchical Ag-AgBr hollow cubes with enhanced visible-light-responsive photocatalytic activity[J]. Applied Surface Science, 2018, 443: 492-496.

[117] Kong C C, Lv J, Hu X X, et al. Template-synthesis of hierarchical CuO nanoflowers constructed by ultrathin nanosheets and their application for non-enzymatic glucose detection[J]. Materials Letters, 2018, 219: 134-137.

[118] Lv J, Kong C C, Hu X X, et al. Zinc ion mediated synthesis of cuprous oxide crystals for non-enzymatic glucose detection[J]. Journal of Materials Chemistry B, 2017, 5: 8686-8694.

[119] Lv J, Kong C C, Xu Y, et al. Facile synthesis of novel CuO/Cu$_2$O nanosheets on copper foil for high sensitive nonenzymatic glucose biosensor[J]. Sensors and Actuators B: Chemical, 2017, 248: 630-638.

[120] Tang L L, Lv J, Kong C C, et al. Facet-dependent nonenzymatic glucose sensing properties of Cu$_2$O cubes and octahedra[J]. New Journal of Chemistry, 2016, 40: 6573-6576.

[121] Pang M L, Zeng H C. Highly ordered self-assemblies of submicrometer Cu$_2$O spheres and their hollow chalcogenide derivatives[J]. Langmuir, 2010, 26: 5963-5970.

[122] Xu L, Jiang L P, Zhu J J. Sonochemical synthesis and photocatalysis of porous Cu$_2$O nanospheres with controllable structures[J]. Nanotechnology, 2009, 20: 045605.

[123] Liu X Y, Hu R Z, Xiong S L, et al. Well-aligned Cu$_2$O nanowire arrays prepared by an ethylene glycol-reduced process[J]. Materials Chemistry and Physics, 2009, 114: 213-216.

[124] Orel Z C, Anzlovar A, Drazic G, et al. Cuprous oxide nanowires prepared by an additive-free polyol process[J]. Crystal Growth & Design, 2007, 7: 453-458.

[125] Xiong Y J, Li Z Q, Zhang R, et al. From complex chains to 1D metal oxides: A novel strategy to Cu$_2$O nanowires[J]. The Journal of Chemical Physics B, 2003, 107: 3697-3702.

[126] Siegfried M J, Choi K S. Elucidating the effect of additives on the growth and stability of Cu$_2$O surfaces via shape transformation of pre-grown crystals[J]. Journal of the American Chemical Society, 2006, 128: 10356-10357.

[127] Gou L F, Murphy C J. Solution-phase synthesis of Cu$_2$O nanocubes[J]. Nano Letters, 2003, 3: 231-234.

[128] Xu H L, Wang W Z, Zhu W. Shape evolution and size-controllable synthesis of Cu$_2$O octahedra and their morphology- dependent photocatalytic properties[J]. The Journal of Chemical Physics B, 2006, 110: 13829-13834.

[129] Kuo C H, Chen C H, Huang M H. Seed-mediated synthesis of monodispersed Cu$_2$O nanocubes with five different size ranges from 40 to 420nm[J]. Advanced Functional Materials, 2007, 17: 3773-3780.

[130] Yang H, Liu Z H. Facile synthesis, shape evolution, and photocatalytic activity of truncated cuprous oxide octahedron microcrystals with hollows[J]. Crystal Growth & Design, 2010, 10: 2064-2067.

[131] Zhao H Y, Wang Y F, Zeng J H. Hydrothermal synthesis of uniform cuprous oxide microcrystals with controlled morphology[J]. Crystal Growth & Design, 2008, 8: 3731-3734.

[132] Sui Y M, Fu W Y, Yang H B, et al. Low temperature synthesis of Cu$_2$O crystals: Shape evolution and growth mechanism[J]. Crystal Growth & Design, 2010, 10: 99-108.

[133] Liang X D, Gao L, Yang S W, et al. Facile synthesis and shape evolution of single-crystal cuprous oxide[J]. Advanced Materials, 2009, 21: 2068-2071.

[134] Yao K X, Yin X M, Wang T H, et al. Synthesis, self-assembly, disassembly, and reassembly of two types of Cu$_2$O nanocrystals unifaceted with {001} or {110} planes[J]. Journal of the American Chemical Society, 2010, 132: 6131-6144.

[135] Xu J S, Xue D F. Five branching growth patterns in the cubic crystal system: A direct observation of cuprous oxide microcrystals[J]. Acta Materials, 2007, 55: 2397-2406.

[136] Chang Y, Zeng H C. Manipulative synthesis of multipod frameworks for self-organization and self-amplification of Cu$_2$O microcrystals[J]. Crystal Growth & Design, 2004, 4: 273-278.

[137] Liu H R, Miao W F, Yang S, et al. Controlled synthesis of different shapes of Cu$_2$O via γ-irradiation[J]. Crystal Growth & Design, 2009, 9: 1733-1740.

[138] Siegfried M J, Choi K S. Electrochemical crystallization of cuprous oxide with systematic shape evolution[J]. Advanced Materials, 2004, 16: 1743-1746.

[139] Siegfried M J, Choi K S. Directing the architecture of cuprous oxide crystals during electrochemical growth[J]. Angewandte Chemie International Edition, 2005, 44: 3218-3223.

[140] Siegfried M J, Choi K S. Elucidation of an overpotential-limited branching phenomenon observed during the electrocrystallization of cuprous oxide[J]. Angewandte Chemie International Edition, 2008, 47: 368-372.

[141] McShane C M, Choi K S. Photocurrent enhancement of n-type Cu$_2$O electrodes achieved by controlling dendritic branching growth[J]. Journal of the American Chemical Society, 2009, 131: 2561-2569.

[142] Li J, Shi Y, Cai Q, et al. Patterning of nanostructured cuprous oxide by surfactant-assisted electrochemical deposition[J]. Crystal Growth & Design, 2008, 8: 2652-2659.

[143] Zhang H W, Zhang X, Li H Y, et al. Hierarchical growth of Cu$_2$O double tower-tip-like nanostructures in water/oil microemulsion[J]. Crystal Growth & Design, 2007, 7: 820-824.

[144] Luo Y S, Li S Q, Ren Q F, et al. Facile synthesis of flowerlike Cu$_2$O nanoarchitectures by a solution phase route[J]. Crystal Growth & Design, 2007, 7: 87-92.

[145] Yin M, Wu C K, Lou Y B, et al. Copper oxide nanocrystals[J]. Journal of the American Chemical Society, 2005, 127: 9506-9511.

[146] Hung L I, Tsung C K, Huang W Y, et al. Room-temperature formation of hollow Cu$_2$O nanoparticles[J]. Advanced Materials, 2010, 22: 1910-1914.

[147] Cao M H, Hu C W, Wang Y H, et al. A controllable synthetic route to Cu, Cu$_2$O, and CuO nanotubes and nanorods[J]. Chemical Communications, 2003, 15: 1884-1885.

[148] Xu J, Tang Y B, Zhang W, et al. Fabrication of architectures with dual hollow structures: Arrays of Cu$_2$O nanotubes organized by hollow nanospheres[J]. Crystal Growth & Design, 2009, 9: 4524-4528.

[149] Chang Y, Teo J J, Zeng H C. Formation of colloidal CuO nanocrystallites and their spherical aggregation and reductive transformation to hollow Cu$_2$O nanospheres[J]. Langmuir, 2005, 21: 1074-1079.

[150] Li Y, Chen D, Yu W B, et al. Hollow Cu$_2$O microspheres with exposed two active {111} and {110} facets for highly selective adsorption and photodegradation of anionic dye[J]. RSC Advances, 2015, 5: 55520-55526.

[151] Zhang L, Wang H. Cuprous oxide nanoshells with geometrically tunable optical properties[J]. ACS Nano, 2011, 5: 3257-3267.

[152] Wang W Z, Zhang P C, Peng L, et al. Template-free room temperature solution phase synthesis of Cu$_2$O hollow spheres[J]. CrystEngComm, 2010, 12: 700-701.

[153] Zhang L, Wang H. Interior structural tailoring of Cu$_2$O shell-in-shell nanostructures through multistep Ostwald ripening[J]. The Journal of Chemical Physics C, 2011, 115: 18479-18485.

[154] Wang W Z, Tu Y, Zhang P, et al. Surfactant-assisted synthesis of double-wall Cu$_2$O hollow spheres[J]. CrystEngComm, 2011, 13: 1838-1842.

[155] Geng B Y, Liu J, Zhao Y Y, et al. A room-temperature chemical route to homogeneous core-shell Cu$_2$O structures and their application in biosensors[J]. CrystEngComm, 2011, 13: 697-701.

[156] Xu H L, Wang W Z. Template synthesis of multishelled Cu$_2$O hollow spheres with a single-crystalline shell wall[J]. Angewandte Chemie International Edition, 2007, 46: 1489-1492.

[157] Yec C C, Zeng H C. Synthetic architecture of multiple core-shell and yolk-shell structures of (Cu$_2$O@)$_n$Cu$_2$O ($n$=1-4) with centricity and eccentricity[J]. Chemistry of Materials, 2012, 24: 1917-1929.

# 第 2 章　多面体 Cu₂O 晶体的可控合成、生长机理与表征

材料的光、电、热、磁和催化等性能不仅与其成分、物相和尺寸等因素相关，还受微观结构单元晶面指数的影响[1-7]。例如，厦门大学孙世刚院士课题组[4]首次证实了由{730}、{210}和{520}等高指数晶面组成的二十四面体 Pt 纳米单晶比商用 Pt/C 催化剂具有更高的电催化活性[4]。另外，非金属氧化物的物理化学性能亦存在显著的晶面效应[8-11]。例如，多面体 Cu₂O 晶体的光催化降解甲基橙性能极大地依赖晶面指数，其{111}晶面的活性远高于{100}晶面[11]。因此，研究以功能为导向的晶面调控，揭示"晶面指数-生长机理-物化性质-使用性能"四者之间的相互关系对新材料的开发和应用具有重要意义。

Cu₂O 晶体作为一种价格低廉且环境友好的窄禁带 p 型半导体材料[11]，在一氧化碳催化氧化、氮氧化物催化还原、交叉偶联催化反应、光催化、光电催化、太阳能电池、农药、生物抗菌、化学传感和化学模板等领域均具有广泛的应用前景。研究表明，Cu₂O 晶体的物理化学性质与其裸露的晶面密切相关[11]，关于 Cu₂O 单晶的科学研究主要集中于晶面的控制合成与"构效关系"。由此可见，掌握 Cu₂O 晶面的生长机制、调控规律和可控合成技术，对设计和制备契合环境催化、能源转换与利用等产业需要的新型 Cu₂O 基微/纳米复合材料而言至关重要。

本章将结合作者课题组与国内外同行的前期研究成果，首先对晶体生长的基本理论(包括晶体的几何构型、晶面演变规律以及晶面指数的确定方法等)进行系统阐述。随后为读者详细介绍多面体 Cu₂O 单晶的可控制备工艺与相关机理，包括各种类型的含有低指数晶面的和含有高指数晶面的 Cu₂O 多面体的液相合成工艺、演变规律、生长机理与表征分析等。最后，关于多面体 Cu₂O 单晶的发展方向作者给出了一些思考与建议。

## 2.1　晶体生长基本理论

### 2.1.1　晶面指数与几何形貌

晶体学中，人们把三维空间点阵中任意三个节点所构成的平面称为晶面，国际上用晶面指数($hkl$)表示，其物理意义是一组互相平行且晶面间距相等的晶面。按晶面指数中 $h$、$k$、$l$ 的数值大小可将晶面分为两大类：一类是低指数晶面，即常见的(100)、(111)和(110)晶面；另一类是高指数晶面($hkl$)，$h$、$k$、$l$ 中至少有

一个数值大于 2。另外，人们将原子排列完全相同但空间位向不同（即不平行）的晶面统称为晶面族，国际上用 {hkl} 表示。在不考虑晶面极性的情况下，立方晶系的 {100} 晶面族包括（100）、（010）和（001）三组晶面；{111} 晶面族包括（111）、（$\bar{1}$11）、（1$\bar{1}$1）和（11$\bar{1}$）四组晶面；而 {110} 晶面族包括（110）、（101）、（011）、（$\bar{1}$10）、（10$\bar{1}$）、（0$\bar{1}$1）六组晶面。

按照晶面的种类和几何形貌可将晶体形态分为两类：一类是由等大同形的同一种晶面围成的单形；另一类是由两种或多种不同晶面围成的聚形，它是由两种或两种以上单形组合而成的多面体。这些多面体几何构型的点、线、面之间的数学关系满足欧拉定理，即多面体顶点数 $V$、面数 $F$ 和棱边数 $E$ 的关系满足 $E=F+V-2$。

晶体生长过程中的热力学、动力学和晶体结构共同决定了晶体的几何形貌[12]，传统的晶体生长过程如图 2-1 所示，即形核和长大两个基本过程。化学反应中利用还原剂可将离子态的前驱体还原成相应的原子，这些原子会自发聚集形成晶核来降低体系的自由能。当晶核尺寸超过临界晶核尺寸时，自发聚集形成的晶核将演化为物相稳定且由不同晶面指数包络的多面体晶粒[13]，称为晶种（seeds）。通常，晶种的类型包括单晶型、单孪晶型、多孪晶型以及它们的共存复合型。热力学因素（表面自由能）和动力学因素（生长速率）极大地影响晶种的微观结构[14]。当热力学控制晶种形状时，为了降低体系的表面自由能，按照吉布斯-乌尔夫（Gibbs-Wullf）理论，形成的晶种为单晶型。表面自由能 $\gamma$ 可定义为产生新表面所需的单位表面积的能量。其中，$G$ 为体系自由能，$A$ 为表面积，$n_i$ 为组分 $i$ 的化学成分，$T$ 为温度，$P$ 为压强。

$$\gamma = \left( \frac{\partial G}{\partial A} \right)_{n_i, T, P} \tag{2-1}$$

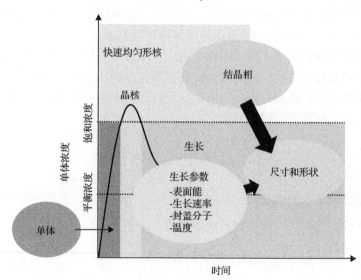

图 2-1　传统的晶体生长过程示意图[12]

晶种形成时，由于表面化学键的消失，其自身的对称性会受到破坏，导致表面原子向内扩散，而回复力的存在又使得扩散到内部的原子重新回到初始位置。根据这一模型，表面自由能可用式(2-2)表示：

$$\gamma = \frac{1}{2} N_b \varepsilon \rho_a \tag{2-2}$$

式中，$N_b$ 表示破裂键的数目；$\varepsilon$ 表示键长；$\rho_a$ 表示表面原子密度。

面心立方(fcc)晶体的低指数晶面的表面能为式(2-3)～式(2-5)：

$$\gamma_{\{110\}} = 4.24\left(\frac{\varepsilon}{a^2}\right) \tag{2-3}$$

$$\gamma_{\{100\}} = 4.00\left(\frac{\varepsilon}{a^2}\right) \tag{2-4}$$

$$\gamma_{\{111\}} = 3.36\left(\frac{\varepsilon}{a^2}\right) \tag{2-5}$$

式中，$a$ 为点阵常数。

因此，面心立方晶体的表面自由能排列顺序为 $\gamma_{\{111\}} < \gamma_{\{100\}} < \gamma_{\{110\}} < \gamma_{\{hkl\}}$（$h$、$k$、$l$ 中至少有一个大于2）。由此可见，暴露的{111}或{100}晶面越多，体系的自由能就越低，因而立方结构单晶型晶种通常呈现出八面体或四面体形状。但这两种形貌的表面积均大于相同体积立方体的表面积。所以，通常认为单晶型晶种是由 8 个{111}晶面和 6 个{100}晶面共同组成的十四面体，这类晶种一般出现在贵金属纳米材料的生长过程中[13]。

为降低表面自由能，晶粒的几何外形通常是由表面能低的{111}、{100}和{110}晶面组成的多面体。由低指数晶面围成的单形多面体的形状相对简单。例如，8 个{111}晶面可以构成正八面体，6 个{100}晶面可以构成立方体，12 个{110}晶面可以构成菱形正十二面体。然而，由高指数晶面所组成的单形多面体的形状较为复杂。例如，24 个{331}晶面可以构成三八面体，48 个{321}晶面可以构成六八面体，24 个{311}晶面可以构成偏方三八面体，24 个{310}晶面可以构成四六面体，如图 2-2 所示[5]。

除了单形多面体，由两种或两种以上的低指数晶面可以组成聚形多面体。例如，八面体的 6 个顶点被{100}晶面截掉会形成由 8 个{111}晶面和 6 个{100}晶面组成的十四面体；立方体的 8 个顶点被{111}晶面截掉会形成由 6 个{100}晶面和 8 个{111}晶面组成的十四面体；八面体的 12 条棱边被{110}晶面截掉，且 6 个顶点被{100}晶面截掉会形成由 6 个{100}晶面、8 个{111}晶面和 12 个{110}晶面组成

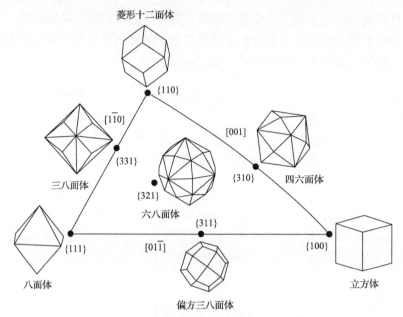

菱形十二面体

{110}

[1̄10]

{331}

[001]

三八面体

{321}

六八面体

{310}

四六面体

{311}

八面体 {111} [01̄1] {100} 立方体

偏方三八面体

图 2-2　单形多面体的几何形貌示意图[5]

的二十六面体；立方体的 12 条棱边被{110}晶面截掉，且 8 个顶点被{111}晶面截掉会形成由 6 个{100}晶面、8 个{111}晶面和 12 个{110}晶面组成的二十六面体，如图 2-3 所示。此外，还有多种由{111}和{100}晶面组成的四面体及其截棱、截角的演变体，如图 2-4 所示[15]。

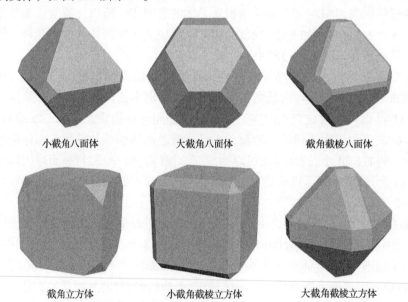

小截角八面体　　　　大截角八面体　　　　截角截棱八面体

截角立方体　　　　小截角截棱立方体　　　　大截角截棱立方体

图 2-3　截角八面体、截角截棱八面体、截角立方体、截角截棱立方体衍生形貌示意图

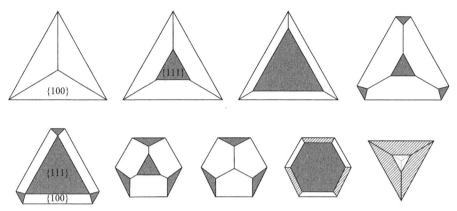

图 2-4　由{111}和{100}晶面组成的四面体及其截棱、截角演变体的形貌示意图[15]

### 2.1.2　晶面演变规律

在生长过程中，晶体的几何外形是由不同晶面的相对生长速率决定的，遵循晶面淘汰原则[15]，晶面演变的基本规律如图 2-5 所示。理论上，高表面自由能晶面(高指数面)沿法向的生长速率相对较快，最终难以被保留下来；而低表面自由能晶面(低指数面)沿法向的生长速率相对较慢，最终容易被保留下来。因此，引入适当的保护剂(如有机添加剂、杂质分子或离子等)可以抑制某些晶面的生长速率，使其最终被保留下来。

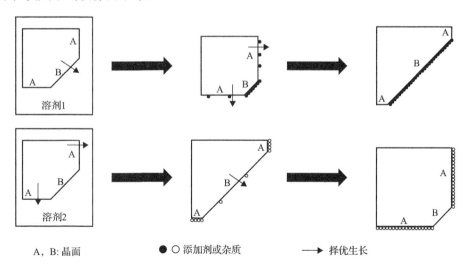

A，B: 晶面　　●○ 添加剂或杂质　　—→ 择优生长

图 2-5　晶体生长过程中晶面演变的基本规律示意图[15]

为什么会发生上述现象呢? 根据面角守恒定律，晶体生长过程中各个晶面之间的二面角需保持恒定。为了维持这种平衡，生长速率相对较快的高指数晶

面逐渐被生长速率相对较慢的低指数晶面取代，这导致低指数晶面增加，因此晶面的相对生长速率决定了晶体最终的几何形貌。例如，由{100}和{111}两组晶面组成的单晶型晶种，其沿{100}晶面和{111}晶面的生长速率的比值($v_{\{100\}}:v_{\{111\}}$)定义为 $R$，当 $R=0.58$ 时，晶体的几何形貌为立方体；当 $R=1.73$ 时，晶体的几何形貌为八面体；当 $R=0.70$ 时，晶体的几何形貌为截角立方体；当 $R=0.87$ 时，晶体的几何形貌为立方八面体；当 $R=1.00$ 时，晶体的几何形貌为大截角八面体；当 $R=1.15$ 时，晶体的几何形貌为小截角八面体。由此可见，不同的 $R$ 值使得晶体呈现出不同的几何形貌。实验中可通过向反应体系加入适当的添加剂，使其与某些晶面发生选择性吸附来调控 $R$ 值，进而实现多面体晶体的几何形貌控制，如图 2-6 所示[16]。

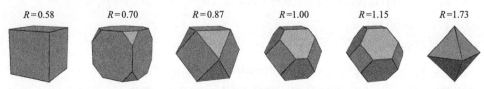

$$R=0.58 \qquad R=0.70 \qquad R=0.87 \qquad R=1.00 \qquad R=1.15 \qquad R=1.73$$

图 2-6　不同 $R$ 值对应的多面体的几何示意图[16]

当多面体由低指数{100}、{111}晶面中的一种或两种共同组成时，其沿[0$\bar{1}$1]晶向的几何投影关系如图 2-7(a)所示，这时多面体的几何结构与 $R$ 值之间满足数学表达式(2-6)[11]：

$$R = \frac{v_{\{100\}}}{v_{\{111\}}} = \frac{a}{b} = \frac{h\cos\theta}{h\sin(\theta+\alpha)} = \frac{\cos\theta}{\sin(\theta+35.25°)} \qquad (2\text{-}6)$$

式中，$a$ 为多面体中心到(100)晶面的距离；$b$ 为多面体中心到(111)晶面的距离。

但文献[16]中并未提及含高指数晶面多面体的几何结构与 $R$ 值之间的数学关系。当多面体由低指数{100}、{111}晶面和高指数{$hkl$}晶面共同组成时，其沿[0$\bar{1}$1]晶向的几何投影关系如图 2-7(b)所示，这时多面体的几何结构与 $R$ 值之间满足数学表达式[11]：

$$
\begin{aligned}
R &= \frac{v_{\{100\}}}{v_{\{111\}}} = \frac{a}{b} = \frac{(1-\cos\alpha\sin\beta)\cos\theta}{\sin(\theta+\alpha)-\cos\theta\tan\alpha\sin\beta-\sin\theta\sin\beta} \\
&= \frac{(1-\cos35.25°\sin54.7°)\cos\theta}{\sin(\theta+35.25°)-\cos\theta\tan35.25°\sin54.7°-\sin\theta\sin54.7°}
\end{aligned} \qquad (2\text{-}7)
$$

对于图 2-7(c)和图 2-7(d)所示的复杂晶面组合及其沿[0$\bar{1}$1]晶向的几何投影[11]，这些多面体的几何结构与 $R$ 值之间难以构建出准确的数学表达式。

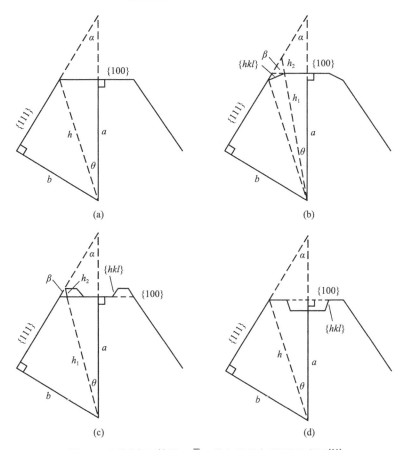

图 2-7　不同多面体沿[0$\bar{1}$1]晶向的几何投影示意图[11]

(a)由低指数{100}和{111}晶面中的一种或两种共同组成的多面体；(b)由低指数{100}、
{111}晶面和高指数{hkl}晶面共同组成的多面体；(c)(d)由低指数{100}、
{111}晶面和高指数{hkl}晶面共同组成的复杂多面体，其中{100}晶面被{hkl}晶面分割

为使读者更加直观地理解多面体与晶面指数之间的对应关系，下面将着重介绍几种典型多面体的几何形貌演变过程及其晶面指数演变规律。图 2-8 给出了 Cu$_2$O 晶体由立方体和八面体向复杂多面体的几何演变过程示意图[11]。由图可知，立方体和八面体均是由低指数晶面包络组成的高对称几何结构，即立方体由 6 个{100}晶面(正方形)组成，八面体由 8 个{111}晶面(三角形)组成。立方体或八面体切去顶角将演变成{100}晶面和{111}晶面几何面积占比不同的十四面体，如图 2-8(a)和(b)所示。若继续切割新十四面体的 12 个棱边，则可获得裸露 6 个{100}晶面(正方形)、8 个{111}晶面(三角形)和 12 个{110}晶面(长方形)的二十六面体，如图 2-8(a)和(b)所示。若在上述二十六面体基础上继续切割该多面体中的正方形、三角形和矩形面的公共顶点，可形成一个含有 24 个高指数{hkk}晶面(等腰梯形)的五十面体。类似地，按照上述方法切割八面体也可获得一系列新多面体，如图 2-8(b)所示。除了形

成十四面体和二十六面体，还会形成含有 24 个高指数{$h'k'k'$}晶面(等腰梯形)的五十面体。若继续切割上述五十面体的{100}晶面(六边形)和{$h'k'k'$}晶面(等腰梯形)之间的棱边，则会形成一个含有 24 个高指数{$h''k''k''$}晶面(长方形)和 24 个高指数{$h'k'k'$}晶面(等腰梯形)的七十四面体。

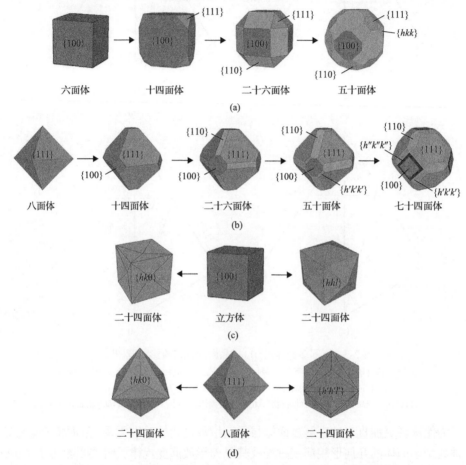

图 2-8　立方体和八面体向复杂多面体的几何演变过程示意图[11]

(a)低指数{100}和{111}晶面之间的几何演变示意图；(b)(c)八面体和立方体向由低指数和高指数晶面共同组成的多面体的几何演变示意图；(d)八面体向完全由高指数晶面组成的多面体的几何演变示意图

另外，通过"推拉"立方体或八面体的外表面中心，可获得完全由高指数晶面组成的新型多面体[11]。例如，向内"推进"立方体的六个正方形小平面中心，该立方体的一个{100}晶面将演化成四个三角形{$hk0$}晶面，这就形成一个完全由高指数{$hk0$}晶面组成的内凹正二十四面体(图 2-8(c)中的第一个几何图形)。类似地，向外"拉拔"六个正方形小平面的中心将形成外凸的正二十四面体，此时凸三角形为高指数{$hhl$}晶面(图 2-8(c)中的第三个几何图形)。同样，通过"推进"

或 "拉拔" 八面体的八个三角形面的中心将形成具有 24 个高指数晶面的内凹或外凸八面体(图 2-8(d))。根据已有的文献报道,这类完全由高指数晶面组成的多面体易在立方结构晶体中出现(例如,贵金属[4-8]和 Cu₂O[11])。需要强调的是,图 2-8 所示的高指数晶面的几何演变过程并不适用于所有的金属氧化物[10,17]。

### 2.1.3　晶面指数的确定方法

图 2-8 中的多面体包含多种类型的晶面指数,如(100)、(111)、(110)、(hkk)、(hk0)和(hhl)。如何来确定这些晶面指数呢?

晶体学中,确定晶面指数的具体步骤如下[18]:

(1)建坐标。设定参考坐标系,以晶胞中的某一阵点 $O$ 为坐标原点,过原点的晶轴 $x$、$y$、$z$ 为坐标轴,以晶胞的点阵常数 $a$、$b$、$c$ 作为晶轴上的单位长度。

(2)求截距。求得待定晶面在三个晶轴上的截距。

(3)取倒数。取三个截距的倒数(各个截距分别除以点阵常数,再取倒数)。

(4)化整数、加圆括号。将三个倒数化为互质的整数比,并加上圆括号,即可获得该晶面的晶面指数,记为(hkl)。

然而,这种方法仅可用于确定简单多面体单晶的晶面指数。如何来确定复杂几何形貌单晶的晶面指数呢?特别是确定一些兼具低指数晶面和高指数晶面的多面体单晶结构,或者一维、二维单晶结构。根据已有文献可知[11],目前单晶材料晶面指数的确定方法主要包括面角守恒定律法和选区电子衍射花样法。下面将针对以上两种确定晶面指数的方法给出具体的示例分析。

#### 1. 利用面角守恒定律确定单晶的晶面指数

面角守恒定律也称 Steno's law,即同一晶体中所有晶面之间的夹角恒定,该夹角是指晶面法线之间的夹角。例如,立方晶系和正交晶系的晶面夹角与晶面指数之间的数学关系分别如式(2-8)和式(2-9)所示。

$$\cos\varphi = \frac{h_1h_2 + k_1k_2 + l_1l_2}{\sqrt{h_1^2 + k_1^2 + l_1^2}\sqrt{h_2^2 + k_2^2 + l_2^2}} \tag{2-8}$$

$$\cos\varphi = \frac{\dfrac{h_1h_2}{a^2} + \dfrac{k_1k_2}{b^2} + \dfrac{l_1l_2}{c^2}}{\sqrt{\left(\dfrac{h_1}{a^2}\right)^2 + \left(\dfrac{k_1}{b^2}\right)^2 + \left(\dfrac{l_1}{c^2}\right)^2}\sqrt{\left(\dfrac{h_2}{a^2}\right)^2 + \left(\dfrac{k_2}{b^2}\right)^2 + \left(\dfrac{l_2}{c^2}\right)^2}} \tag{2-9}$$

式中,$\varphi$ 表示同一晶体两个晶面$(h_1k_1l_1)$和$(h_2k_2l_2)$之间的夹角;$a$、$b$、$c$ 表示点阵常数。该法可用于确定各种多面体单晶的晶面指数。

例如,图 2-9 给出了具有不同形貌的立方结构 Cu₂O 的扫描电子显微镜(scanning electron microscope,SEM)图像和几何形貌示意图[19]。如图 2-9(a1)～(a3)所示,晶

体呈立方体外形，且相邻两组晶面之间的夹角约等于 90°。该晶体晶面指数的确定
可依据晶体学中确定晶面指数的方法，首先利用"建坐标-求截距-取倒数-化整-加
圆括号"的前四个步骤，确定一个低指数晶面的晶面指数，然后根据式(2-8)或
式(2-9)的面角守恒关系($Cu_2O$ 属于立方晶系，故选用式(2-8))，再利用校对法确定
与之相邻的另一晶面的晶面指数。最终可确定该晶面的晶面指数属于{100}晶面族。
依此类推，可以确定图 2-9(b)～(e)中的三角形晶面的晶面指数属于{111}晶面族，
其几何关系如图 2-9(f)所示，且不同晶面之间的晶面指数满足面角守恒定律。需要
注意的是，多面体颗粒的投影方向必须是低指数晶向([100]、[111]或[110])，这样
利用式(2-8)或式(2-9)确定的晶面指数才具有可靠性。立方结构单形多面体的高指
数晶面的确定方法如表 2-1 所示[20]。利用投影图中的晶面夹角、投影方向和对应的
数学公式，即可推算出相应的晶面指数。此外，兼具高指数晶面和低指数晶面的聚
形多面体的晶面指数确定方法将在 2.3 节进行详细介绍。

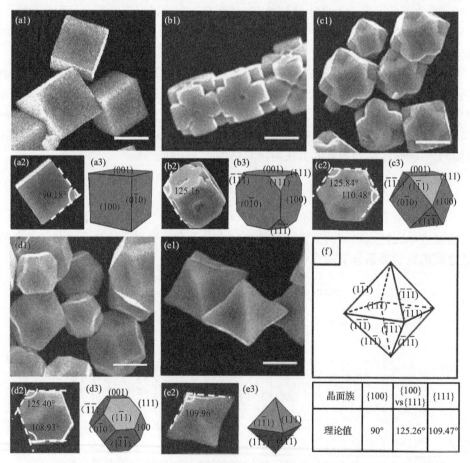

| 晶面族 | {100} | {100}vs{111} | {111} |
| --- | --- | --- | --- |
| 理论值 | 90° | 125.26° | 109.47° |

图 2-9　不同形貌 $Cu_2O$ 多面体的 SEM 图像、几何形貌示意图和对应的晶面指数[19]

标尺为 2μm

**表 2-1　立方结构单形多面体常见高指数晶面的几何参数及确定晶面指数对应的数学表达式[20]**

| 几何形状 | 晶带轴 | 晶面指数 | 投影方向 | 投影图 | 投影面之间夹角 |
|---|---|---|---|---|---|
| 四六面体 | [001] | $\{hk0\}_{24}$ $(h>k>0)$ | [001] | | $\alpha = 2\arctan\left(\dfrac{h}{k}\right)$ $\beta = 270 - \alpha$ |
| 四角三八面体 | [011] | $\{hkk\}_{24}$ $(h>k>0)$ | [001] | | $\alpha = 2\arctan\left(\dfrac{h}{k}\right)$ $\beta = 270 - \alpha$ |
| 三八面体 | [1$\bar{1}$0] | $\{hhl\}_{24}$ $(h>l>0)$ | [110] | | $\alpha = 2\arctan\left(\dfrac{\sqrt{2}h}{h-l}\right)$ $\beta = 90 - \dfrac{\alpha}{2} + \dfrac{\gamma}{2}$ $\gamma = 2\arctan\left(\dfrac{\sqrt{2}h}{l}\right)$ |
| 六八面体 | 无 | $\{hkl\}_{48}$ $(h>k>l>0)$ | [110] | | $\alpha = 2\arctan\left(\dfrac{\sqrt{2}h}{h-l}\right)$ $\beta = 90 - \dfrac{\alpha}{2} + \dfrac{\gamma}{2}$ $\gamma = 2\arctan\left(\dfrac{k+h}{l}\right)$ |

## 2. 利用选区电子衍射花样确定单晶的晶面指数

根据单晶的选区电子衍射花样(selected area electron diffraction，SAED)或高分辨透射(high resolution transmission electron microscope，HRTEM)图像对应的快速傅里叶变换(fast Fourier transform，FFT)图谱，利用平行四边形法则可确定 SAED 或 FFT 中衍射斑点对应的晶面指数，然后根据晶带轴定理推论(式(2-10))确定入射电子束的方向，即 SAED 或 FFT 图像对应的晶带轴[uvw]方向：

$$u : v : w = \begin{vmatrix} k_1 & l_1 \\ k_2 & l_2 \end{vmatrix} : \begin{vmatrix} l_1 & h_1 \\ l_2 & h_2 \end{vmatrix} : \begin{vmatrix} h_1 & k_1 \\ h_2 & k_2 \end{vmatrix} \tag{2-10}$$

再根据倒易点阵与正点阵晶面指数的对应关系(即倒易点阵中一个点代表正点阵中的一组平行晶面)[18]，可以写出与晶带轴垂直晶面的晶面指数(uvw)。最后，根据 SAED 或 FFT 图像中衍射斑点对应的晶面指数，按照平行四边形法则和矢量关系可推算出其他晶面的晶面指数。该法仅适用于确定简单多面体和二维结构(如纳米片、纳米板和纳米带)的裸露晶面。

二维单晶微/纳米结构通常在某一晶向裸露出一个面积相对较大的表面,其余裸露表面的面积很小。因此,此时裸露晶面的晶面指数通常可通过 SAED 或 FFT 图像来确定。例如,图 2-10(a)左侧给出了一个投影为正方形的 BiOCl 纳米片的透射电镜(transmission electron microscope,TEM)图像,中间图片是 TEM 图像对应的 SAED 图谱[21]。运用 Digital Micrograph 软件可确定透射斑点周围的某一斑点对应的晶面指数,再根据平行四边形法则可标定其他衍射斑点对应的晶面指数。最后,利用衍射斑点对应的晶面指数及其位向关系,依据式(2-10)可计算出正方形表面对应的晶带轴为[010]方向。因为倒易点阵中一个点代表正点阵中的一组平行晶面[18],所以图 2-10(a)中对应的裸露正方形表面的晶面指数为(010),其余两个晶面指数分别为(100)和(001)。综上所述,这种投影为正方形的纳米片由 2 个大面积的{010}晶面(正面)、2 个小面积的{100}晶面(平行侧面)和 2 个小面积的{001}晶面(另外两个平行侧面)组成,如图 2-10(a)右侧几何示意图所示。

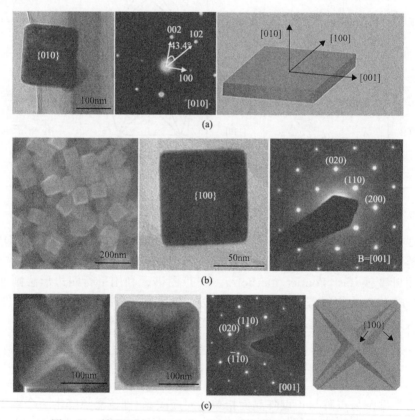

图 2-10 利用 SEM、TEM 和 SAED 确定晶面指数的实际案例

(a)BiOCl 纳米片[21];(b)Cu₂O 立方体[22];(c)Cu₂O 内凹多面体[23]

同理,利用 SAED 图谱还可确定立方体 Cu$_2$O 纳米单晶的晶面指数,如图 2-10(b)所示[22]。对于复杂多面体,确定其晶面指数需要将 SAED 图谱和面角守恒定律相结合,即通过 SAED 和 SEM 或 TEM 图像中的晶体学关系来确定相应的晶面指数,但要注意多面体颗粒的投影方向应尽量与入射电子束平行,或者电子束的入射方向与某低指数晶带轴平行,如图 2-10(c)所示[23]。

另外,当单晶纳米粒子的尺寸远小于 100nm 时,通常在实际操作中难以获得理想的 SAED 图谱。这种情况下,可以先获取该区域的二维 HRTEM 原子像,随后利用 Digital Micrograph 软件导出其对应的 FFT 图谱,然后再利用晶面位向关系确定晶带轴的晶向指数,最后根据倒易点阵中一个点代表正点阵中的一组平行晶面这一原理[18],即可推出大面积裸露晶面的晶面指数。需要注意的是,纳米颗粒边缘的晶面指数亦可由 HRTEM 图像所示的表面原子排列来确定[5],但该方法通常需要与理论原子排列模型和面角守恒定律相结合来判定最终的晶面指数。

总之,对 SEM/TEM/HRTEM 图像、SAED(FFT)图谱和空间几何形貌的综合分析是确定多面体晶面指数的有效方法。SAED(FFT)技术具有局限性,因此 SAED 投影法需协同面角守恒定律来进行晶面指数的判定,并且这已成为识别晶面指数的常规方法。需要注意的是,选择 SEM/TEM/HRTEM 图像时必须保证电子束入射方向与低指数晶带轴的方向平行,否则测量的晶面夹角将会产生误差,无法保证晶面指数的准确性。因此,需从不同方向(投影轴)记录多组 SEM/TEM/ HRTEM 图像,通过彼此佐证,才能获得令人信服的晶面指数。

### 2.1.4　溶液相中高指数晶面的调控策略概述

热力学中,晶体若要达到平衡态必须满足 $\sum_i \sigma_i S_i$ 最小[8]。其中,$\sigma_i$ 和 $S_i$ 分别表示表面自由能和表面积。因此,具有高表面能的高指数晶面因其原子处于配位不饱和状态而易于消失,这就难以获得含有高指数晶面的晶体。然而,在多种贵金属和某些金属氧化物中依然发现了含有高指数晶面的单晶多面体,这说明高指数晶面的形成需要精细调控热力学和动力学之间的相互作用。在恒温恒压下,结晶体系的吉布斯自由能变($\Delta G$)可用式(2-11)表示[24]:

$$\Delta G = \mu_1 dn_1 + \mu_c dn_c + \sigma dS \tag{2-11}$$

式中,$n$ 和 $\mu$ 分别表示物质的量和溶质的化学势,下脚标 1 和 c 分别表示溶液和晶相;$S$ 和 $\sigma$ 分别表示表面积和表面自由能。由上述公式可知,过剩的能量($\mu_1 dn_1$ 和 $\mu_c dn_c$ 之间的差异)将转移给微晶的表面能($\sigma dS$),进而形成高能量的晶面[24]。因此,调控溶质和溶剂的化学势有利于构建高指数晶面[25]。通常,液相体系中高的过饱和度亦有利于高指数晶面的形成。Zhang 等[24]对设计合成特定晶面的理论基础和相关示例进行了综述,作者也曾结合具体案例总结了金属氧化物中高指数晶面的合成方法与基本原理[25]。感兴趣的读者可阅读以上两篇综述文章[24,25],此处不再赘述。

### 2.1.5 多面体 Cu$_2$O 晶体的液相合成策略概述

目前,制备 Cu$_2$O 晶体的主要方法有:气-固反应法[26]、气相蒸发法[27]、热蒸发法[28]、气相沉积法[29,30]、分子束外延法[31]、声化学法[32]、射线辐照法[33-36]、电化学法[37-44]、微乳液法[45]、水热或溶剂热合成法[46,47]、液相还原法[48,49]、微波辅助合成法[50,51]和电弧液相放电法[52]等。其中,液相还原法具有可操作性强、产物形貌可控且种类丰富等优点,因此其在 Cu$_2$O 晶体的可控合成领域受到研究人员的广泛关注。具有特殊形貌的 Cu$_2$O 晶体的构筑,通常与液相反应体系的反应物种类与浓度、溶剂类型、添加剂(如表面活性剂、无机离子、晶种、催化剂、络合剂)、反应温度、反应时间以及压强等因素密切相关。

需要强调的是,在多面体 Cu$_2$O 晶体的液相合成工艺中,铜离子通常来源于乙酸铜、氯化铜、硝酸铜和硫酸铜等。Cu$^{2+}$→Cu$^+$的液相还原过程易在碱性环境中发生,即加入 OH$^-$ 使 Cu$^{2+}$转化为[Cu(OH)$_4$]$^{2-}$前驱体(本书将形成[Cu(OH)$_4$]$^{2-}$前驱体时的反应温度称为前驱体形成温度),这种配位前驱体的引入改变了还原过程中铜离子的反应电势,限制了液相环境中 Cu$_2$O 生长基元的微观结构和种类,影响了还原反应速率,但其有利于 Cu$_2$O 晶体不同晶面的各向异性生长,这样可以制备出具有特殊形貌的 Cu$_2$O 晶体。在此基础上,引入晶面调控剂,例如,聚乙烯吡咯烷酮、十二烷基硫酸钠和十六烷基三甲基溴化铵等有机保护剂[53]或无机金属盐离子[54],可进一步调节反应体系的化学势和过饱和度,这有利于高指数晶面的构筑。常用的还原剂包括葡萄糖、抗坏血酸、抗坏血酸钠、盐酸羟胺、水合肼和硼氢化钠等。因此,Cu$_2$O 晶体的最终形貌是多个工艺参数协同控制的结果。含有低指数晶面的 Cu$_2$O 多面体和含有高指数晶面的 Cu$_2$O 多面体的液相合成工艺和实验参数如表 2-2 和表 2-3 所示。

**表 2-2 含有低指数晶面的 Cu$_2$O 多面体的液相合成工艺总结[53]**

| 几何形貌 | 反应物 | 合成方法 | 反应条件 | 参考文献 |
|---|---|---|---|---|
| 立方体、八面体、截角立方体、截角八面体 | 硫酸铜 | 水热法 | 碳酸钠、乙二胺四乙酸、120℃、8~20h | [19] |
| 立方体 | 硝酸铜 | 水热法 | 乙醇-水、甲酸、150℃、2h | [46] |
| 二十六面体 | 氯化铜、氢氧化钠 | 水热法 | 乙二醇、十二烷基硫酸钠、葡萄糖、柠檬酸钠、90℃、20h | [49] |
| 立方体、八面体、截角立方体、截角八面体 | 硝酸铜 | 电沉积法 | 硝酸钠、硫酸钠、硝酸铵、硫酸铵、十二烷基硫酸钠、氯化钠、室温 | [54] |

续表

| 几何形貌 | 反应物 | 合成方法 | 反应条件 | 参考文献 |
|---|---|---|---|---|
| 立方体 | 硫酸铜、氢氧化钠 | 沉淀法 | 水浴、抗坏血酸钠、十六烷基三甲基溴化铵 | [55] |
| 立方体、八面体、截角八面体、球、星 | 硫酸铜、碳酸钠 | 液相还原法 | 聚乙烯吡咯烷酮、柠檬酸钠、葡萄糖、80℃、2h | [56] |
| 立方体 | 硫酸铜、氢氧化钠 | 晶种法 | 十二烷基硫酸钠、抗坏血酸钠、十六烷基三甲基溴化铵、室温、2h | [57] |
| 立方体、八面体、截角立方体、截角八面体 | 氯化铜、氢氧化钠 | 液相还原法 | 聚乙烯吡咯烷酮、抗坏血酸、25~75℃、3h | [58] |
| 立方体、八面体 | 乙酸铜、氢氧化钠 | 液相还原法 | 水合肼 | [59] |
| 球、立方体 | 硝酸铜 | 溶剂热法 | 油浴、聚乙烯吡咯烷酮、乙二醇、140℃ | [60] |
| 八面体 | 氯化铜、氢氧化钠 | 液相还原法 | 水合肼、氨水、室温、10min | [61] |
| 立方体、球、截角八面体 | 氯化铜、氢氧化钠 | 液相还原法 | 抗坏血酸钠、水合肼、室温 | [62] |
| 八面体、截角八面体、截棱八面体、六足结构 | 乙酸铜 | 水热法 | 水、甘氨酸、乙醇、乙二醇、140~160℃、4~24h | [63] |
| 八面体、星、六足结构 | 乙酸铜 | 水解法 | 水浴、葡萄糖、60~80℃、4~6h | [64] |
| 八面体 | 硫酸铜、氢氧化钠 | 液相还原法 | 水浴、聚乙烯吡咯烷酮、二水酒石酸钠、葡萄糖、60℃、1h | [65] |
| 立方体、八面体、截角八面体、菱形十二面体 | 硫酸铜 | 液相还原法 | 葡萄糖、乙醇-水、十二烷基苯磺酸钠、油浴、100℃、1h | [66] |
| 六足结构、八面体、截角八面体、菱形十二面体 | 硝酸铜、氨水 | 溶剂法 | 水、乙醇、甲酸、145℃、1.5h | [67] |
| 立方体、八面体、菱形十二面体 | 氯化铜 | 沉淀法 | 盐酸羟胺、十二烷基硫酸钠、氢氧化钠、水浴、32~34℃、1h | [68] |
| 立方体、菱形十二面体 | 乙酸铜 | 液相还原法 | 回流、甲苯、十一烷、160~220℃、15~90min | [69] |
| 截角立方体、截角八面体、八面体 | 氯化铜、氢氧化钠 | 沉淀法 | 盐酸羟胺、十二烷基硫酸钠、室温、2h | [70] |
| 纳米线、八面体、截角八面体、球 | 硝酸铜、氢氧化钠 | 水热法 | 淀粉、葡萄糖、碳酸钠、120℃、10~20h | [71] |
| 立方体、八面体 | 硫酸铜、氢氧化钠 | 液相还原法 | 十二烷基硫酸钠、抗坏血酸钠 | [72] |
| 立方体、十八面体 | 乙酸铜、氢氧化钠 | 液相还原法 | 抗坏血酸钠、乙醇、60℃ | [73] |
| 二十六面体 | 乙酸铜、氢氧化钠 | 液相还原法 | 葡萄糖、70℃或98℃ | [74] |

表 2-3　含有高指数晶面的 $Cu_2O$ 多面体的液相合成工艺总结[25]

| 几何形貌 | 高指数晶面 | 制备方法 | 反应物和反应温度 | 参考文献 |
|---|---|---|---|---|
| 四十二面体 | 24{511} | 液相还原法 | 硫酸铜、氢氧化钠、抗坏血酸钠、水、油酸、50℃ | [23] |
| 五十面体、七十四面体 | 24{211}、24{522}、24{744} | 液相还原法 | 乙酸铜、氢氧化钠、水、葡萄糖、70℃ | [75] |
| 五十面体 | 24{211}、24{311}、24{522} | 液相还原法 | 乙酸铜、氢氧化钠、水、葡萄糖、70℃ | [76] |
| 五十面体 | 24{311} | 液相还原法 | 乙酸铜、氢氧化钠、水、葡萄糖、60℃ | [77] |
| 五十面体、七十四面体 | 24{522}、24{744} | 液相还原法 | 硫酸铜、氢氧化钠、水、抗坏血酸、60℃ | [78] |
| 三十面体 | 24{544}、24{104} | 液相还原法 | 硝酸铜、酒石酸、氢氧化钠、水、105℃ | [79] |
| 三十面体 | 24{332} | 液相还原法 | 乙酸铜、氢氧化钠、水、十二烷基硫酸钠、葡萄糖、60℃ | [80] |
| 五十面体 | 24{211} | 晶种法 | 立方体 $Cu_2O$ 晶种、乙酸铜、氢氧化钠、水、葡萄糖、70℃ | [81] |
| 五十面体 | 24{522} | 晶种法 | 立方体 $Cu_2O$ 晶种、乙酸铜、氢氧化钠、水、葡萄糖、70℃ | [82] |
| 二十面体 | {211}、{311} | 液相还原法 | 硝酸铜、氢氧化钠、水、邻苯二酚、80℃ | [83] |
| 五十面体 | 24{211}、24{522} | 液相还原法 | 硫酸铜、乙酸铜、氢氧化钠、水、葡萄糖、70℃ | [84] |
| 二十四面体 | 24{332} | 液相还原法 | 氯化铜、硝酸锌、氢氧化钠、水、葡萄糖、70℃ | [85] |
| 二十四面体 | 24{344} | 电化学法 | 硫酸铜、乙酸钠、硫酸镍、亚硫酸钠、室温 | [86] |

## 2.2　含有低指数晶面的 $Cu_2O$ 多面体的可控合成、生长机理与表征

　　作者主要采用前驱体液相还原法制备含有低指数晶面的 $Cu_2O$ 多面体[87,88]，即在液相体系中分别对 $Cu_2O$ 晶体的形核和长大过程进行调控。通过调变铜盐的种类与浓度、氢氧化钠浓度以及前驱体形成温度，获得具有不同微观结构的前驱体，可改变 $Cu_2O$ 的形核过程。同时，为了最终保留多种晶面，可通过调整还原速率来操控晶体的长大过程。例如，在一定反应温度下加入适量的弱还原剂(如葡萄糖、抗坏血酸和抗坏血酸钠等)，可使生长速率不同的晶面在一定条件下被保留下来。

　　具体实验方案如下：首先，在一定温度下(即前驱体形成温度)向含有不同酸根(乙酸根、硝酸根、氯离子、硫酸根)的铜盐溶液中加入氢氧化钠溶液，获得含铜前驱体(例如，氢氧化铜、$[Cu(OH)_4]^{2-}$ 或其他络合物)。然后，在合适的反应温度下向前驱体混合物中加入一定质量的还原剂(葡萄糖粉末)。通过调控反应时间，利用前

驱体形成温度和酸根离子在 Cu₂O 形核和长大过程中对种子形状和晶面生长速率的调控，以及酸根离子的氧化刻蚀作用对后期晶面择优生长的影响，最终可制备出具有多面体形貌的 Cu₂O 晶体。以此为基础，可具体分析各个实验参数对控制合成含有低指数晶面 Cu₂O 多面体的影响规律。需要注意的是，金属铜盐的酸根离子能够影响前驱体的物相与微观结构，这对多面体 Cu₂O 晶体的可控制备与形貌调控至关重要。

为揭示多面体 Cu₂O 晶体的生长机制，需要对不同生长阶段所获的产物进行微观结构表征。首先，利用 XRD 获得产物的物相与晶体结构；然后，利用 SEM 和 TEM 对产物的形貌和微观结构进行表征，并根据面角守恒定律和 SAED 技术确定晶面指数[19,25]；最后，结合各个实验参数对 Cu₂O 多面体晶面指数的影响规律，总结反应机制与生长机理。

### 2.2.1　乙酸根离子对多面体 Cu₂O{100}晶面的影响规律

由作者团队的前期工作可知，调控液相体系的反应物种类和浓度、前驱体形成温度、反应温度和反应时间等参数可实现多面体 Cu₂O 晶体的形貌调控。这些多面体 Cu₂O 晶体的形貌差异主要表现在{100}晶面的尺寸和形貌。下文将分别介绍乙酸根离子、氯离子、硫酸根离子和硝酸根离子对多面体 Cu₂O{100}晶面的影响规律。

采用前驱体液相还原工艺，选用乙酸铜作铜源，通过调控反应物浓度、前驱体形成温度、葡萄糖用量和反应时间等参数，可实现对多面体 Cu₂O{100}晶面尺寸和形状的调控，具体工艺参数如表 2-4 所示[88,89]。当乙酸铜和氢氧化钠的浓度相对较高时，可获得截{111}和{110}立方体(即二十六面体，样品 A1，如图 2-11 所示)[88,89]。由 SEM 图像可知，产物的形貌规则单一、尺寸均匀且单分散性良好(图 2-11(a)和图 2-11(b))。对单个 Cu₂O 颗粒进一步放大可以发现，产物具有二十六面体的形貌特征(图 2-11(c))，属于图 2-8(b)所示的截{111}和{110}立方体。图 2-11(c)给出了不同晶面之间的夹角，三角形面(区域Ⅰ)包含的角度值为 55°±1°和 68°±1°，这与 Zhao 等的相关报道是一致的[19]。根据 2.1.3 节介绍的面角守恒定律，即同一晶体各个晶面之间的夹角恒定，利用式(2-8)可以确定三角形面为{111}晶面，矩形面(区域Ⅱ)和正方形面(区域Ⅲ)分别为{110}晶面和{100}晶面。因此，这种二十六面体 Cu₂O 晶体是由 8 个{111}晶面、6 个{100}晶面和 12 个{110}晶面共同组成的，其几何示意图和对应晶面的晶面指数如图 2-11(d)中插图所示。图 2-12 是上述二十六面体 Cu₂O 晶体的 XRD 图谱，其呈现的衍射峰均与立方结构 Cu₂O 晶体(JCPDS 编号：05-0667)的标准衍射峰(110)、(111)、(200)、(211)、(220)、(311)和(222)晶面相吻合，未出现单质铜或氧化铜的衍射峰，这表明产物为纯 Cu₂O 晶体。需要注意的是，Cu₂O(111)和(200)衍射峰之间的相对强度比为 2.78，稍高于其理论值 2.50，并且 Cu₂O(200)和(220)衍射峰之间的相对强度比为 1.37，远大于其理论值 0.93。依据文献[90]，生长速率慢的晶面最终将被保留下来，并在对应的 XRD 图谱中显示出较强的相对衍射峰强度，因而产物形

表 2-4  在乙酸铜体系中制备含有低指数晶面的 Cu₂O 多面体的实验条件和产物形貌[88,89]

| 样品 | 乙酸铜浓度 /(mol/L) | 氢氧化钠 浓度/(mol/L) | 前驱体 形成温度/℃ | 葡萄糖质量 /g | 反应温度 /℃ | 反应时间 /min | 产物形貌 |
|---|---|---|---|---|---|---|---|
| A1 | 0.300 | 6 | 70 | 0.6 | 70 | 60 | 截{111}和{110}立方体 |
| A2 | 0.100 | 3 | 25 | 0.2 | 70 | 60 | 截{100}八面体 |
| A3 | 0.100 | 3 | 70 | 0.2 | 70 | 60 | 截{111}和{110}立方体 |
| A4 | 0.100 | 3 | 98 | 0.2 | 98 | 60 | 截{111}和{110}立方体 |
| A5 | 0.091 | 6 | 70 | 0.2 | 70 | 60 | 刻蚀{100}截{111}和{110}立方体 |
| A6 | 0.091 | 6 | 70 | 0.2 | 70 | 3 | 截{111}和{110}立方体 |
| A7 | 0.091 | 6 | 70 | 0.2 | 70 | 30 | 截{111}和{110}立方体 |
| A8 | 0.375 | 9 | 70 | 0.6 | 70 | 60 | 截{100}和{110}八面体 |

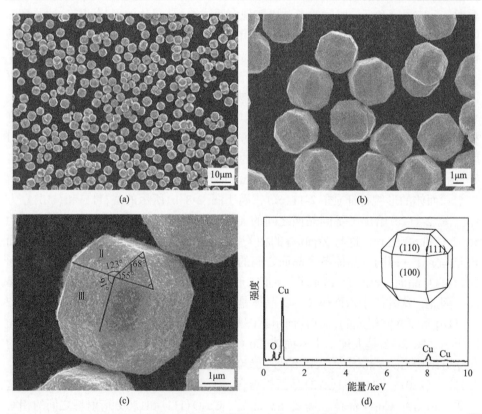

图 2-11  截{111}和{110}立方体 Cu₂O 晶体(样品 A1)的 SEM 图像、EDS 图谱和几何示意图[89]

(a)低倍 SEM 图像; (b)高倍 SEM 图像; (c)单颗粒 Cu₂O 晶体的 SEM 图像;

(d)EDS 图谱, 插图为截{111}和{110}立方体的形貌示意图和相应晶面的晶面指数

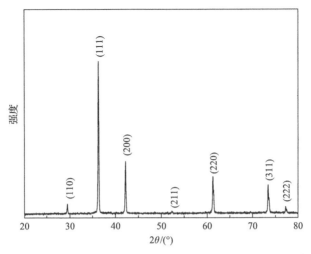

图 2-12　截{111}和{110}立方体 Cu₂O 晶体的 XRD 图谱[89]

貌中存在高比例的{100}晶面和{111}晶面，这与 SEM 的结果一致。图 2-11(d)是二十六面体 Cu₂O 对应的 X 射线能量色散谱(X-ray energy dispersive spectrum，EDS)测试结果，图谱中只有 Cu、O 两种元素，无其他杂质元素存在，这进一步说明该产物为纯 Cu₂O 晶体。

前驱体形成温度是决定截{111}和{110}立方体(二十六面体)能否形成的关键因素。图 2-13 是不同前驱体形成温度下所获 Cu₂O 晶体的 SEM 图像(样品 A2～A4)。由图可知，当前驱体形成温度为 25℃时，产物是由 6 个{100}晶面和 8 个{111}晶面组成的截{100}八面体(即十四面体)。当前驱体形成温度为 70℃或 98℃时，产物中仍含有截{111}和{110}立方体的特征，但其{111}晶面和{110}晶面的尺寸明显小于样品 A1。此外，在氢氧根浓度相同的条件下，通过调整乙酸铜的浓度可实现截{111}和{110}立方体沿其{100}晶面法线方向的刻蚀。图 2-14 是乙酸根浓度相对较低且反应时间较长时，获得的刻蚀{100}截{111}和{110}立方体的不同放

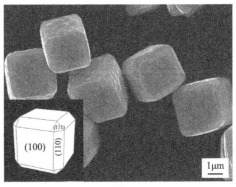

(a)　　　　　　　　　　　　　　　(b)

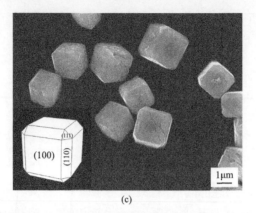

(c)

图 2-13  氢氧化钠浓度为 3mol/L、乙酸铜浓度为 0.10mol/L、反应时间为 60min 时,
不同前驱体形成温度下所获 Cu₂O 晶体的 SEM 图像[89]

(a) 25℃; (b) 70℃; (c) 98℃。插图为相应产物的形貌示意图和相应晶面的晶面指数

(a)                                    (b)

(c)

图 2-14  氢氧化钠浓度为 6mol/L、乙酸铜浓度为 0.091mol/L、反应时间为 60min、前驱体形成
温度为 70℃时获得的刻蚀 {100} 晶面的截 {111} 和 {110} 立方体 Cu₂O 晶体的 SEM 图像[89]

(a) 低倍 SEM 图像; (b) 单颗粒的 SEM 图像; (c) 产物的形貌示意图和相应晶面的晶面指数

大倍率的 SEM 图像和几何示意图(样品 A5)。虽然此时产物仍具有截{111}和{110}立方体的几何形貌,但所有{100}晶面的法线方向均出现了明显的刻蚀现象,导致{100}晶面向内凹陷,而棱角则相对凸起,形成了一种新颖的三维分等级高对称多面体结构。

本实验涉及的前驱体液相还原法是指在液相体系利用葡萄糖粉末还原 Cu²⁺/氢氧化钠混合物来制备 Cu₂O 晶体。氢氧根离子与铜离子络合会形成含铜前驱体,它将影响还原反应速率和产物的最终形貌。葡萄糖在较高反应温度下起还原剂的作用[90],可将含 Cu²⁺的前驱体还原成 Cu₂O。具体反应方程式如下:

$$Cu^{2+} + 2OH^- \longrightarrow Cu(OH)_2 \downarrow \tag{2-12}$$

$$Cu(OH)_2 + 2OH^- \longrightarrow [Cu(OH)_4]^{2-} \tag{2-13}$$

$$2[Cu(OH)_4]^{2-} + C_5H_{11}O_5 - CHO \longrightarrow Cu_2O\downarrow + C_5H_{11}O_5 - COOH + 4OH^- + 2H_2O \tag{2-14}$$

起初,Cu²⁺与过量的氢氧根反应形成[Cu(OH)₄]²⁻前驱体(式(2-12)和式(2-13)),这里将形成[Cu(OH)₄]²⁻前驱体时的反应温度定义为前驱体形成温度。然而,乙酸铜是一种弱金属盐,乙酸根在高温液相条件下会与 Cu²⁺发生络合反应形成 Cu—CH₃COO 配位体,Cu—CH₃COO 配位体与氢氧根反应又会形成氢氧化铜沉淀。随后发生如式(2-13)和式(2-14)所示的化学反应,形成 Cu₂O 晶体。当前驱体形成温度从 25℃升高至 70℃或 98℃时,体系中形成的 Cu—CH₃COO 会阻碍Cu²⁺的释放,从而影响[Cu(OH)₄]²⁻前驱体的微观结构。具有不同特性的前驱体将改变式(2-14)所示的还原过程,进而影响形核过程中 Cu₂O 晶种的聚集状态及晶体长大过程中动力学与热力学之间的相互竞争,形成具有不同形貌特征的 Cu₂O 晶体。本方法涉及的影响[Cu(OH)₄]²⁻前驱体特性的因素包括前驱体形成温度、氢氧根离子、铜盐种类和浓度。需要注意的是,在晶体生长过程中,选择性吸附于 Cu₂O晶种不同晶面的酸根离子,不仅会导致 Cu₂O 晶种的各向异性生长,还会在一定条件下对 Cu₂O 晶体进行氧化刻蚀,从而影响 Cu₂O 晶体的几何外形。依此类推,选用氯离子、硫酸根离子或硝酸根离子替代乙酸根离子也会影响 Cu₂O 产物的最终形貌。

晶体生长过程中,各个晶面之间的二面角需要保持不变。生长速率快的高指数晶面逐渐被生长速率慢的低指数晶面所取代,此时低指数晶面比例相对增加,因此晶面的相对生长速率决定了该晶体的最终形貌。将 Cu₂O 晶体沿{100}晶面和{111}晶面的生长速率比值定义为 R,其最终的几何形貌取决于 R 值[16]。当前驱体形成温度为 25℃时,乙酸根离子与前驱体之间的相互作用较弱,这使得反应过程中乙酸根离子与 Cu₂O 晶种不同晶面之间的吸附作用变弱，在反应初期导致乙酸根离子在十四面体 Cu₂O 晶种的{111}晶面的选择性吸附，稳定了{111}晶面，从而限制了 Cu₂O 晶种在{111}晶面法线方向上的生长速率。当 $R=1.73$ 时，会形成八面体形貌。然而，随着反应温度的升高，氧气对{111}晶面的氧化刻蚀作用使得⟨111⟩方向的生长速率增大，但降低了⟨100⟩方向的生长速率，从而使得 $R$ 值变小。当 $1.15 \leqslant R < 1.73$ 时，将形成如图 2-13(a)所示的截角八面体。当反应温度(70℃和98℃)较高时，乙酸根离子与{111}晶面之间的相互作用会增强，使得⟨111⟩法线方向上的生长速率增大，$R$ 值继续变小。当 $R=0.58$ 时，将形成 Cu₂O 立方体。随着反应时间的延长，大量的乙酸根离子会聚集到{100}晶面，使得 Cu₂O 颗粒的自补充修复作用大于高温氧化刻蚀作用，导致 $R$ 值重新发生变化。当 $0.58 < R \leqslant 0.70$ 时，产物的最终形貌呈现出较多的{110}晶面，这样会形成如图 2-12、图 2-14(b)、图 2-14(c)所示的具有不同面积比的{100}晶面和{111}晶面的二十六面体。由此可见，多面体 Cu₂O 的最终几何形貌与 $R$ 值的变化密切相关。

实验还发现，浓度相对较低的乙酸根离子，不仅可以减弱乙酸根离子与 Cu₂O 晶种特定晶面之间的相互作用，使得 $R$ 值发生改变，进而调控多面体的形貌，还会影响高温下氧化刻蚀的强度。因此，随着反应时间的延长，{100}晶面的刻蚀程度远大于{110}晶面，这将导致{100}晶面发生向内的凹陷，形成刻蚀{100}的截{111}和{110}立方体，如图 2-14 所示。为揭示刻蚀{100}的截{111}和{110}立方体的形成机制，需要阐明产物几何形貌随时间的演变规律(样品 A5~A7)。图 2-15 是不同反应时间所获产物的 SEM 图像，从中可以看到，产物尺寸随时间的延长而增大。由图 2-15(a)(3min)、图 2-15(b)(30min)和图 2-15(c)(60min)可知，{110}晶面的宽度分别为 200nm、400nm 和 700nm。反应初期，产物的{100}晶面是一个完整的平面，但随着反应时间的延长，{100}晶面逐渐内凹形成凹坑，从而实现了 Cu₂O 晶体从截{111}和{110}立方体到刻蚀{100}、截{111}和{110}立方体的形貌演变。同时，这也证实了反应时间对{100}晶面的选择性氧化刻蚀具有决定作用。为什么氧化刻蚀易发生在{100}晶面呢？这是因为在 Cu₂O 晶格中，{100}晶面由 Cu 原子或 O 原子组成，当保护剂存在时易于稳定{100}晶面；反之，无保护剂保护或保护作用变弱时，随着体系饱和溶解度的升高，Cu₂O{100}晶面容易与体系的氧原子发生反应，将 Cu₂O 中的 Cu⁺ 逐渐氧化为 Cu²⁺，从而产生凹坑，具体刻蚀过程如式(2-15)所示[91]。

$$2Cu_2O + O_2 + 4H_2O \longrightarrow 4Cu^{2+} + 8OH^- \tag{2-15}$$

样品 A5~A7 是在高温长时间持续加热的条件下合成的 Cu₂O 晶体。由图 2-15 可知，随着反应时间的延长，体系的饱和溶解度将逐渐升高，这使得{100}晶面容易发生刻蚀，最终形成凹坑。

图 2-15　氢氧化钠浓度为 6mol/L、乙酸铜浓度为 0.091mol/L、前驱体形成温度为 70℃时，
不同反应时间所获 Cu₂O 晶体的 SEM 图像[89]

(a) 3min；(b) 30min；(c) 60min。插图为相应产物的单颗粒 SEM 图像

当乙酸根离子与氢氧根离子的浓度大于样品 A1 浓度时，会有更多的乙酸根离子吸附在十四面体 Cu₂O 的晶种上，这使得高温环境下的乙酸根与 {111} 晶面之间的相互作用进一步增强。因此，该工艺下的产物 (样品 A8) 会呈现出截棱截角八面体形貌，图 2-16 是该产物的 SEM 图像、EDS 图谱和几何示意图。低倍 SEM 图像表明，产物的尺寸规则、形貌均一且单分散性良好 (图 2-16 (a) 和 (b))。对单独的截 {100} 和 {110} 八面体 Cu₂O 的 SEM 图像进一步放大可以看到，产物具有图 2-8 (c) 所示的二十六面体的形貌特征 (图 2-16 (c))。图 2-16 (c) 给出了不同晶面之间的夹角值，根据面角守恒定律可以确定矩形面为 {110} 晶面。同理，可以确定八边形面和六边形面分别为 {100} 晶面和 {111} 晶面。综上所述，这种截 {100} 和 {110} 八面体是由 6 个 {100} 晶面，8 个 {111} 晶面和 12 个 {110} 晶面共同组成的二十六面体。图 2-16 (d) 是产物的 EDS 图谱，图谱中只有 Cu 和 O 两种元素的特征峰，无其他杂质元素存在，这进一步说明了产物为纯 Cu₂O 晶体。

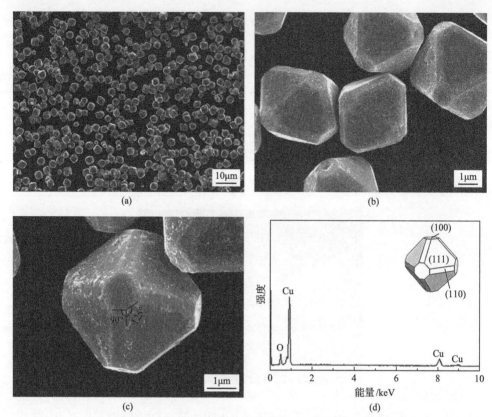

图 2-16　截{100}和{110}八面体 $Cu_2O$ 晶体的 SEM 图像、EDS 图谱和几何示意图[89]

(a)低倍 SEM 图像；(b)高倍 SEM 图像；(c)单颗粒的 SEM 图像；

(d)EDS 图谱。插图为截{100}和{110}八面体的形貌示意图和对应晶面的晶面指数

　　这种截{100}和{110}八面体形貌的产生是由于高浓度的氢氧根离子在一定程度上影响了乙酸根离子对 $Cu_2O$ 的氧化刻蚀作用，这样乙酸根离子与{111}晶面之间的相互作用使得样品发生不同于样品 A1 的变化。在 $Cu_2O$ 晶体的生长初期会有更多的乙酸根离子吸附于{111}晶面，使得{111}晶面变得更加稳定，这样沿〈111〉方向的生长速率将受到极大的限制，即 $R$ 值急剧增大，易于形成八面体。随着反应时间的延长，$Cu_2O${111}晶面会发生刻蚀使其表面能增加，从而导致沿〈111〉方向的生长速率增加，此时 $R$ 值将减小，当 $1.15 \leqslant R < 1.73$ 时，会出现截{100}八面体。反应是在高温下进行的，此时的 $Cu_2O${100}晶面处于不稳定状态，因此产物几何形貌中出现的{110}晶面与{100}晶面的选择性氧化刻蚀密切相关。

　　图 2-17 是不同形貌 $Cu_2O$ 多面体的生长过程和制备工艺示意图。总结样品 A1～A8 的实验工艺可以发现，改变前驱体形成温度、调整乙酸铜和氢氧根离子的浓度、操控反应时间均可控制 $Cu_2O${100}晶面的生长速率进而改变 $R$ 值，从而制备出具有各向异性生长的新 $Cu_2O$ 多面体。

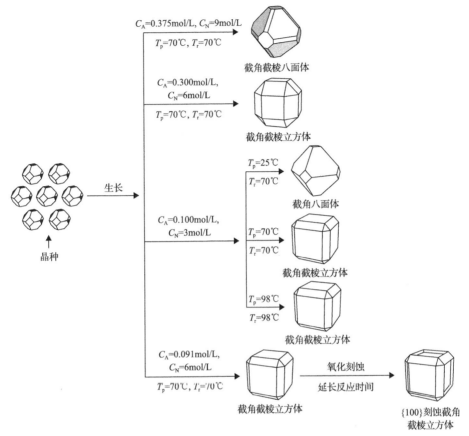

图 2-17 采用无模板前驱体液相还原法，以乙酸铜作铜源，
所获的具有不同形貌的 Cu₂O 晶体的生长过程与实验工艺示意图[89]

$C_A$ 为乙酸铜浓度；$C_N$ 为氢氧化钠浓度；$T_p$ 为前驱体形成温度；$T_r$ 为反应温度

综上所述，在二价铜离子/氢氧根/水的高温体系中加入葡萄糖后，体系中的含铜前驱体会迅速被还原成 Cu₂O 物种，这可由体系中沉淀物的颜色变化来判定。随后，生成的 Cu₂O 原子会聚集形成 Cu₂O 晶体。为保证体系的热力学能量最低，Cu₂O 晶种会借助奥斯特瓦尔德熟化形成具有一定几何形貌的中间结构。随着反应时间的延长，小颗粒会不断地吸附在中间态的大颗粒上，使得中间态结构发生熟化长大。在后期的生长过程中，离子与中间态结构之间存在择优吸附和氧化刻蚀，这使得不同实验条件下产生不同的 $R$ 值，最终实现了 Cu₂O{100}晶面的尺寸与形貌调控。

需要关注的是，向乙酸铜体系引入无水乙醇可以实现 Cu₂O{111}晶面的氧化刻蚀。具体制备工艺如下[88,92]：首先，利用磁力搅拌器将乙酸铜粉末（2.9946g）与去离子水（20mL）混合配成溶液，然后将上述溶液加热到 70℃，搅拌 2min 后将 30mL 物质的量浓度为 9mol/L 的氢氧化钠溶液逐滴加入乙酸铜溶液中，继续搅拌 5min 后将 0.3g 葡萄糖粉末一次性加入，随后在 70℃加热 5min 后将 30mL 无水乙醇一次性加入,当温度再次达到 70℃后,开始计时,分别在反应时间为 1min、5min、15min 和 60min 时取出等量的产物,然后离心洗涤烘干后对产物进行表征。

图 2-18 是未引入无水乙醇,反应时间分别为 5min 和 60min 时所获 Cu₂O 的 SEM 图像。由图可知,产物均呈八面体形貌且{111}晶面未发生刻蚀。图 2-19 是加入无水乙醇后,不同反应时间下所获 Cu₂O 的 SEM 图像。由图 2-19(a)可知,

图 2-18    未引入无水乙醇,反应时间分别为 5min 和 60min 时所获 Cu₂O 的 SEM 图像[88,92]

(a) 5min; (b) 60min

图 2-19    采用乙醇辅助前驱体液相还原法,在不同反应时间下所获 Cu₂O 的 SEM 图像[88,92]

(a) 1min; (b) 5min; (c) 15min; (d) 60min

产物为规则的八面体形貌，这说明加入无水乙醇短时间内，Cu₂O{111}晶面并未发生变化。然而，随着反应时间的持续延长，八面体 Cu₂O{111}晶面的中心位置逐渐出现凹坑，如图 2-19(b)和图 2-19(c)所示。当加入无水乙醇 60min 后，八面体 Cu₂O{111}晶面中心出现的凹坑开始向外扩展，甚至在晶体棱边出现了刻蚀痕迹，形成六足结构，如图 2-19(d)所示。

根据形貌随时间的演变规律可知，六足 Cu₂O 分支结构的形成分为两步：第一步，形成八面体 Cu₂O 颗粒；第二步，在氧气的作用下八面体 Cu₂O 颗粒会发生由面中心向棱边和顶点的选择性氧化刻蚀。为验证氧化刻蚀的存在，需在通入氮气的条件下进行对照实验(图 2-20)。实验结果发现：延长反应时间，产物中并未出现图 2-19 所示的形貌，这表明空气氛围中八面体 Cu₂O{111}晶面出现的选择性内凹现象归因于氧化刻蚀。根据未引入乙醇时 Cu₂O 为规则八面体(图 2-18(b))这一现象，可以确定乙醇分子是导致 Cu₂O{111}晶面发生氧化刻蚀的关键因素，即乙醇分子诱发的选择性刻蚀是由{111}晶面的中心向外扩展的。为进一步揭示选择性刻蚀发生的先后顺序，需二次向体系引入无水乙醇，即引入无水乙醇反应 60min 后再次向体系中补充 30mL 无水乙醇，随后继续反应 60min，最后对所获产物进

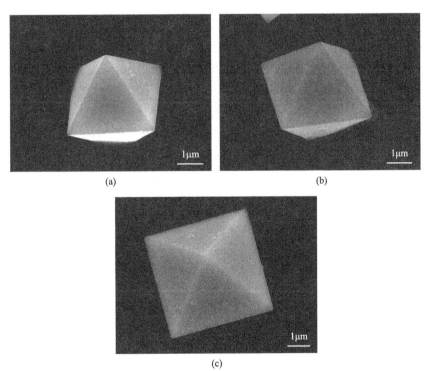

(a)  (b)

(c)

图 2-20 采用乙醇辅助前驱体液相还原法，在氮气保护下，
不同反应时间所获 Cu₂O 产物的 SEM 图像[88,92]

(a)15min；(b)30min；(c)60min

行 SEM 表征，其微观形貌如图 2-21 所示。上述不同反应路径对应的产物形貌如图 2-22 所示。由图可知，氧化刻蚀不但发生在八面体的中心位置，而且其棱边和顶点也会出现台阶状刻痕，这表明 $Cu_2O\{111\}$ 晶面的刻蚀次序为中心→棱→顶点。

(a)                                                                      (b)

图 2-21　采用乙醇辅助前驱体液相还原法，反应 60min 后继续向体系中加入 30mL
无水乙醇，使其继续反应 60min 后所获 $Cu_2O$ 的 SEM 图像[88,92]

(a)低倍；(b)单颗粒

　　$Cu_2O\{111\}$ 晶面不同位置存在的刻蚀差异主要与乙醇分子和 $Cu_2O\{111\}$ 晶面存在的选择性吸附(保护)有关。$Cu_2O\{111\}$ 晶面氧原子的配位数不同，因而其顶点、棱和中心位置的表面能存在差异。这三个位置对乙醇分子具有不同的吸附活性。因此，需采用密度泛函理论对其进行模拟分析[92]。根据表 2-5 的理论模拟结果，乙醇分子与 $Cu_2O\{111\}$ 晶面不同位置吸附能的大小关系为：$E_{顶点}>E_{边}>E_{面中心}$，即顶点和棱边的铜原子周围的近邻原子相对较少，而面中心的相对较多。因此，顶点和棱边的吸附能较大，见表 2-5。另外，根据"键长越短能量越大"这一原理可

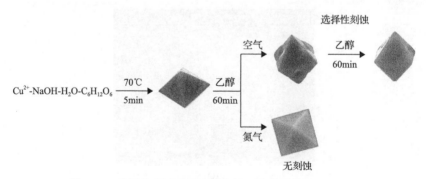

图 2-22　采用密度泛函理论所获的乙醇分子与 $Cu_2O\{111\}$
晶面不同位置的吸附示意图[88,92]

表 2-5　采用密度泛函理论所获的乙醇分子与 $Cu_2O\{111\}$ 晶面不同位置的吸附能与键长[88,92]

| 参数 | 顶点 | 边 | 面 |
|---|---|---|---|
| 吸附能/eV | −1.158 | −1.031 | −0.978 |
| 键长/Å | 1.957 | 1.996 | 2.071 |

知，顶点对乙醇的吸附能力最强，其次为棱边，最后为面中心。综上所述，乙醇分子优先吸附于八面体 $Cu_2O\{111\}$ 晶面的顶点位置，随后沿棱边吸附，最后在 $\{111\}$ 晶面由外向内吸附，吸附终点为 $\{111\}$ 晶面的中心位置。因此，乙醇分子与 $Cu_2O\{111\}$ 晶面吸附的先后次序为：顶点→棱→中心，如图 2-23 所示。吸附作用最弱的位置最先发生氧化刻蚀，因而 $Cu_2O\{111\}$ 晶面的刻蚀顺序为：中心→棱→顶点，如图 2-19 所示。因此，借助"乙醇辅助前驱体液相还原法"可实现 $Cu_2O\{111\}$ 晶面的"刻蚀限制分支生长"[92]。

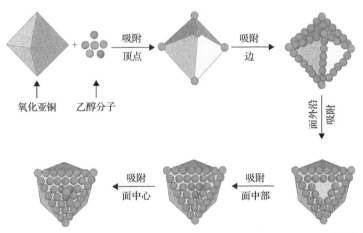

图 2-23　乙醇分子与 $Cu_2O\{111\}$ 晶面不同位置的吸附顺序示意图[88,92]

八面体代表 $Cu_2O$ 晶体，小球代表乙醇分子。小球首先吸附于八面体的顶点位置，
随后沿着八面体的棱边位置进行吸附，最后依次向面中心吸附

### 2.2.2　氯离子对多面体 $Cu_2O\{100\}$ 晶面的影响规律

在前驱体液相还原工艺基础上，选用氯化铜作铜源，仅通过调控前驱体形成温度即可实现多面体 $Cu_2O\{100\}$ 晶面的尺寸和形貌调控。具体实验方案如下：首先，配制三组相同浓度的氯化铜水溶液，利用磁力搅拌器将上述溶液分别搅拌加热至 25℃、55℃ 和 70℃。然后，将相同物质的量的氢氧化钠溶液逐滴加入上述溶液中，逐渐析出黑色沉淀，保持反应温度不变继续搅拌 5min 后，将 0.2g 葡萄糖粉末一次性加入反应体系。随后，将温度依次升至 70℃，继续加热 15min，随着反应时间的延长，体系中的沉淀物逐渐由黑色转变为砖红色。最后，分别用去离

子水和无水乙醇将产物反复离心洗涤多次，并在 70℃下真空干燥 12h，即可获得 Cu$_2$O 粉末。具体实验条件与产物形貌见表 2-6[88,93]。

**表2-6  在氯化铜体系中制备含有低指数晶面的 Cu$_2$O 多面体的实验条件及对应的产物结构**[88,93]

| 样品 | 氯化铜浓度/(mol/L) | 氢氧化钠浓度/(mol/L) | 前驱体形成温度/℃ | 葡萄糖质量/g | 反应温度/℃ | 反应时间/min | 产物结构 |
|---|---|---|---|---|---|---|---|
| C1 | 0.1 | 3 | 25 | 0.2 | 70 | 15 | 八面体 |
| C2 | 0.1 | 3 | 55 | 0.2 | 70 | 15 | 截{100}八面体 |
| C3 | 0.1 | 3 | 70 | 0.2 | 70 | 15 | 截{100}八面体 |

图 2-24 是在不同前驱体形成温度下制备的 Cu$_2$O 晶体的 SEM 图像。图 2-24(a) 是前驱体形成温度为 25℃时产物的 SEM 图像。可以看到，产物呈八面体形貌，其棱边的平均长度约为 600nm。当前驱体形成温度为 55℃时，产物为小截角八面体，如图 2-24(b)所示。它是由 6 个正方形面和 8 个六边形面组成的十四面体，正方形面的边长约为 220nm。当前驱体形成温度为 70℃时，产物为大截角八面体，

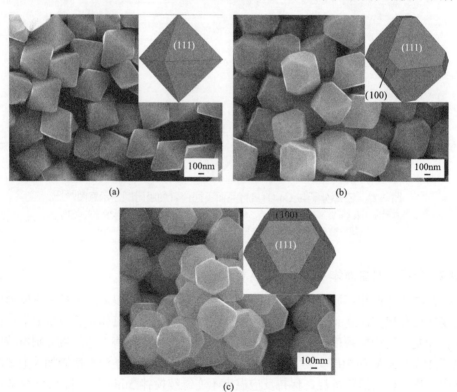

**图 2-24  氯化铜作铜源，改变前驱体形成温度所获 Cu$_2$O 晶体的 SEM 图像**[93]

(a) 25℃(样品 C1)；(b) 55℃(样品 C2)；(c) 70℃(样品 C3)。插图为相应产物的形貌示意图和对应晶面的晶面指数

如图 2-24(c)所示，此时正方形面边长约 440nm，六边形面积相对减小。根据面角守恒定律，可推算出正方形面是{100}晶面，三角形面和六边形面均为{111}晶面。以上三种产物的几何形貌示意图如图 2-24 中插图所示，其中三角形或六边形为{111}晶面，正方形为{100}晶面。

为什么只改变前驱体形成温度就可实现对 $Cu_2O${100}晶面尺寸的调变呢？这是因为晶面尺寸与不同温度下形成前驱体的微观结构有关，即具有不同微观结构的前驱体会影响 $Cu_2O$ 的形核和长大过程、改变其初始态晶种的特性，从而决定产物的最终形貌。因此，需要对不同前驱体的微观结构进行详细表征与分析。图 2-25 是上述三组实验所获前驱体的 XRD 图谱。由图可知，当前驱体形成温度为 25℃时，前驱体的物相为纯氢氧化铜，如图 2-25(a)所示。当前驱体形成温度升高到 55℃和 70℃时，前驱体的物相中均含有氢氧化铜和氧化铜，这表明氢氧化铜在较高温度下可分解为氧化铜，如图 2-25(b)和图 2-25(c)所示。因此，在不同前驱体形成温度下获得的前驱体存在物相差异。

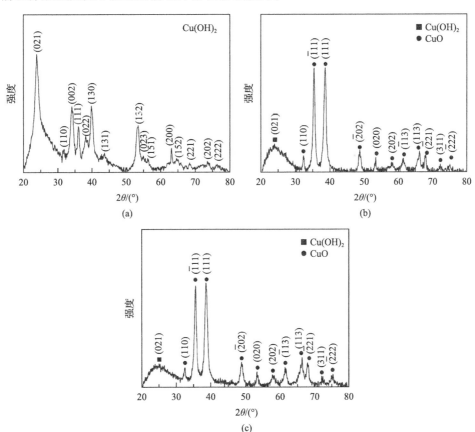

图 2-25 氯化铜作铜源，不同前驱体形成温度下所获前驱体的 XRD 图谱[93]

(a) 25℃；(b) 55℃；(c) 70℃

  图 2-26 是三种前驱体对应的 TEM 图像。可以看到，当前驱体形成温度为 25℃时，所获前驱体具有纳米线特征，平均直径约为 8nm，且长径比很大，如图 2-26(a)和(b)所示。当前驱体形成温度为 55℃时，所获前驱体仍为纳米线，但其平均直径约为 25nm，且长径比明显小于图 2-26(b)中的样品，如图 2-26(c)和(d)所示。当前驱体形成温度为 70℃时，所获前驱体呈现出纳米带结构，这些纳米带的平均宽度约为 50nm，如图 2-26(e)和(f)所示。由三种前驱体的 HRTEM 图像可知，当前驱体形成温度分别为 25℃和 55℃时，所获纳米线前驱体具有多晶特征(图 2-27(a)和(b))，而当前驱体形成温度为 70℃时，所获纳米带前驱体则具有单晶特征(图 2-27(c))。因此，$Cu_2O$ 产物的最终形貌取决于前驱体的微观结构。

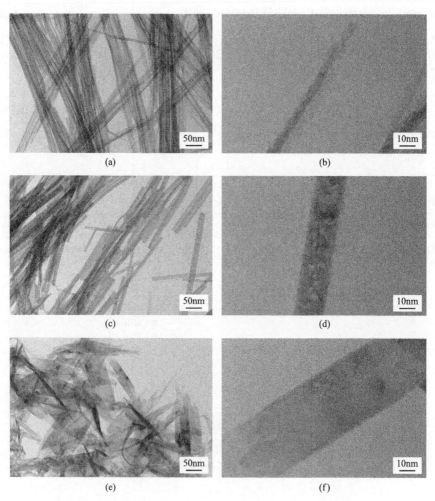

图 2-26 氯化铜作铜源，在不同前驱体形成温度下所获前驱体的
低倍((a)(c)(e))和高倍((b)(d)(f))TEM 图像[93]
(a)、(b)25℃；(c)、(d)55℃；(e)、(f)70℃

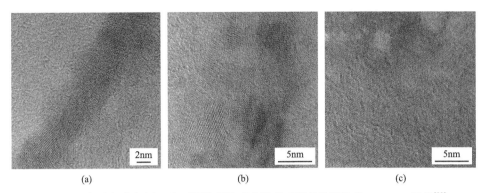

图 2-27 氯化铜作铜源，在不同前驱体形成温度下所获前驱体的 HRTEM 图像[93]
(a) 25℃；(b) 55℃；(c) 70℃

对三组工艺的中间产物进行 SEM 和 TEM 表征可揭示其形成机理。图 2-28 是图 2-26(a)所示前驱体加热到不同温度时，利用葡萄糖还原所获 Cu₂O 晶体的 SEM 图像。当反应温度为 55℃时，产物为八面体 Cu₂O 且其表面附着纳米线前驱体，如图 2-28(a)所示。当反应温度为 60℃时，产物仍保持八面体特征但其前驱体的数量有所减少(图 2-28(b))。当反应温度为 68℃时，前驱体消失，此时的产物完全为八面体(图 2-28(c))。图 2-29 是图 2-26(c)所示的当前驱体加热到不同温度时，利用葡萄糖还原所获 Cu₂O 晶体的 SEM 图像。从中可以看到，当反应温度达到 55℃时，产物同样为八面体 Cu₂O 且其表面依然附着纳米线前驱体，如图 2-29(a)所示。当反应温度为 60℃时，产物为截角八面体，但其前驱体的数量有所减少(图 2-29(b))。当反应温度为 68℃时，产物完全为截角八面体且{100}晶面的尺寸进一步变大，此时前驱体消失(图 2-29(c))。图 2-30 是图 2-26(e)所示前驱体在 70℃加热反应不同时间所获产物的 SEM 图像。当反应时间为 5s 时，产物为 Cu₂O 截角八面体和 CuO 带状前驱体(图 2-30(a))。延长反应时间产物表面吸附的前驱体的数量将减少(图 2-30(a)～图 2-30(d))，这说明在反应过程中前驱体不断被还原成 Cu₂O。当反应时间为 15min 时，产物完全为大截角八面体

图 2-28 氯化铜作铜源，前驱体形成温度为 25℃时，不同反应温度下所获产物的 SEM 图像[93]
(a) 55℃；(b) 60℃；(c) 68℃

图 2-29　氯化铜作铜源，前驱体形成温度为 55℃，在不同反应温度下所获产物的 SEM 图像[93]
(a) 55℃；(b) 60℃；(c) 68℃

图 2-30　氯化铜作铜源，前驱体形成温度为 70℃，在不同反应时间下所获产物的 SEM 图像[93]
(a) 5s；(b) 10s；(c) 15s；(d) 30s

（图 2-24(c)）。综上所述，低温形成的多晶前驱体在反应初期易于形成八面体 $Cu_2O$（图 2-28(a) 和图 2-29(a)），而高温形成的单晶前驱体在反应初期易于形成截角八面体 $Cu_2O$（图 2-30）。因此，前驱体的微观结构决定了 $Cu_2O$ 产物的最终形貌。利用氯化铜作铜源时，不同前驱体形成温度下合成的 $Cu_2O$ 晶体的反应过程与形貌演变过程如图 2-31 所示。

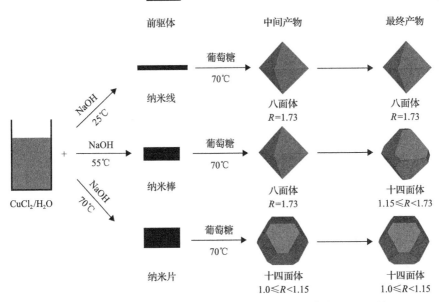

图 2-31 氯化铜作铜源，在不同前驱体形成温度下合成的 Cu₂O 的
反应机理与形貌演变示意图[93]

### 2.2.3 硫酸根离子对多面体 Cu₂O{100}晶面的影响规律

采用前驱体液相还原工艺，选择硫酸铜作铜源亦可调控 Cu₂O{100}晶面的尺寸和形貌，具体实验工艺参见表 2-7[88]，图 2-32 是表 2-7 工艺对应产物的 SEM 图像。图 2-32(a)、图 2-32(d)和图 2-32(g)是反应时间相对较短时，不同前驱体形成温度下所获产物的 SEM 图像。可以发现，此时产物的形貌分别为八面体、截{100}八面体及截{111}和{110}立方体(样品 S1、S4 和 S7)。这些形貌的出现进一步证实了以氯化铜体系为基础做出的推断，即前驱体形成温度对晶体生长过程中 R 值的影响较大。当前驱体形成温度为 25℃、反应时间为 2min 时(样品 S1～S3)，产物的形貌为 8 个{111}晶面围成的八面体(图 2-32(a))；当反应时间为 15min 时，原八面体的六个顶点被截掉形成截{100}八面体，此时的{100}晶面呈正方形(图 2-32(b))；当反应时间为 30min 时，在上述截{100}八面体的基础上出现了 12 个{110}晶面，这使得原正方形的{100}晶面演变为八边形(图 2-32(c))。因此，选用硫酸铜作铜源，可实现 Cu₂O 晶体由八面体向截{100}八面体及截{100}和{110}八面体的形貌演变(图 2-32(a)～(c))。然而，当前驱体形成温度为 55℃时，在不同反应时间下所获产物的形貌均为截{100}八面体(样品 S4～S6)，但{100}晶面的尺寸随反应时间的增加而增大(图 2-32(d)～(f))。当前驱体形成温度为 70℃时，在不同反应时间下所获产物的形貌均为截{111}和{110}立方体(样品 S7～S9)，但其{100}晶面的形状发生了变化，图 2-32(g)表明产物的{100}晶面为

表 2-7　在硫酸铜体系中制备含有低指数晶面的 $Cu_2O$ 多面体的实验条件和对应的产物结构[88]

| 样品 | 硫酸铜浓度/(mol/L) | 氢氧化钠浓度/(mol/L) | 前驱体形成温度/℃ | 葡萄糖质量/g | 反应温度/℃ | 反应时间/min | 产物结构 |
|---|---|---|---|---|---|---|---|
| S1 | 0.091 | 6 | 25 | 0.2 | 70 | 2 | 八面体 |
| S2 | 0.091 | 6 | 25 | 0.2 | 70 | 15 | 截{100}八面体 |
| S3 | 0.091 | 6 | 25 | 0.2 | 70 | 30 | 截{100}和{110}八面体 |
| S4 | 0.091 | 6 | 55 | 0.2 | 70 | 2 | 截{100}八面体 |
| S5 | 0.091 | 6 | 55 | 0.2 | 70 | 15 | 截{100}八面体 |
| S6 | 0.091 | 6 | 55 | 0.2 | 70 | 30 | 截{100}八面体 |
| S7 | 0.091 | 6 | 70 | 0.2 | 70 | 2 | 截{111}和{110}立方体 |
| S8 | 0.091 | 6 | 70 | 0.2 | 70 | 15 | 截{111}和{110}立方体 |
| S9 | 0.091 | 6 | 70 | 0.2 | 70 | 30 | 截{111}和{110}立方体 |

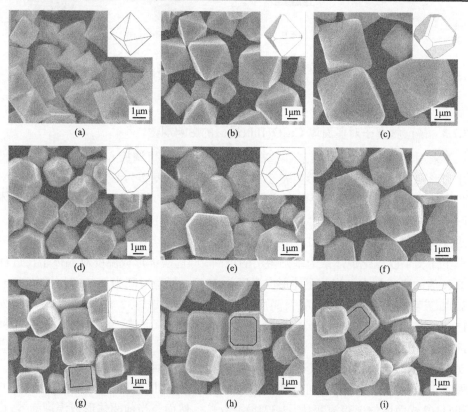

图 2-32　硫酸铜作铜源，在不同实验条件下所获 $Cu_2O$ 晶体的 SEM 图像[88]

(a)前驱体形成温度为 25℃、反应时间为 2min；(b)前驱体形成温度为 25℃、反应时间为 15min；(c)前驱体形成温度为 25℃、反应时间为 30min；(d)前驱体形成温度为 55℃、反应时间为 2min；(e)前驱体形成温度为 55℃、反应时间为 15min；(f)前驱体形成温度为 55℃、反应时间为 30min；(g)前驱体形成温度为 70℃、反应时间为 2min；(h)前驱体形成温度为 70℃、反应时间为 15min；(i)前驱体形成温度为 70℃、反应时间为 30min。

插图为相应产物的形貌示意图

正方形，随着反应时间的延长，正方形的{100}晶面将演变成六边形（图 2-32（h）和（i））。因此，选用硫酸铜作铜源，通过改变前驱体形成温度和反应时间均可调控 Cu₂O{100}晶面的尺寸和形状。

根据式（2-12）～式（2-14），反应中的氢氧根离子不仅可以影响 Cu²⁺ 的还原电势，还可与有机基团络合形成新的[Cu(OH)₄]²⁻-M 前驱体，从而控制产物 Cu₂O 的几何形貌。因此，系统地研究氢氧根离子及有机配体 M 对 Cu₂O 形貌的影响规律十分必要。Tang 等[94]发现：在硫酸铜/乙二胺四乙酸/氢氧化钠/对苯二酚/水体系中，通过调变氢氧根离子浓度可实现多面体 Cu₂O 晶体的形貌调控，可制备出立方体、十八面体、二十六面体、十四面体和八面体。

具体实验工艺如下[94]：首先，将硫酸铜（2mmol）和乙二胺四乙酸（1mmol）粉末溶于 30mL 的去离子水中配制 5 份混合液，该过程在磁力搅拌器上进行。随后，将上述混合溶液加热至 55℃，保温 5min 后再将 25mL 一定摩尔浓度的氢氧化钠溶液（0.6mol/L、1.6mol/L、3.96mol/L、5.2mol/L 和 6.8mol/L）逐滴加入上述溶液中，继续搅拌 5min 后，再加入对苯二酚粉末 0.5g，在 55℃条件下继续反应 1h。最后，用去离子水和无水乙醇将样品离心洗涤数次，置于真空干燥箱中干燥 12h，即可获得多面体 Cu₂O 粉末。

图 2-33 是改变氢氧化钠浓度时制备的多面体 Cu₂O 晶体的 SEM 图像。若体系中不加入氢氧化钠，则没有 Cu₂O 生成。由图 2-33 可知，当氢氧化钠浓度为 0.6mol/L 时，产物是由 6 个{100}晶面组成的 Cu₂O 立方体，其 SEM 图像和几何形貌示意图如图 2-33（a）～（c）所示。当氢氧化钠浓度为 1.6mol/L 时，产物是由 6 个{100}晶面和 12 个{110}晶面共同组成的十八面体，其 SEM 图像和几何形貌示意图如图 2-33（d）～（f）所示。当氢氧化钠浓度为 3.96mol/L 时，产物是由 6 个{100}晶面、8 个{111}晶面和 12 个{110}晶面共同组成的二十六面体，其 SEM 图像和几何形貌示意图如图 2-33（g）～（i）所示。当氢氧化钠浓度为 5.2mol/L 时，产物是由 6 个{100}晶面和 8 个{111}晶面共同组成的十四面体，其 SEM 图像和几何形貌示意图如图 2-33（j）～（l）所示。当氢氧化钠浓度为 6.8mol/L 时，产物是由 8 个{111}晶面组成的八面体，其 SEM 图像和几何形貌示意图如图 2-33（m）～（o）所示。晶面指数的确定依然遵循面角守恒定律，图 2-34 给出了这五种多面体的面间角。根

(a)　　　　　　　　　(b)　　　　　　　　　(c)

(d)　　　　　　　　　　(e)　　　　　　　　　　(f)

(g)　　　　　　　　　　(h)　　　　　　　　　　(i)

(j)　　　　　　　　　　(k)　　　　　　　　　　(l)

(m)　　　　　　　　　　(n)　　　　　　　　　　(o)

图 2-33　在硫酸铜/乙二胺四乙酸/氢氧化钠/对苯二酚/水体系中，
改变氢氧化钠浓度制备的不同形貌 $Cu_2O$ 多面体的 SEM 图像[94]

(a)、(b)立方体，氢氧化钠浓度为 0.6mol/L；(d)、(e)十八面体，氢氧化钠浓度为 1.6mol/L；(g)、(h)二十六面体，氢氧化钠浓度为 3.96mol/L；(j)、(k)十四面体，氢氧化钠浓度为 5.2mol/L；(m)、(n)八面体，氢氧化钠浓度为 6.8mol/L；(c)、(f)、(i)、(l)、(o)为多面体 $Cu_2O$ 对应的几何形貌示意图，其中正方形为{100}晶面，长方形或长六边形为{110}晶面，三角形或六边形为{111}晶面

图 2-34　不同形貌 Cu$_2$O 多面体的面间角[94]

(a)立方体；(b)十八面体；(c)二十六面体；(d)十四面体；(e)八面体

据面间角、晶面几何位向和晶面夹角公式可确定这些多面体的晶面指数。因此，图 2-33 所示的五个示意图中正方形为{100}晶面,长方形或长六边形为{110}晶面,三角形或六边形为{111}晶面。

以上多面体 $Cu_2O$ 晶体的形成机理如下：硫酸铜和乙二胺四乙酸(EDTA)在加热条件下反应将生成 Cu(Ⅱ)-EDTA 络合物，这可减缓碱性溶液中 Cu(Ⅱ)沉淀的发生，使其在结晶过程中缓慢地生成均匀的沉淀物[95]。作为沉淀剂，氢氧化钠决定了反应过程中形成的$[Cu(OH)_4]^{2-}$前驱体的性质，而对苯二酚作为一种弱还原剂，其作用与上述实验的葡萄糖作用相一致。因此，适量的硫酸铜、乙二胺四乙酸、氢氧化钠、水和对苯二酚在一定温度下将发生如下的化学反应。首先，Cu(Ⅱ)与乙二胺四乙酸络合形成 Cu(Ⅱ)-EDTA 络合物。然后，向体系中加入氢氧化钠，随着 OH 的增加，体系逐渐形成黑色的氢氧化铜沉淀(式(2-16))：

$$Cu^{2+}\text{-EDTA} + 2OH^- \longrightarrow Cu(OH)_2 \downarrow + EDTA \qquad (2\text{-}16)$$

这与式(2-12)的反应过程不同。当氢氧根离子浓度升高时，氢氧化铜沉淀逐渐转化为络合物$[Cu(OH)_4]^{2-}$(式(2-13))。最后在还原剂对苯二酚的作用下，$[Cu(OH)_4]^{2-}$完全被还原成红色的 $Cu_2O$ 沉淀(式(2-17))：

$$2[Cu(OH)_4]^{2-} + C_6H_6O_2 \longrightarrow Cu_2O + C_6H_4O_2 + 4OH^- + 3H_2O \qquad (2\text{-}17)$$

在上述反应过程中，不同形貌 $Cu_2O$ 的制备取决于不同浓度 OH 形成的$[Cu(OH)_4]^{2-}$，其可能影响先驱反应中热力学和动力学的竞争及 $Cu_2O$ 晶体的形核与生长[96]。

### 2.2.4 硝酸根离子对多面体 $Cu_2O${100}晶面的影响规律

2.2.1~2.2.3 节分别介绍了乙酸根离子、氯离子和硫酸根离子对多面体 $Cu_2O${100}晶面的影响规律。本节将重点介绍硝酸根对 $Cu_2O${100}晶面的尺寸与形貌调控，具体前驱体液相合成工艺参数见表 2-8[88]。当前驱体形成温度为 25℃、反应温度为 98℃、反应时间为 60min 时(样品 N1)，制备的 $Cu_2O$ 具有截{100}八面体轮廓，但其{100}晶面沿自身法线方向会发生内凹，将其称为凹角八面体，如图 2-35所示。为揭示凹角八面体的生长机制，需要在样品 N1 的基础上研究反应时间(温度)-形貌的演变规律。图 2-36 是前驱体形成温度为 25℃时，不同反应温度和反应时间下所获产物的 SEM 图像。当反应温度为 70℃和 85℃、反应时间均为 30min 时，所获产物均为八面体形貌(图 2-36(a)和(b))。当反应温度为 98℃、反应时间分别为2min 和 20min 时，所获产物仍为八面体形貌(图 2-36(c)和(d))，产物中并未出现刻蚀的{100}晶面。然而，在 98℃随着反应时间的继续延长，不但出现了{100}晶面，而且{100}晶面沿其法线方向发生了明显的氧化刻蚀(图 2-35)。该现象可归因于高温下 $Cu_2O$ 晶体易发生氧化刻蚀，其反应过程如式(2-15)所示。

**表 2-8 在硝酸铜体系中制备含有低指数晶面的 Cu₂O 多面体的实验条件和对应的产物结构[88]**

| 样品 | 硝酸铜浓度/(mol/L) | 氢氧化钠浓度/(mol/L) | 前驱体形成温度/℃ | 葡萄糖质量/g | 反应温度/℃ | 反应时间/min | 产物结构 |
|------|------|------|------|------|------|------|------|
| N1 | 0.1 | 3 | 25 | 0.2 | 98 | 60 | 凹角八面体 |
| N2 | 0.1 | 3 | 25 | 0.2 | 70 | 30 | 八面体 |
| N3 | 0.1 | 3 | 25 | 0.2 | 85 | 30 | 八面体 |
| N4 | 0.1 | 3 | 25 | 0.2 | 98 | 2 | 八面体 |
| N5 | 0.1 | 3 | 25 | 0.2 | 98 | 20 | 八面体 |
| N6 | 0.1 | 6 | 98 | 0.2 | 98 | 2 | 截{111}和{110}立方体 |
| N7 | 0.1 | 6 | 98 | 0.2 | 98 | 15 | 截{111}和{110}立方体 |
| N8 | 0.1 | 6 | 98 | 0.2 | 98 | 30 | 截{111}和{110}立方体 |
| N9 | 0.1 | 6 | 98 | 0.2 | 98 | 45 | 截{111}和{110}立方体 |
| N10 | 0.1 | 6 | 98 | 0.2 | 98 | 60 | 刺状结构 |

(a)　　　　　　　　　　　　　　　　　(b)

图 2-35 以硝酸铜作铜源，样品 N1 的 SEM 图像，插图为相应产物的形貌示意图[88]

(a)低倍 SEM 图像；(b)单颗粒的 SEM 图像

(a)　　　　　　　　　　　　　　　　　(b)

(c)                                             (d)

图 2-36　以硝酸铜作铜源，样品 N2～N5 的 SEM 图像[88]

(a)前驱体形成温度为 25℃、反应温度为 70℃、反应时间为 30min；(b)前驱体形成温度为 25℃、反应温度为 85℃、反应时间为 30min；(c)前驱体形成温度为 25℃、反应温度为 98℃、反应时间为 2min；(d)前驱体形成温度为 25℃、反应温度为 98℃、反应时间为 20min

为明确该体系中 $Cu_2O$ 发生氧化刻蚀的关键参数，需要对实验工艺进行重新调整[97]。结果发现，当氢氧化钠浓度为 6mol/L，前驱体形成温度和反应温度均为 98℃时（样品 N6～N10），随着反应时间的延长，硝酸根离子对 $Cu_2O$ {100}晶面的刻蚀作用更加显著。图 2-37 是样品 N10 的 SEM 图像、XRD 图谱和 EDS 图谱。由图 2-37(a)可知，产物的形状单一、尺寸均匀且单分散性良好。图 2-37(b)表明产物为刺状微米结构，平均粒径约为 2.3μm（图 2-37(c)），每个颗粒均存在三组凹坑结构，且凹坑周围是分散的刺状分支，凹坑平均尺寸约为 1.0μm，如图 2-37(b)中的插图所示。图 2-37(d)为刺状结构的 XRD 图谱，其呈现的衍射峰均与 $Cu_2O$ 晶体（JCPDS 编号：05-0667）的标准衍射峰吻合，无其他杂质的衍射峰，这说明产物为纯 $Cu_2O$ 晶体。图 2-38(a)是刺状结构的低倍 TEM 图像，这进一步表明了产物形状单一、尺寸均匀且单分散性良好。图 2-38(b)是单个刺状结构的 TEM 图像。图 2-38(c)是图 2-38(b)中圆圈部分的 SAED 图谱，这表明该刺状结构 $Cu_2O$ 具有单晶特征。圆圈部分对应的 HRTEM 图像如图 2-38(d)所示，不同取向的晶面间距

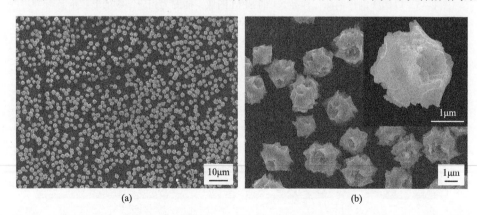

(a)                                             (b)

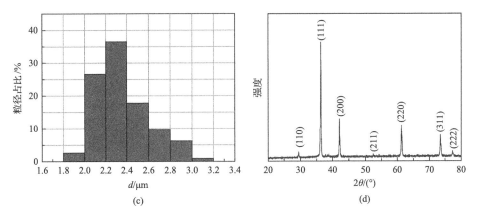

(c)　　　　　　　　　　　　　　　　(d)

图 2-37　以硝酸铜作铜源，样品 N10 的不同放大倍率的 SEM 图像[97]

(a)低倍 SEM 图像；(b)高倍 SEM 图像，插图为单颗粒的 SEM 图像；(c)粒径统计图；(d)XRD 图谱

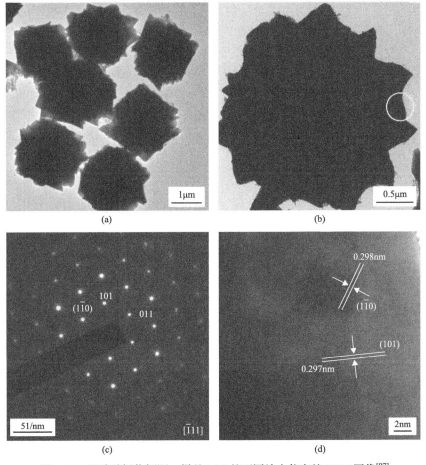

(a)　　　　　　　　　　　　　　　　(b)

(c)　　　　　　　　　　　　　　　　(d)

图 2-38　以硝酸铜作铜源，样品 N10 的不同放大倍率的 TEM 图像[97]

(a)低倍；(b)高倍；(c)圆圈部分对应的 SAED 图谱；(d)圆圈部分对应的 HRTEM 图像

(直线和箭头标记) 分别为 0.298nm 和 0.297nm, 这与 Cu$_2$O{110}晶面的标准间距 (*d*=0.30nm) 相吻合, 该结果说明产物的裸露晶面是{110}晶面, 这与 SAED 图谱所示的结果一致。

为揭示该刺状结构的生长机理, 需要对不同反应时间下所获产物进行 SEM 表征。图 2-39 是反应时间分别为 2min、15min、30min 和 45min 时产物的 SEM 图像。由图 2-39(a)～(c)可知, 当反应时间较短时(2min、15min 和 30min), 产物均为立方体外形。但当反应时间为 45min 时, 产物的外形发生了明显的变化, 呈现出截角截棱立方体特征, 如图 2-39(d)所示。当反应时间为 60min 时, 产物的形貌演化为图 2-37 所示的刺状结构。这是因为随着反应时间的延长, 会有大量的水分蒸发, 体系的过饱和度发生了显著的变化, 此时受酸根离子保护最弱的 Cu$_2$O{100}晶面容易发生氧化刻蚀, 因而在原有{100}晶面上会留下凹坑。上述几何形貌演变的本质同样是 *R* 值的改变, 具体形貌-时间演变过程如图 2-40 所示。

图 2-39   以硝酸铜作铜源, 样品 N6～N9(不同反应时间)的 SEM 图像[97]

(a) 2min; (b) 15min; (c) 30min; (d) 45min

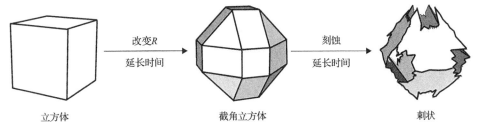

图 2-40　刺状 $Cu_2O$ 晶体的形貌演变示意图[97]

$R$ 是沿 〈100〉 和 〈111〉 方向的生长速率之比

## 2.2.5　其他工艺参数对 $Cu_2O$ 晶体表面刻蚀的影响规律

虽然硝酸铜体系可通过氧化刻蚀{100}晶面来调控 $Cu_2O$ 的几何外形，但上述工艺所获产物为无规则的多面体特征(图 2-37 和图 2-38)。因此，制备出表面刻蚀且具有多面体形貌的规则 $Cu_2O$ 单晶仍然极具挑战。结合表 2-3 和表 2-7 可以发现，当前驱体形成温度过高且反应时间过长，$Cu_2O$ 会发生剧烈的氧化刻蚀。由此可见，降低前驱体形成温度和缩短反应时间可制备出具有规则外形的 $Cu_2O$ 刻蚀多面体。具体制备工艺如下[98]：首先，在室温搅拌下将硝酸铜粉末(0.005mmol)溶解在 50mL 的去离子水中，然后，将烧杯置于 60℃水浴锅中，若干时间后待烧杯内溶液温度与外部水浴温度相等时，再将 8mol/L 的氢氧化钠溶液逐滴加入烧杯中，继续搅拌 5min。最后，将葡萄糖粉末(1.0g)加入到上述前驱体混合物中，在 60℃环境中继续搅拌 10min，该过程中黑色前驱体将逐渐转化为红色沉淀。

图 2-41(a)是产物的低倍 SEM 图像，可以看到产物呈单一的十四面体形貌，尺寸均匀且单分散性良好。图 2-41(b)和(c)是单颗粒 $Cu_2O$ 的 SEM 图像，依据面角守恒定律，可推算出四边形面为{100}晶面、六边形面为{111}晶面。将这些晶面放大可发现，{100}晶面是光滑的，而{111}晶面则呈现年轮状花纹，即存在大量的台阶结构，如图 2-41(d)所示。这表明 $Cu_2O${100}晶面并未发生氧化刻蚀，刻蚀仅发生在{111}晶面。因此，利用前驱体液相合成法可制备具有选择性刻蚀晶面的 $Cu_2O$ 十四面体。

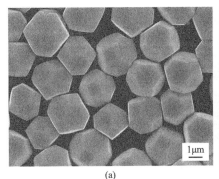

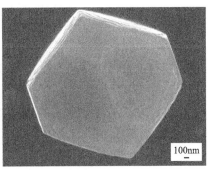

(a)　　　　　　　　　　　　　　(b)

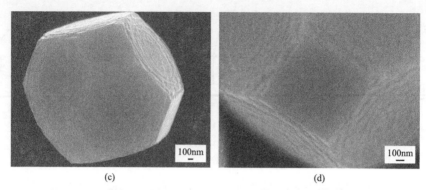

图 2-41　$Cu_2O$ 刻蚀十四面体不同放大倍数的 SEM 图像[98]

　　为揭示 $Cu_2O$ 刻蚀十四面体中台阶状结构的微观特征，需对产物的 TEM 图像、SAED 图谱和 HRTEM 图像进行表征。图 2-42(a) 是产物的低倍 TEM 图像，可以

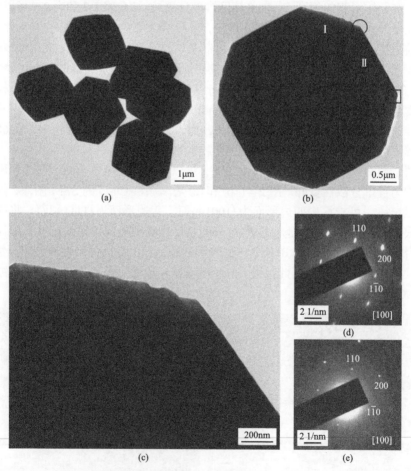

图 2-42　$Cu_2O$ 刻蚀十四面体不同放大倍数的 TEM 图像((a)~(c))和 SAED 图谱((d)和(e))[98]

看到产物的形貌单一、尺寸均匀且单分散性良好。图 2-42(b) 和图 2-42(c) 是单颗粒整体和局部放大的 TEM 图像，可以看到整个多面体呈现出两种不同的晶面结构，即出现粗糙和光滑两种投影边界。图 2-43 是图 2-42(b) 中圆圈和方框位置对应的 HRTEM 图像，可以看到晶面间距约为 0.30nm，这对应于 Cu₂O 晶体的 {110} 晶面。图 2-42(d) 和 (e) 是图 2-42(b) 中选区 Ⅰ 和 Ⅱ 的 SAED 图谱，可以看出产物为单晶结构，台阶晶面是由 {111} 晶面和无数 {110} 边缘组成的。因此，这种 Cu₂O 刻蚀十四面体是由 6 个光滑的 {100} 晶面、8 个 {111} 晶面和大量的 {110} 台阶面共同组成的，其几何示意图和对应晶面的晶面指数如图 2-44 所示。

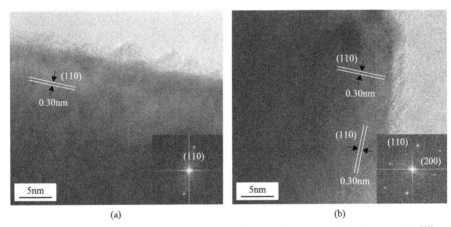

图 2-43　图 2-42(b) 中圆圈(a) 和方框(b) 区域对应的 HRTEM 图像和 FFT 斑点[98]

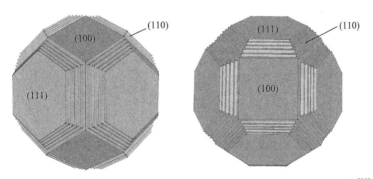

图 2-44　Cu₂O 刻蚀十四面体的几何形貌示意图和对应晶面的晶面指数[98]

　　为揭示 Cu₂O 刻蚀十四面体的形成机制，需对产物的时间-形貌演变规律进行探究。图 2-45 是反应时间分别为 0.5min、1.0min、2.0min 和 5.0min 时所获产物的 SEM 图像。可以看到，当反应时间为 0.5min 时，产物已具有十四面体轮廓，其表面存在许多纳米线状物质。为揭示这些纳米线的物相,需要对反应时间为 0.5min 时的产物进行 XRD 表征。由图 2-46 可知，样品的 XRD 图谱中除了存在明显的 Cu₂O 衍射峰，还存在衍射强度相对较弱的 CuO 衍射峰，这说明大颗粒 Cu₂O 表面

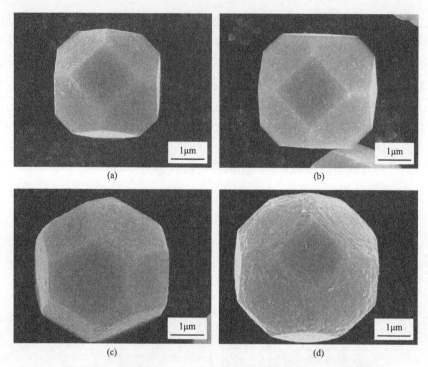

(a)　(b)

(c)　(d)

图 2-45　Cu₂O 刻蚀十四面体的时间-形貌演变的 SEM 图像[98]

(a) 0.5min；(b) 1.0min；(c) 2.0min；(d) 5.0min

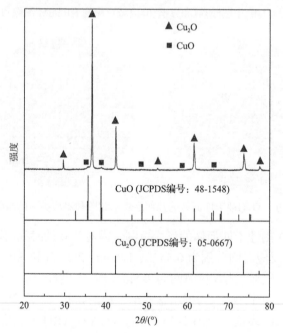

图 2-46　反应时间为 0.5min 时产物的 XRD 图谱[98]

附着了 CuO 纳米线。继续延长反应时间，这些 CuO 纳米线仍然存在，特别是当反应时间为 5min 时，可以明显看到，六边形表面演变为年轮状的台阶结构，而四边形表面未出现台阶。当反应时间为 10min 时，产物演变为由年轮状{111}晶面和光滑{100}晶面共同组成的 Cu₂O 刻蚀十四面体(图 2-41)，此时其表面附着的 CuO 纳米线前驱体已完全消失，这表明该产物是纯 Cu₂O 晶体。这些具有年轮状表面的 Cu₂O 刻蚀十四面体比光滑十四面体表现出更好的光催化降解性能[98]。

为什么选择性刻蚀仅发生在 Cu₂O{111}晶面，而 Cu₂O{100}晶面并未发生变化呢？若要究其根源，首先需对具体的化学反应过程加以分析。本实验涉及的化学反应方程式为式(2-12)～式(2-15)和式(2-18)：

$$2Cu^{2+} + 3OH^- + NO_3^- \longrightarrow Cu_2(OH)_3NO_3 \tag{2-18}$$

由式(2-18)可知，$Cu_2(OH)_3NO_3$ 的形成促进了式(2-15)所示的化学反应向右进行，加快了 Cu₂O 颗粒的溶解速度。对 Cu₂O 晶体而言，低指数晶面的稳定顺序为{100} ≫ {111} > {110}，故其{100}晶面最为稳定[99]。因此，氧化刻蚀更易发生在活性较高的{111}晶面，而{100}晶面在最终的形貌中保持不变。如式(2-18)所示，硝酸根的存在促使反应向右进行，因而改变硝酸铜与氢氧化钠的比例可以调控产物的最终形貌。图 2-47 是保持其他实验参数不变，只改变硝酸铜浓度获得的 Cu₂O 的几何形貌。从中可以发现，随着硝酸铜浓度的降低，刻蚀的 Cu₂O{111}晶面的面积会逐渐减小。

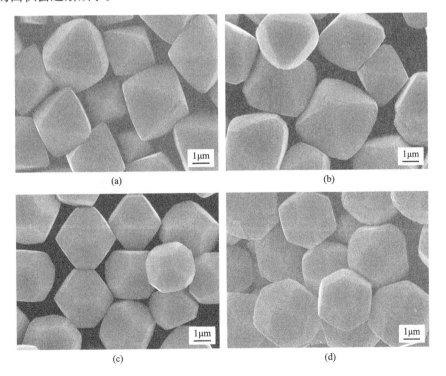

(a)　　　　　　　　　　　　(b)

(c)　　　　　　　　　　　　(d)

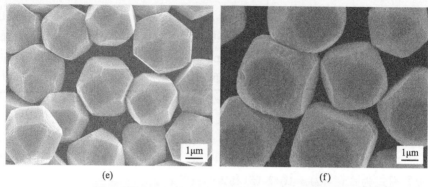

图 2-47 硝酸铜物质的量浓度从 0.2500mol/L 到 0.0500mol/L 变化时
所获不同形貌 Cu₂O 多面体的低倍 SEM 图像[98]

(a) 0.2500mol/L；(b) 0.1667mol/L；(c) 0.1250mol/L；(d) 0.0833mol/L；(e) 0.0625mol/L；(f) 0.0500mol/L

选择性氧化刻蚀的发生不仅与前驱体形成温度、反应温度、硝酸根及氢氧根的比例密切相关，还与无机离子添加剂和还原剂的种类有关。为证实这一观点，选用抗坏血酸钠代替葡萄糖来室温还原氯化铜/氢氧化钠/水混合物。此时制备的 Cu₂O 晶体的 SEM 图像如图 2-48 所示，产物为立方体，并未出现粗糙表面。如前所述，含有粗糙表面的 Cu₂O 具有更高的催化活性，但图 2-41 所示的刻蚀多面体仅发生在 {111} 晶面而 {100} 晶面并未出现刻蚀现象。由此可以推测，若多面体 Cu₂O 的所有表面均呈现为粗糙的台阶结构，其催化活性将进一步提升。然而，如何制备出完全由粗糙表面组成的 Cu₂O 多面体仍极具挑战。

图 2-48 抗坏血酸钠室温还原氯化铜/氢氧化钠/水混合物时，
所获 Cu₂O 的 SEM(a) 和 TEM(b) 图像[100]

经大量实验探索发现，在一定液相条件下，利用抗坏血酸钠室温还原氯化铜/氢氧化钠/乙酸锰/水混合物，可制备出完全由粗糙表面围成的 Cu₂O 二十六面体(图 2-49)。具体制备工艺如下：首先，在烧杯中配制浓度为 0.002mol/L 的乙酸

图 2-49 完全由粗糙表面围成的 Cu₂O 二十六面体的 SEM、TEM 图像和几何示意图[100]

(a)～(c)不同放大倍数的 SEM 图像；(d)、(e)几何示意图；(f)～(h)不同放大倍数的 TEM 图像；
(i)暗场像；(j)SAED 图谱；(k)不同位向的 TEM 图像

锰溶液(50mL)，室温下将其置于磁力搅拌器上搅拌。然后，加入 1mL 浓度为 0.1mol/L 的氯化铜溶液，随后将 1mL 浓度为 0.4mol/L 的氢氧化钠溶液缓慢滴入，磁力搅拌 5min。最后，再逐滴加入浓度为 0.1mol/L 的抗坏血酸钠溶液 5mL，继续搅拌 20min 即可获得 Cu₂O 粉末。由图 2-49 可知，产物是由三组不同粗糙表面组成的单晶，且每个表面均含有大量的纳米颗粒，整体呈现出明显的锯齿状粗糙结构。

为阐明这种完全由粗糙表面围成的 Cu₂O 二十六面体的形成机理，需对铜盐种类、无机离子种类、还原剂浓度和反应时间等参数进行调控。图 2-50 是不同反应时间下所获产物的 TEM 图像。可以看到，反应初期仅形成了形状不规则的小颗粒（80~100nm），且被非晶态前驱体包围，如图 2-50(a) 所示。随着反应时间的延长，前驱体逐渐还原为 Cu₂O，并在 10min 后基本消失，Cu₂O 尺寸约为 200nm，但此时粗糙表面并不明显。当反应时间为 15min 时，产物尺寸保持在 250~300nm，

图 2-50　完全由粗糙表面围成的 Cu₂O 二十六面体随时间演变的 TEM 图像[100]
(a) 1min；(b) 5min；(c) 7.5min；(d) 10min；(e) 15min；(f) 17.5min

此时出现明显的粗糙表面，这表明 Cu₂O 纳米粒子的粗糙表面是在后期生长阶段由定向聚集的 Cu₂O 小颗粒组成的。根据时间-形貌演变规律，这种完全由粗糙表面围成的 Cu₂O 二十六面体的形成可归因于"溶解-沉淀-表面重整"机理。反应过程中，铜离子首先与氢氧根离子反应，形成亚稳态的 $[Cu(OH)_4]^{2-}$ 前驱体，随后利用还原剂抗坏血酸钠将 Cu(Ⅱ) 还原成 Cu(Ⅰ)。Cu(Ⅰ) 存在热力学不稳定性，因而可转化为 CuOH，并迅速分解为 Cu₂O。需要注意的是，在有无 $Mn^{2+}$ 体系中分别加入氢氧化钠，所获前驱体的颜色有所不同。在不含 $Mn^{2+}$ 的体系中加入氢氧化钠溶液后形成的前驱体呈蓝色，而在含有 $Mn^{2+}$ 的体系中加入氢氧化钠溶液后形成的前驱体呈棕褐色。这说明 $Mn^{2+}$ 参与了上述化学反应并影响了前驱体的形成和随后 Cu₂O 的形核过程。

为进一步证实 $Mn^{2+}$ 在化学反应中的作用，需进行以下对照实验。例如，当氯化铜被其他种类铜盐(如硫酸铜、硝酸铜和乙酸铜)替代时，产物的形貌特征未发生变化，如图 2-51 所示，这表明反应体系中的阴离子不会直接影响晶体的生长。又如，选用三价离子($Fe^{3+}$ 和 $Al^{3+}$)和二价离子($Ni^{2+}$、$Co^{2+}$、$Sn^{2+}$ 和 $Mg^{2+}$)替代 $Mn^{2+}$，此时制备的 Cu₂O 均为光滑的纳米立方体，如图 2-52 所示。这表明 $Mn^{2+}$ 在反应过程中非常特殊，它是形成完全由粗糙表面组成的 Cu₂O 二十六面体的关键因素。若增加 $Mn^{2+}$ 的含量，产物中未出现 Cu₂O 颗粒，只有前驱体，如图 2-53 所示。综上所述，$Mn^{2+}$ 的作用机理如下：

$$Mn^{2+} + 2OH^- \longrightarrow Mn(OH)_2 \tag{2-19}$$

$$2Mn(OH)_2 + O_2 \longrightarrow 2MnO(OH)_2 \tag{2-20}$$

$$MnO(OH)_2 + C_6H_7O_6^- \longrightarrow Mn^{2+} + C_6H_6O_6 + 3OH^- \tag{2-21}$$

|  (a)  |  (b)  |  (c)  |

图 2-51 当氯化铜被其他种类的铜盐替代时制备的 Cu₂O 的 SEM 图像[100]

(a)硫酸铜；(b)硝酸铜；(c)乙酸铜

图 2-52 其他金属离子替代 $Mn^{2+}$ 时制备的 $Cu_2O$ 的 SEM 图像[100]

(a) $Fe^{3+}$；(b) $Ni^{2+}$；(c) $Al^{3+}$；(d) $Sn^{2+}$；(e) $Co^{2+}$；(f) $Mg^{2+}$

图 2-53 过量 $Mn^{2+}$ 体系所获产物的 TEM 图像[100]

根据式 (2-19)，$Mn^{2+}$ 首先转化为 $Mn(OH)_2$，随后被溶解在水中的氧分子氧化为 $MnO(OH)_2$（式 (2-20)）。$Mn(OH)_2$ 不稳定，因而上述氧化过程非常迅速。又因为 $Mn(IV)/Mn(II)$ 的标准氧化还原电势比 $Cu(II)/Cu(I)$ 高得多，所以在抗坏血酸钠水溶液中 $MnO(OH)_2$ 会被优先还原。若还原剂抗坏血酸钠被 $MnO(OH)_2$ 完全消耗，则不会形成 $Cu_2O$ 晶体 (式 (2-21))，这与图 2-53 的结果一致。为证实这一观点，还需进行仅调控抗坏血酸钠用量的对照组实验。如图 2-54 所示，当抗坏血酸钠的体积从 0.5mL 到 15mL 变化时，$Cu_2O$ 在低浓度的抗坏血酸钠体系中呈现出表面光滑的二十六面体，而在过高浓度的抗坏血酸钠体系则呈现出具有粗糙表面的外凸二十六面体。这种形貌差异可归因于 $C_6H_7O_6^-$ 与 $Cu^{2+}$ 的配位阻碍了含

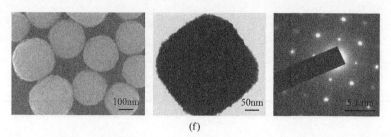

(f)

图 2-54　不同抗坏血酸钠体积下所获 $Cu_2O$ 的 SEM 图像、TEM 图像和 SAED 图谱[100]

(a) 0.5mL；(b) 1mL；(c) 2mL；(d) 3mL；(e) 10mL；(f) 15mL

铜前驱体的形成。另外，$MnO(OH)_2$ 可将 $Cu_2O$ 再次氧化为 $Cu^{2+}$，这有助于在晶体表面建立"溶解-沉淀-表面重整"的动力学平衡。因此，引入适量的 $Mn^{2+}$ 可使 $Cu_2O$ 晶体发生表面重构，最终形成完全由粗糙表面围成的二十六面体。

除此之外，Tang 等[101]在氯化铜/氢氧化钠/乙二胺四乙酸/硝酸铁/抗坏血酸/水体系中制备出了棱边被刻蚀的类立方体 $Cu_2O$ 单晶，如图 2-55 所示。该液相反应中 $Fe^{3+}$ 的作用如式 (2-22) 所示，具体刻蚀机理与前述实验结果类似，此处不再赘述。

$$Cu_2O + 2Fe^{3+} + 2H^+ \longrightarrow 2Cu^{2+} + 2Fe^{2+} + H_2O \tag{2-22}$$

采用作者团队提出的前驱体液相还原法，易于实现对 $Cu_2O$ 晶体低指数晶面的尺寸和形貌操控。通过改变实验工艺参数（如前驱体形成温度、反应物浓度、酸根种类、还原剂种类、无机离子种类、反应温度和反应时间等）可调控 $Cu_2O$ 晶体沿 {100} 晶面和 {111} 晶面生长速率的比值 $R$，不同的 $R$ 值对应不同的几何形貌（包括立方体、八面体、十四面体、十八面体和二十六面体）。此外，选用合适的反应体系，还可实现对 {100} 晶面、{111} 晶面和 {110} 晶面的选择性刻蚀，进而制备出表面部分粗糙（图 2-14、图 2-35、图 2-37、图 2-38、图 2-41、图 2-47、图 2-55），甚至表面全部粗糙的 $Cu_2O$ 晶体（图 2-49）。

(a)　　　　　　　　　　(b)

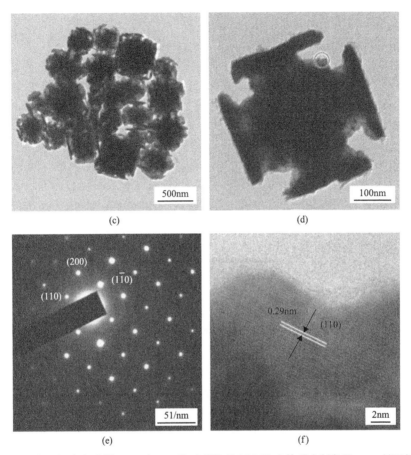

图 2-55 在氯化铜/氢氧化钠/乙二胺四乙酸/硝酸铁/抗坏血酸/水体系中制备的{110}晶面刻蚀的 Cu₂O 立方体的 SEM 图像((a)、(b))、TEM 图像((c)、(d))、SAED 图谱(e)和 HRTEM 图像(f)[101]

## 2.3 含有高指数晶面的 Cu₂O 多面体的可控合成、生长机理与表征

理论上，高指数晶面含有高密度的低配位原子(包括边缘、台阶和扭结)，因而它们通常能够提供更多的化学反应活性位点[4]。需要强调的是，一些低指数晶面(例如，TiO₂ 的{001}晶面和{110}晶面)的表面活性高于某些高指数晶面[102-104]。然而，这些具有高表面能的高指数晶面，通常在生长过程中因生长速率过快而易消失，最终难以保留下来。

2007 年，Tian 等[4]首次发现并证实了由{730}、{210}或{520}等高指数晶面组成的二十四面体 Pt 纳米单晶具有明显提高的电催化活性。随后，这在纳米合成领域掀起了高指数晶面多面体可控合成的研究热潮，特别是在含高指数晶面的贵金属纳米晶领域取得了大量新的研究成果[105-122]。然而,含高指数晶面的金属氧化物的晶面效应研究,因受其可控合成工艺的限制而少见报道[25]。

虽然由三组低指数晶面({100}、{111}和{110})排列组合可形成一系列形貌各异的 $Cu_2O$ 多面体(包括立方体、八面体、十四面体、十八面体和二十六面体等),但国内外学者对含高指数晶面 $Cu_2O$ 多面体的研究成果相对较少[25]。因此,如何制备含有高指数晶面的 $Cu_2O$ 多面体已成为开发其特异性能和研究其晶面效应所面临的新问题。

如 2.1 节所述[15],在晶体实际生长过程中,借助某些外界因素(如溶剂、杂质和保护剂等)可改变不同晶面的表面自由能,导致各个晶面的表面自由能排序发生变化,最终能够将某些高指数晶面保留下来。本节将着重介绍图 2-8(b)~(d)所示的由低指数晶面{110}、{100}和{111}以及高指数晶面$\{hkk\}$、$\{h'k'k'\}$、$\{h''k''k''\}$、$\{hhl\}$、$\{h'h'l'\}$共同组成的 $Cu_2O$ 多面体的合成工艺,并对其演变过程和生长机理进行系统深入的研究。

### 2.3.1 前驱体液相合成法制备含有部分高指数晶面的 $Cu_2O$ 多面体

将作者在"前驱体液相合成"领域的研究工作[11,25,26]进行总结可以发现如下规律:

(1)控制反应物浓度,可以调控体系的过饱和度,进而改变体系中生长单元在不同聚集状态下的化学势差,导致晶体的表面生长状态由稳态生长区域进入非稳态生长区域,易于实现高指数晶面的可控合成。

(2)引入有机分子或无机离子并使其选择性地吸附于某些特定晶面,可以改变这些晶面的相对生长速率,易于实现高指数晶面的可控合成。

(3)改变还原剂种类,可以调控前驱体的还原速率进而改变 $Cu_2O$ 纳米晶的聚集和生长方式,易于实现高指数晶面的可控合成。

由此可见,降低还原速率、增加液相体系的过饱和度是获得高指数晶面的关键。故实验中除了在一定反应温度下加入适量的弱还原剂,还可通过增加反应物用量和缩短反应时间等策略来实现含高指数晶面 $Cu_2O$ 多面体的可控合成。

#### 1. 含高指数{522}晶面的五十面体 $Cu_2O$ 的合成、表征与生长机理

在前驱体液相还原工艺的基础上,选用乙酸铜作铜源,通过调控反应物浓度和反应时间可制备出含有不同高指数晶面的 $Cu_2O$ 多面体。含高指数{522}晶面的五十面体 $Cu_2O$ 的制备工艺如下[75,88]:首先,将乙酸铜粉末(2.9946g)与去离子水(50mL)混合配制成溶液。然后,利用磁力搅拌器将上述溶液加热到 70℃,搅拌2min 后将 30mL 摩尔浓度为 3mol/L 的氢氧化钠溶液逐滴加入上述乙酸铜溶液中,即刻产生大量的黑色沉淀,继续搅拌 5min。最后,将 0.6g 葡萄糖粉末一次性加入上述反应体系中,在 70℃条件下继续加热 5min 即可获得产物。将其自然冷却后,

用去离子水和无水乙醇反复离心洗涤多次，最后置于真空干燥箱 70℃烘干 12h，即可获得五十面体 Cu₂O 粉末。

图 2-56 是五十面体 Cu₂O 晶体的 SEM 图像和几何示意图。由图 2-56(a)和图 2-56(b)可知，产物的尺寸均匀(约为 4.45μm)、形貌规则单一且单分散性良好。由图 2-56(c)可知，产物是由 24 个四边形、8 个六边形和 18 个八边形包络而成的五十面体。其几何形貌如图 2-56(d)所示，这种多面体结构含有 144 条棱、96 个顶点和 50 个面，它们之间的数学关系满足欧拉定理($F+V=E+2$，$F$ 代表凸多面体面数，$E$ 代表棱数，$V$ 代表顶点数)[123]。这种多面体的顶点分为两种类型：一种顶点是四边形、六边形和八边形的交点；另一种顶点是四边形和两个八边形的交点。因此，该多面体不属于阿基米德多面体。这种五十面体可看作由图 2-8(b)所示的立方体切割而成。更重要的是，从图 2-56(d)所示的几何示意图可以发现，这些四边形的几何方位完全不同于其他低指数晶面，因而它属于高指数晶面。根据面角守恒定律，围成五十面体的各个晶面之间的夹角是恒定的。鉴于此，对某一个低指数晶向投影的单颗粒进行测角运算，可推算出四边形的晶面指数，计算过

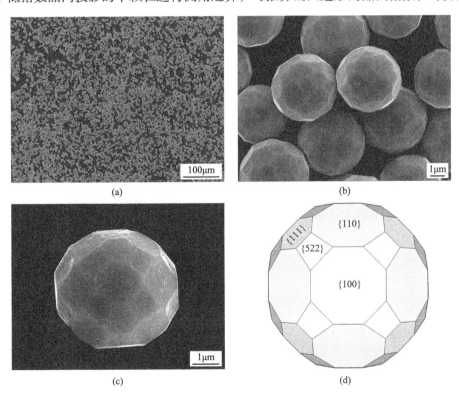

图 2-56　五十面体 Cu₂O 晶体的 SEM 图像和几何示意图[75,88]

(a)、(b)低倍 SEM 图像；(c)单颗粒 SEM 图像；(d)几何示意图和对应晶面的晶面指数

程详见图 2-57。最终可以确定这种五十面体 Cu$_2$O 晶体是由 8 个低指数 {111} 晶面、6 个低指数 {100} 晶面、12 个低指数 {110} 晶面和 24 个高指数 {522} 晶面共同组成的，其几何示意图和对应晶面的晶面指数如图 2-56(d) 所示。

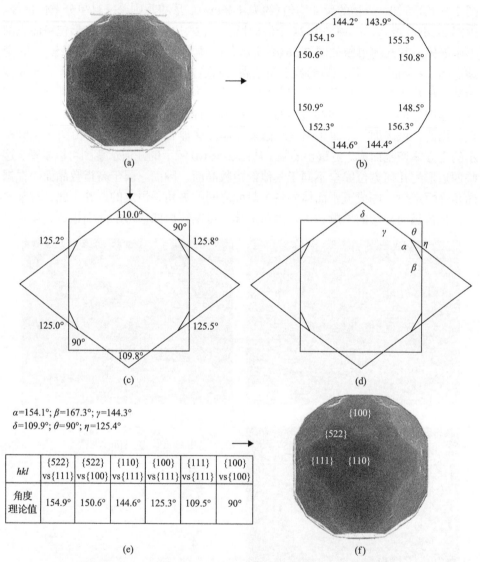

$\alpha$=154.1°; $\beta$=167.3°; $\gamma$=144.3°
$\delta$=109.9°; $\theta$=90°; $\eta$=125.4°

| hkl | {522}<br>vs{111} | {522}<br>vs{100} | {110}<br>vs{111} | {100}<br>vs{111} | {111}<br>vs{111} | {100}<br>vs{100} |
|---|---|---|---|---|---|---|
| 角度<br>理论值 | 154.9° | 150.6° | 144.6° | 125.3° | 109.5° | 90° |

(e)

图 2-57　五十面体 Cu$_2$O 晶体的晶面指数确定过程示意图[75,88]

(a) 单个五十面体的 SEM 图像；(b)、(c)、(d) 沿[110]方向投影后获得的各个晶面之间夹角的实际值；(e) 各个晶面夹角的平均值和理论值；(f) 由理论值和实际值确定的晶面指数

为揭示这种五十面体 Cu$_2$O 晶体的生长机制，需要对时间-形貌的演变规律进行探究。图 2-58 是在制备五十面体 Cu$_2$O 晶体工艺的基础上，保持其他实验参数

不变，只改变反应时间所获产物的 SEM 图像。由图可知，当反应时间为 0.5min
时，产物为准球形，尺寸约为 2.5μm（图 2-58(a)）；当反应时间为 1.0min 时，在
准球形颗粒上可看到许多小晶面，尺寸约为 3.5μm（图 2-58(b)）；当反应时间为
2.0min 时，颗粒上明显出现了多组晶面（图 2-58(c)）；当反应时间为 3.0~4.0min
时，颗粒形貌为规则的五十面体（图 2-58(d)和(e)）。然而，延长反应时间至 8.0min
时，可以看到四边形的高指数{522}晶面逐渐变小直至消失（图 2-58(f)~(i)）；继
续将反应时间延长，所获产物均是由 8 个{111}晶面、6 个{100}晶面和 12 个{110}
晶面组成的 Cu₂O 二十六面体（图 2-58(j)~(l)）。

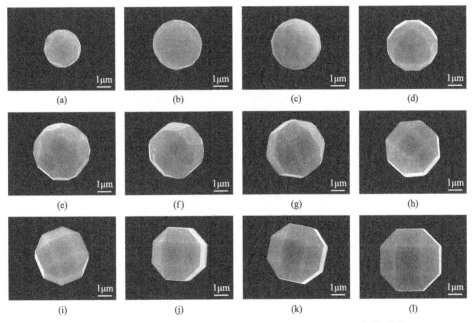

(a)                 (b)                 (c)                 (d)

(e)                 (f)                 (g)                 (h)

(i)                 (j)                 (k)                 (l)

图 2-58　在合成五十面体 Cu₂O 晶体的实验工艺基础上，保持其他
实验参数不变，在不同反应时间下所获产物的 SEM 图像[75,88]

(a) 0.5min；(b) 1.0min；(c) 2.0min；(d) 3.0min；(e) 4.0min；(f) 5.5min；(g) 6.0min；
(h) 7.0min；(i) 8.0min；(j) 9.0min；(k) 15min；(l) 20min

在 Cu₂O 五十面体生长机制的探究过程中，还需对其前驱体和产物的微观结
构进行详细表征，图 2-59 是对应的 TEM 和 HRTEM 图像。由图 2-59(a)可知，这
些纳米颗粒吸附在大颗粒 Cu₂O 的表面。由这些纳米颗粒的 HRTEM 图像可知，
纳米颗粒之间是通过定向聚集的方式连接到一起的（图 2-59(b)）。图 2-59(c)是
图 2-59(b)中正方形区域的 FFT 图像，这进一步证实了这些纳米颗粒具有相同的
〈111〉晶体取向，即生长初期形成的中间结构是前驱体颗粒定向聚集而成的。随
着反应时间的延长，该结构进一步熟化长大，这可通过产物尺寸的增大加以证明。
另外，随着反应的进行，晶体表面还会受酸根离子的择优吸附或高温氧化刻蚀，

使其表面结构不断发生重组,从而导致沿{100}晶面和{111}晶面生长速率的比值 $R$ 不断发生变化,因而呈现出不同的几何形貌[15]。随着反应时间的进一步延长,五十面体的高指数{522}晶面逐渐变小最终演变为一个点,形成由低指数晶面围成的二十六面体,这进一步说明高指数晶面不稳定,只有在特定的实验条件下才能够保留下来。

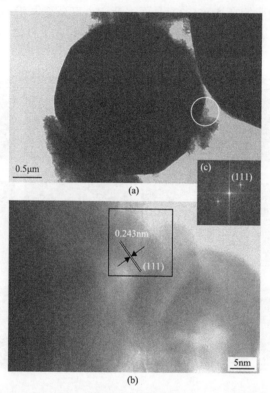

图 2-59  反应 0.5min 后所获产物的透射电子显微表征结果[75,88]

(a)反应 0.5min 后所获产物的 TEM 图像;(b)图(a)中圆圈区域的
HRTEM 图像;(c)图(b)中正方形区域的傅里叶变换图像

综上所述,五十面体 $Cu_2O$ 晶体的形成过程如下[75,88]:在高温条件下加入葡萄糖后,体系中的含铜前驱体会迅速还原成 $Cu_2O$,并聚集成 $Cu_2O$ 晶种。因其遵循热力学能量最低原理,新生成的 $Cu_2O$ 会定向地聚集在晶种表面,这可通过 $Cu_2O$ 表面吸附的前驱体不断消失和颗粒尺寸的不断增大加以证明。随后,这些聚集体借助奥斯特瓦尔德熟化形成具有一定几何形貌的中间态结构,不同的实验条件会出现不同几何外形的中间态结构。但随着反应时间的不断延长,某些高指数晶面将会消失,使得中间态结构发生进一步的结构演变(图 2-58)。

前驱体液相还原体系中使用的葡萄糖不但具有还原剂的作用,而且在一定程度上具有保护剂的功能。因此,在保持其他反应条件不变的情况下,需要探究葡萄糖用量对 Cu₂O 产物几何形貌的影响规律。图 2-60 是增加葡萄糖用量后(从 0.6g 增加到 0.9g),所制备的多面体 Cu₂O 的几何形貌随时间演变的 SEM 图像。由图可知,当反应时间为 20min 时,产物仍是含有高指数{522}晶面的五十面体,这表明葡萄糖分子有助于高指数晶面的保留。

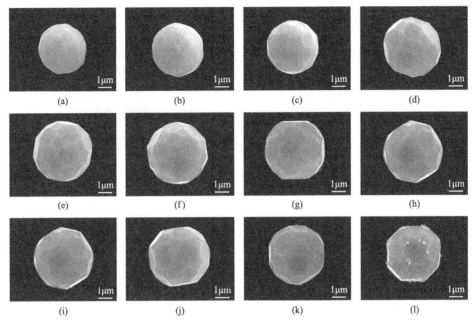

图 2-60　在合成五十面体 Cu₂O 晶体实验工艺的基础上,保持其他实验参数不变,
当葡萄糖用量为 0.9g 时,不同反应时间下所获产物的 SEM 图像[75,88]

(a)0.5min; (b)1min; (c)2min; (d)3min; (e)4min; (f)5min; (g)6min; (h)8min;
(i)9min; (j)10min; (k)15min; (l)20min

如 2.2.2 节所述,前驱体的微观结构是决定高指数晶面最终能否保留下来的关键因素。为研究其相关机理,需对前驱体的微观结构与 Cu₂O 形貌之间的相互关系进行探索与分析。图 2-61 是不同前驱体形成温度下得到的前驱体的 TEM 和 HRTEM 表征结果(其他实验参数不变)。图 2-61(a)和图 2-61(b)分别是前驱体形成温度为 25℃时,所获前驱体的低倍和高倍 TEM 图像,可以看到,产物为竹叶状纳米片,其最大宽度约为 200nm。图 2-61(b)中的插图为相应区域的 SAED 图谱,由图可知,该竹叶状纳米片具有单晶特征。图 2-61(c)和图 2-61(d)分别是前驱体形成温度为 55℃时,所获前驱体的低倍和高倍的 TEM 图像,从中可以看到,产物为带状纳米结构,其宽度约为 30nm。相应区域的 FFT 图谱表明该结构具有单晶特征,如图 2-61(d)中的插图所示。图 2-61(e)和图 2-61(f)分别是前驱体形成温度为 70℃时,所获前驱体的低倍和高倍的 TEM 图像,可以看到,产物为带状纳米结构,其宽度约为 22nm。相应的 FFT 图谱表明该结构具有单晶特征,如

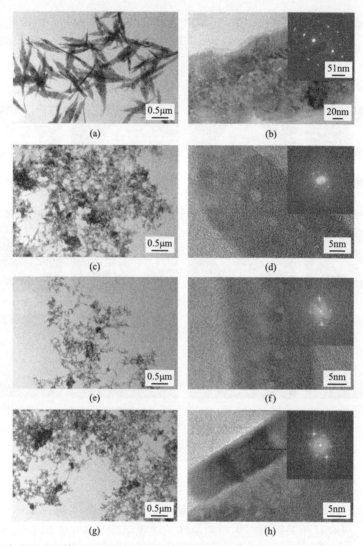

图 2-61　在合成五十面体 Cu₂O 晶体实验工艺的基础上，保持其他实验参数不变，不同前驱体
形成温度下所获前驱体的 TEM 图像和相应的 SAED 或 FFT 图谱[75,88]

(a)、(b)前驱体形成温度为 25℃所获前驱体的低倍和高倍的 TEM 图像，(b)中的插图为相应的 SAED 图谱；(c)、
(d)前驱体形成温度为 55℃所获前驱体的低倍和高倍的 TEM 图像，(d)中的插图为相应的 FFT 图谱；(e)、(f)前
驱体形成温度为 70℃所获前驱体的低倍和高倍的 TEM 图像，(f)中的插图为相应的 FFT 图谱；(g)、(h)前驱体形
成温度为 90℃所获前驱体的低倍和高倍的 TEM 图像，(h)中的插图为相应的 FFT 图谱

图 2-61(f)中的插图所示。图 2-61(g)和图 2-61(h)分别是前驱体形成温度为 90℃
时，所获前驱体的低倍和高倍的 TEM 图像，可以看到，产物仍为带状纳米结构，
但其宽度进一步减小至 12nm，相应的 FFT 图谱显示该结构仍具有单晶特征，如
图 2-61(h)中的插图所示。将上述 TEM 图像和 SAED 或 FFT 图谱对比后发现，虽

然前驱体均具有单晶特征，但随着前驱体形成温度的升高，其形貌和尺寸发生变化，即前驱体纳米结构的宽度随前驱体形成温度的升高而减小。由此可见，$Cu_2O$ 的最终形貌与前驱体的微观结构密切相关。液相还原不同前驱体所生成的 $Cu_2O$ 产物形貌如图 2-62 所示。由图可知，当前驱体形成温度为 25℃时，产物为八面体形貌；当前驱体形成温度为 55℃时，产物为二十六面体形貌；当前驱体形成温度为 90℃时，产物为五十面体形貌。如图 2-56 所示，前驱体形成温度为 70℃时，可以获得规则的五十面体，这相较于 90℃所得产物(图 2-62(c))缩短了加热时间。

(a) 25℃  (b) 55℃  (c) 90℃

图 2-62　在合成五十面体 $Cu_2O$ 晶体实验工艺的基础上，保持其他实验参数不变，
不同的前驱体形成温度和反应温度下所获产物的 SEM 图像[75,88]
(a)前驱体形成温度为 25℃、反应温度为 70℃；(b)前驱体形成温度为 55℃、
反应温度为 70℃；(c)前驱体形成温度为 90℃、反应温度为 90℃

除了葡萄糖用量和前驱体形成温度，保持其他实验参数不变，选用氯化铜、硫酸铜和硝酸铜代替乙酸铜，亦可实现对 $Cu_2O$ 晶体的形貌调控。图 2-63 是在合成五十面体 $Cu_2O$ 晶体实验工艺的基础上，保持其他实验参数不变，当乙酸铜被硝酸铜代替时，在不同反应时间下所获产物的 SEM 图像。从中可以看到，当反应时间为 1.0min 时，产物形貌为截{111}和{110}立方体；当反应时间为 5.0min 时，产物形貌为截{100}和{110}八面体；当反应时间继续延长(15min 和 60min)时，产物的形貌保持截{100}八面体形貌不变。图 2-64 是在合成五十面体 $Cu_2O$ 晶体实验工艺的基础上，保持其他实验参数不变，当乙酸铜被硫酸铜代替时，在不同反应时间下所获产物的 SEM 图像。从中可以看到，当反应时间为 1.0min 时，产物形貌为含有高指数晶面的五十面体；当反应时间为 5.0min 时，产物的高指数晶面消失，呈现出截{100}和{110}八面体形貌，即二十六面体；当反应时间继续延长(15min 和 60min)时，产物的形貌保持截{100}和{110}八面体形貌不变。图 2-65 是在合成五十面体 $Cu_2O$ 晶体实验工艺的基础上，保持其他实验参数不变，当乙酸铜被氯化铜代替时，在不同反应时间下所获产物的 SEM 图像。从中可以看到，当反应时间为 1.0min 时，产物形貌为截{100}八面体；当反应时间为 30min 时，产物形貌为八面体，但该反应不彻底，颗粒表面仍存在大量未被还原的前驱体。综上所述，前驱体形成温度、铜盐种类、反应物浓度和反应时间等参数对 $Cu_2O$ 多面体的最

终形貌影响较大，精确调控上述实验参数将会获得更多形貌新颖的 $Cu_2O$ 多面体。

2. 含高指数{544}和{211}晶面的七十四面体 $Cu_2O$ 的合成、表征与生长机理

在五十面体 $Cu_2O$ 晶体(图 2-56)的合成工艺基础上，保持其他实验参数不变，若将氢氧化钠浓度调整至原来的两倍，产物将呈现出七十四面体形貌特征，如

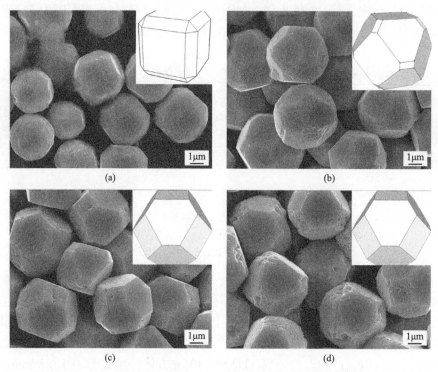

图 2-63　在合成五十面体 $Cu_2O$ 晶体实验工艺的基础上，保持其他实验参数不变，当乙酸铜被硝酸铜代替时，在不同反应时间下所获产物的 SEM 图像和对应几何示意图[75,88]

(a) 1min；(b) 5min；(c) 15min；(d) 60min

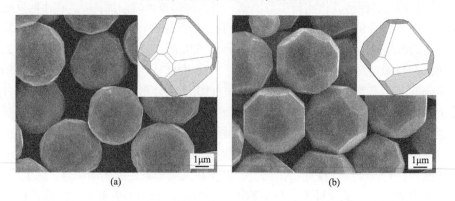

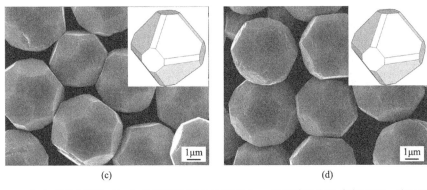

图 2-64 在合成五十面体 Cu$_2$O 晶体实验工艺的基础上，保持其他实验参数不变，当乙酸铜被硫酸铜代替时，在不同反应时间下所获产物的 SEM 图像和对应几何示意图[75,88]

(a) 1min；(b) 5min；(c) 15min；(d) 60min

图 2-65 在合成五十面体 Cu$_2$O 晶体实验工艺的基础上，保持其他实验参数不变，当乙酸铜被氯化铜代替时，在不同反应时间下所获产物的 SEM 图像和几何示意图[75,88]

(a) 1.0min；(b) 30min

图 2-66 所示。这种七十四面体 Cu$_2$O 晶体的制备工艺如下[75,88]：首先，将乙酸铜粉末 (2.9946g) 与去离子水 (50mL) 混合配制成溶液，然后，利用磁力搅拌器将上述溶液加热到 70℃，搅拌 2min 后将 15mL 摩尔浓度为 6mol/L 的氢氧化钠溶液逐滴加入上述乙酸铜溶液中，即刻产生大量的黑色沉淀，继续搅拌 5min 后将 0.6g 葡萄糖粉末一次性加入上述反应体系中。接着，在 70℃条件下继续加热 5min，将获得的产物自然冷却后，用去离子水和无水乙醇反复离心洗涤多次。最后，置于真空干燥箱 70℃烘干 12h，即可获得七十四面体 Cu$_2$O 粉末。

由图 2-66 (a) 和 (b) 可知，产物的形貌规则单一、尺寸均匀且单分散性良好。由图 2-66 (c) 可知，这种多面体 Cu$_2$O 是由 54 个四边形和 20 个六边形围成的七十四面体，它可看成是八面体按照图 2-8 (b) 次序切割顶角和棱边形成的。根据面角守恒定律，围成七十四面体的各个晶面之间的夹角是恒定的，所以通过对某一低

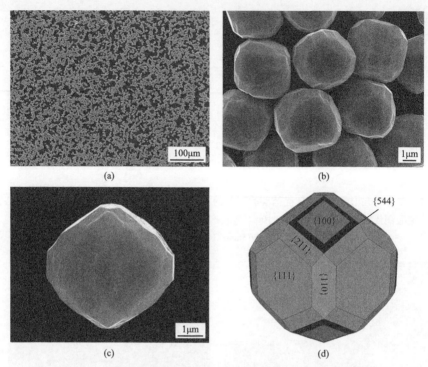

图 2-66  七十四面体 $Cu_2O$ 晶体的 SEM 图像和几何示意图[75,88]

(a)、(b)低倍 SEM 图像；(c)单颗粒的 SEM 图像；(d)几何示意图和对应晶面的晶面指数

指数晶向投影单颗粒的测角运算,可推算出四边形的晶面指数,计算过程如图 2-67 所示。最终可以确定该七十四面体是由 8 个低指数{111}晶面、6 个低指数{100}晶面、12 个低指数{110}晶面、24 个高指数{544}晶面和 24 个高指数{211}晶面共同组成的,其几何示意图和对应晶面的晶面指数如图 2-66(d)所示。将反应时间继续延长至 20min 可以发现,前述七十四面体中的高指数{544}晶面消失,最终呈现出由 8 个低指数{111}晶面、6 个低指数{100}晶面、12 个低指数{110}晶面和 24 个高指数{211}晶面共同组成的五十面体形貌(图 2-68(a)和(b)),其晶面指数的计算过程如图 2-69 所示,其几何示意图和对应晶面的晶面指数如图 2-68(c)所示。

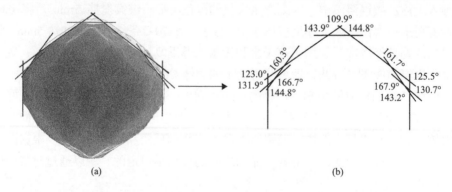

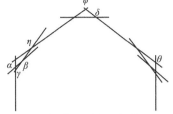

| $hkl$ | {544}vs {100} | {544}vs {211} | {211}vs {100} | {211}vs {111} | {111}vs {111} | {111}vs {110} | {111}vs {100} |
|---|---|---|---|---|---|---|---|
| 角度理论值 | 131.5° | 166.7° | 144.7° | 160.5° | 109.5° | 144.6° | 125.3° |

α=131.3°; β=167.3°; γ=144.0°;
η=161.0°; φ=109.9°; δ=144.4°; θ=124.3°

(c)            (d)

图 2-67　七十四面体 Cu₂O 晶体晶面指数的确定过程示意图[75,88]

(a)单个七十四面体的 SEM 图像；(b)、(c)沿[110]方向投影后获得的各个晶面之间
夹角的实际值；(d)通过理论值和实际值确定的晶面指数

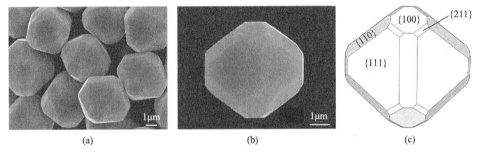

(a)            (b)            (c)

图 2-68　在合成七十四面体 Cu₂O 晶体实验工艺的基础上，保持其他实验参数不变，
反应时间为 20min 时所获产物的 SEM 图像和几何示意图[75,88]

(a)低倍 SEM 图像；(b)单颗粒的 SEM 图像；(c)几何示意图和对应晶面的晶面指数

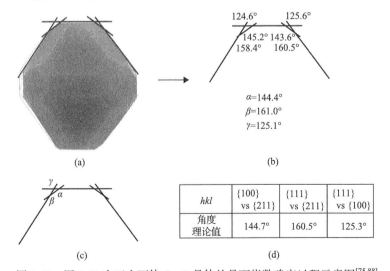

124.6°     125.6°
145.2° 143.6°
158.4°    160.5°

α=144.4°
β=161.0°
γ=125.1°

(a)            (b)

| $hkl$ | {100}vs {211} | {111}vs {211} | {111}vs {100} |
|---|---|---|---|
| 角度理论值 | 144.7° | 160.5° | 125.3° |

(c)            (d)

图 2-69　图 2-68 中五十面体 Cu₂O 晶体的晶面指数确定过程示意图[75,88]

(a)单个五十面体的 SEM 图像；(b)、(c)沿[110]方向投影后获得的各个
晶面夹角的实际值；(d)通过理论值和实际值确定的晶面指数

　　为揭示七十四面体 $Cu_2O$ 晶体的生长机制，需对其时间-形貌的演变规律进行探究，图 2-70 是不同反应时间下所获产物的 SEM 图像。可以看到，当反应时间为 1.0min 时，产物呈球形特征，此时的球体表面已出现某些明显的晶面特征，产物尺寸约为 3.3μm（图 2-70（a））；当反应时间为 3.0min 时，球体表面出现了更多的小晶面，此时产物尺寸增加至 4.0μm（图 2-70（b））；当反应时间为 60min 和 90min 时，产物均为规则的五十面体（图 2-70（c）和图 2-70（d）），与图 2-68 所示的几何形貌类似。

　　继续调控工艺参数，可对产物的几何形貌进行精细调控。例如，当乙酸铜用量为 2.9946g、去离子水体积为 50mL、前驱体形成温度和反应温度均为 70℃、葡萄糖用量为 0.6g、反应时间为 5min 时，通过调控氢氧化钠的浓度（保持氢氧化钠质量为 3.6g，调整去离子水的体积）可以分别获得立方体、二十六面体、五十面体、七十四面体和九十八面体 $Cu_2O$。因此，随着氢氧化钠浓度的升高，产物的粒径逐渐增大，多面体的面数逐渐增多。

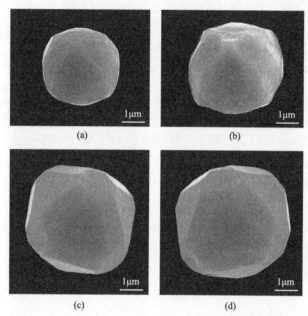

图 2-70　在合成七十四面体 $Cu_2O$ 晶体实验工艺的基础上，
保持其他实验参数不变，在不同反应时间下所获产物的 SEM 图像[88]
(a)1.0min；(b)3.0min；(c)60min；(d)90min

### 3. 小结

　　采用"前驱体液相还原法"，在高温条件下将葡萄糖粉末加入含铜前驱体的混合溶液中，葡萄糖的加入使得前驱体迅速被还原成 $Cu_2O$ 粒子，随后聚集成 $Cu_2O$

晶种。根据热力学能量最低原理，新 Cu₂O 会不断地定向聚集于 Cu₂O 晶种表面，使其颗粒尺寸不断增大，这些聚集体借助奥斯特瓦尔德熟化机制可形成具有一定几何形貌的中间结构。随着反应时间的延长，Cu₂O 会继续选择性吸附于中间结构的不同晶面上，这使得中间结构发生进一步的熟化长大。中间结构的形貌和性质极大地依赖于前驱体的微观结构和物相，这直接决定了表面重组后晶体的最终形貌。因此，通过调整铜源种类、氢氧化钠浓度、铜离子浓度、前驱体形成温度、反应温度和反应时间可获得不同的中间结构，这为获得含有高指数晶面 Cu₂O 多面体结构奠定了基础。特别是中间结构的表面重组直接决定了高指数晶面最终能否保留下来，因而高指数晶面的保留与反应时间密切相关。另外，体系中的葡萄糖在一定程度上还具有保护剂的功能，可通过调整葡萄糖的用量促进高指数晶面的保留。除此之外，熟化过程中晶体表面会受到前驱体的择优吸附和高温氧化刻蚀的共同作用，使其表面结构不断发生重组，这种择优生长与选择性刻蚀之间的相互竞争，将导致沿 {100} 晶面和 {111} 晶面的生长速率比值 $R$ 发生变化。不同 $R$ 值对应不同的几何形貌，因而最终出现了多种形貌。总之，通过对工艺参数（如前驱体形成温度、反应物浓度、铜源种类、反应温度、反应时间和葡萄糖用量等）的调整，可制备出由低指数晶面 {111}、{100}、{110} 和高指数晶面 {522} 或 {211}、{544} 共同组成的形貌可控的 Cu₂O 五十面体和七十四面体。

近年来，国内外同行也制备出了部分含有高指数晶面的 Cu₂O 多面体。例如，Liang 等[76]在 70℃下、乙酸铜/氢氧化钠或氢氧化钾/葡萄糖/水体系中分别制备出含有高指数 {311}、{522}、{211} 晶面的三种 Cu₂O 五十面体。Leng 等[77]在 60℃下，乙酸铜/氢氧化钠/水-乙醇/葡萄糖体系中成功制备出含有高指数 {311} 晶面的 Cu₂O 五十面体。Wang 等[78]在 60℃下，硫酸铜/氢氧化钠/抗坏血酸/水体系中，通过改变氢氧化钠浓度分别合成了含有高指数 {211}、{522} 和 {744} 晶面的 Cu₂O 五十面体和七十四面体。Wang 等[80]在 60℃下，乙酸铜/十二烷基硫酸钠/氢氧化钠/葡萄糖/水体系中制备出含有高指数 {332} 晶面的 Cu₂O 三十面体。由此可见，目前人们已开发出多种用于制备由低指数晶面和高指数晶面共同组成的 Cu₂O 多面体的液相合成工艺，这必将促进晶面效应基础理论的发展，为其他金属氧化物的晶面指数调控提供一定的借鉴和参考。

### 2.3.2　晶种法制备含有部分高指数晶面的 Cu₂O 多面体

立方体或八面体 Cu₂O 表面不同位置（顶点、棱和面）的氧原子具有不同的配位数，因而生长单元在这些位置存在一定的能量偏差，这导致其表面因存在浓度梯度而使得晶体发生内凹或外凸生长。在实际晶体生长过程中，当以立方体或八面体 Cu₂O 作晶种时，因其表面不同位置存在的能量偏差，Cu₂O 纳米晶会首先选择性地吸附于晶种表面的不同位置，随后进行形核和同质外延生长，这需要新晶体的 {100} 晶面和 {111} 晶面分别与晶种的 {100} 晶面和 {111} 晶面结合，并发生平行连生生长。

为兼顾两组晶面的平行连生生长,新晶体小单元与晶种的结合部位易出现在顶点位置,这导致晶种表面各个位置具有不同的生长速率。当晶体尺寸较大时,顶点、面中心以及棱边的生长速率存在一定的差异。这些新晶体小单元彼此间会继续发生平行连生并包裹于晶种表面形成新结构。晶种表面各个位置的生长速率不同,因而平行连生速率存在差异,这易于形成含有高指数晶面的内凹或外凸多面体。

综上所述,在制备含有高指数晶面 $Cu_2O$ 五十四面体或七十四面体的前驱体液相合成工艺基础上,引入多面体 $Cu_2O$ 晶种并调控实验参数(如前驱体形成温度、反应物浓度、铜源种类、反应温度、反应时间和葡萄糖用量等)可改变纳米晶的聚集和熟化方式,这为构建含有高指数晶面的新型 $Cu_2O$ 多面体提供了新思路。

目前,采用同质晶种法,在 $Cu^{2+}$/氢氧化钠/水体系中,以多面体 $Cu_2O$ 作晶种,葡萄糖作还原剂,已制备出了几种含有高指数晶面的 $Cu_2O$ 多面体[81,82,88]。这说明同质晶种法在合成含有高指数晶面 $Cu_2O$ 多面体方面具有一定的可行性,该方法对 $Cu_2O$ 多面体的形貌调控具有一定的理论指导意义。本节将阐述采用同质晶种法制备含高指数晶面 $Cu_2O$ 多面体的具体实例。

图 2-71 是立方体和八面体 $Cu_2O$ 晶种的 SEM 图像和对应的 XRD 图谱。由图 2-71(a)、(b)可知,晶种的几何外形分别为立方体和八面体,其形貌规则单一、

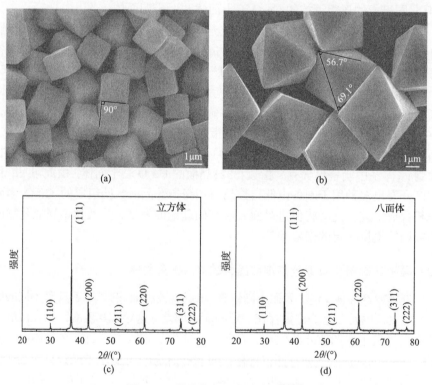

图 2-71 晶种的微观表征结果[81,88]

尺寸均匀且单分散性良好。由图 2-71(c)、(d)可知，图谱中呈现的 XRD 衍射峰均与 Cu$_2$O 晶体(JCPDS 编号：05-0667)的标准衍射峰一致，未出现纯铜或氧化铜的衍射峰，这说明这两种产物均为纯 Cu$_2$O 晶体。

1. 选用立方体 Cu$_2$O 晶种制备含有部分高指数晶面的 Cu$_2$O 多面体

图 2-72 是采用同质晶种法，在常规合成八面体 Cu$_2$O 的工艺中，引入立方体 Cu$_2$O 晶种，反应 3min 后所获产物的 SEM 图像、特征部位的几何示意图和 XRD 图谱。图 2-72(a)呈现出一种不同于八面体和立方体的五十面体形貌，它具有截角截棱八面体的轮廓，但顶面中心存在明显凹坑。将 SEM 图像放大可以看到，该多面体包含六边形、正方形、长方形和八边形表面。其中，长方形的几何方位完全与低指数晶面不同，它属于高指数晶面。如图 2-72(a)和图 2-72(b)所示，长方形区域 Ⅱ 和八边形区域 Ⅰ 的夹角为 $\alpha_1$=144.6°，$\alpha_2$=144.2°；长方形区域 Ⅱ 和六边形区域 Ⅲ 的夹角为 $\beta_1$=160.4°，$\beta_2$=161.4°；八边形区域 Ⅰ 和六边形区域 Ⅲ 的夹角为

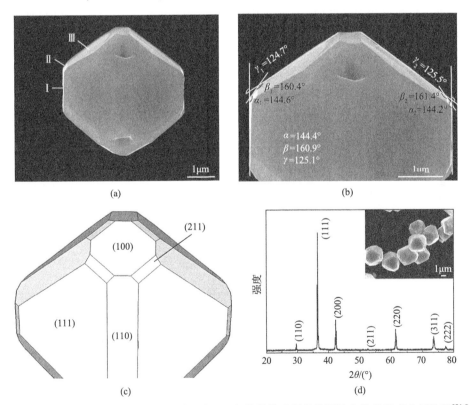

图 2-72 在八面体 Cu$_2$O 的制备工艺中，引入立方体晶种后所获单颗粒产物的微观表征结果[81,88]

(a)SEM 图像；(b)单颗粒局部(特征部位)放大的 SEM 图像；(c)单颗粒特征部位的几何示意图；
(d)产物的 XRD 图谱，插图为产物的低倍 SEM 图像

$\gamma_1=124.7°$，$\gamma_2=125.5°$。因此，不同晶面夹角的实际平均值为 $\alpha=144.4°$，$\beta=160.9°$，$\gamma=125.1°$。根据面角守恒定律，各晶面夹角的理论值如下：{111}晶面和{110}晶面的夹角为 144.7°，{111}晶面与{100}晶面的夹角为 125.3°，{211}晶面和{111}晶面的夹角为 160.5°。由此可知，八边形区域Ⅰ为{100}晶面，长方形区域Ⅱ为{211}晶面，六边形区域Ⅲ为{111}晶面，截棱位置的八边形区域为{110}晶面，具体的晶面指数及其对应的几何外形如图 2-72(c)所示。图 2-72(d)是产物的 XRD 图谱，其呈现的衍射峰均与立方结构 $Cu_2O$ 晶体（JCPDS 编号：05-0667）的标准衍射峰吻合，未出现纯铜或氧化铜的衍射峰，这说明产物为纯 $Cu_2O$ 晶体。图 2-72(d)中的插图为产物的低倍 SEM 图像，从中可以看到，产物形貌规则单一、尺寸均匀且单分散性良好。

为揭示这种含凹坑的五十面体 $Cu_2O$ 晶体的生长机制，需对其时间-形貌的演变规律进行探究。图 2-73 是保持其他实验参数不变，仅改变反应时间所获产物的 SEM 图像。可以看到，当反应时间为 1min 时，产物呈八面体特征，但裸露表面为凹面，其棱边和顶点处均有凹痕，产物的尺寸较小（图 2-73(a)）；当反应时间为 3min 时，产物出现如图 2-72 所示的含有高指数{211}晶面的五十面体几何外形，尺寸明显增大；当反应时间为 5min 时，多面体尺寸变化不大，基本与 3min 时产物的形貌一致（图 2-73(b)）；当反应时间为 7min 时，多面体的{100}晶面出现的凹坑明显变浅，这说明随反应时间的延长，凹坑有愈合的趋势（图 2-73(c)）；当反应时间为 15min 时，多面体的{100}晶面出现的凹坑消失，但高指数{211}晶面仍然存在（图 2-73(d)）；当反应时间为 20min 时，棱边位置的{110}晶面消失，长方形高指数{211}晶面的尺寸有减小趋势（图 2-73(e)）；当反应时间为 25min 时，长方

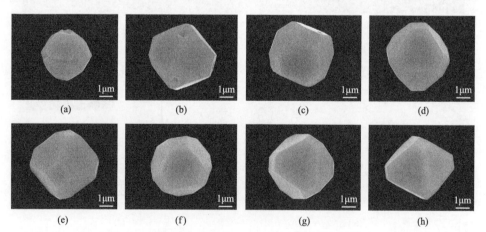

图 2-73　在八面体 $Cu_2O$ 的制备工艺中引入立方体晶种后，保持其他实验参数不变，在不同反应时间下所获产物的 SEM 图像[81,88]

(a) 1min；(b) 5min；(c) 7min；(d) 15min；(e) 20min；(f) 25min；(g) 30min；(h) 60min

形高指数{211}晶面消失，产物变为由 8 个{111}晶面和 6 个{100}晶面共同组成的十四面体(图 2-73(f))；当反应时间为 30~60min 时，产物仍为十四面体(图 2-73(g)和(h))。

为揭示图 2-73(a)所示形貌的演变规律，还需对原有实验的工艺参数进行调整，即减少晶种的质量(由原来的 0.10g 降低到 0.02g 和 0.00g)，这使得随后形成的 $Cu_2O$ 能充分地在立方体晶种表面聚集生长，产物形貌如图 2-74 和图 2-71(b)所示。图 2-71(b)和图 2-74 分别是立方体晶种为 0g 和 0.02g 时产物的 SEM 图像。由图 2-71(b)可知，当体系中的立方体晶种为 0g 时，产物为规则的八面体。由图 2-74 可知，当立方体晶种含量较低时，立方体 $Cu_2O$ 晶种周围吸附着多个近似八面体的小单元，且这些八面体通过顶点的{100}晶面和侧面的{111}晶面发生平行连生，与立方体晶种形成一个整体。根据图 2-72 中的实验结果可知，当立方体晶种含量较高时，无法形成图 2-74 中的八面体小单元，但会出现无规则形貌的纳米小颗粒。这些纳米小颗粒仍遵循图 2-74 的生长方式与立方体晶种发生吸附，并快速地发生规则连生与立方体晶种结合成一个整体。图 2-73(a)中出现的凹痕是纳米小颗粒按一定次序堆垛形成的空隙。随着这些小单元的不断平行连生，空隙的结构也随之发生变化，随着反应时间的延长，经表面重构和熟化最终形成如图 2-72(a)所示的形貌。图 2-75 是在八面体 $Cu_2O$ 制备工艺中，引入立方体 $Cu_2O$ 晶种后获得的 $Cu_2O$ 多面体的形成机理示意图。

综上所述，含有高指数{211}晶面和内凹{100}晶面的五十面体 $Cu_2O$(图 2-72)的形成机理如下[88]：在高温下，将葡萄糖加入 $Cu_2O/Cu^{2+}$/氢氧根/水体系中，该体系的含铜前驱体会迅速地被葡萄糖还原成 $Cu_2O$ 物种，可根据沉淀物颜色由黑变红来判定该实验的发生。立方体 $Cu_2O${100}晶面不同位置(顶点、棱和面)的氧原子具有不同的配位数(面中心、棱边和顶点位置氧原子的配位数分别为 2、1 和

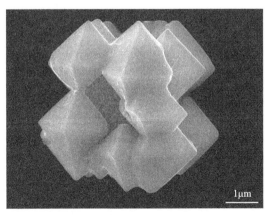

图 2-74 在八面体 $Cu_2O$ 的制备工艺中引入少量的立方体 $Cu_2O$ 晶种(0.02g)后，保持其他实验参数不变，所获产物的 SEM 图像[81,88]

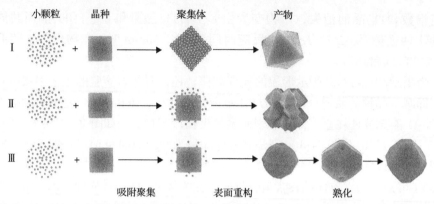

图 2-75 采用同质晶种法，在不同含量立方体晶种体系中，$Cu_2O$ 多面体的形成机理示意图[81,88]

0.5)，因此 {100} 表面不同位置的吸附能存在差异，这导致立方体晶种 {100} 表面的不同位置具有不同的吸附前驱体的能力，影响了随后新 $Cu_2O$ 的形核位置。在 $Cu_2O$ 晶格中，Cu 原子和 O 原子的电负性不同，这使得 $Cu_2O${100} 晶面由单独的 Cu 原子或 O 原子组成，晶面处于电中性状态。鉴于此，{100} 晶面受外界的保护作用相对较弱，新的 $Cu_2O$ 物种极易在 {100} 晶面形成。因为体系需维持热力学能量最低，所以新的 $Cu_2O$ 会在立方体 $Cu_2O$ 晶种的 {100} 晶面发生定向聚集，进而熟化形成具有八面体形态的小单元(图 2-74)。从几何学的角度来看，八面体的顶点位置相当于一个 {100} 晶面。同质外延生长方式属于平行连生生长，这要求新晶体的 {100} 晶面必须与晶种的 {100} 晶面结合，因此产物中出现八面体小单元的顶点与立方体晶种的 {100} 晶面结合的现象。新八面体的 {111} 晶面与晶种的 {111} 晶面发生连生生长，从几何学角度来看，立方体的顶点相当于一个 {111} 晶面，为兼顾两种平行连生生长，将导致八面体单元与立方体晶种的结合部位易出现在立方体的顶点位置。因此，在反应物充足的条件下，八面体小单元按上述平行连生方式与立方体晶种结合形成一个具有组合形态的新单晶，如图 2-71(b) 和图 2-74 所示。然而，由于 {100} 晶面不同位置具有不同的吸附能力，这导致新的 $Cu_2O$ 物种在不同位置的生长速率存在差异。当新晶体尺寸很大时，顶点的生长速率比面中心和棱边的生长速率要快得多。同时，这些八面体小单元彼此之间会发生平行连生同立方体晶种长成一个中间结构。八面体不同位置的生长速率不同，因而平行连生的生长速率也不同，这会在中间结构上形成具有一定取向的凹痕，出现如图 2-73(a) 所示的几何结构。随着反应时间的延长，这种中间结构的不同晶面会不断地吸附新的 $Cu_2O$ 小颗粒使得表面结构发生重组，从而导致沿 {100} 晶面和 {111} 晶面的生长速率的比值 R 发生变化，不同的 R 值对应不同的晶体形貌。另外，由于立方体晶种的影响，产物的平衡形态需维持立方体特征($R=0.58$)，因而出现如图 2-72 和图 2-73(b)～(e) 所示的含有高指数 {211} 晶面的 $Cu_2O$ 五十面体。因为高指数晶面的表面能高，所以其生长速率快而容易消失。随着反应时间的持续延长，顶点处的{211}晶面和{110}晶面逐渐长大而消失，最终形成由低指数晶面组成的 Cu₂O 十四面体(图 2-73(f)～(h))。

2. 采用八面体 Cu₂O 晶种制备含有不同晶面指数的 Cu₂O 多面体

图 2-76 采用同质晶种法，在制备立方体 Cu₂O 的工艺中，引入八面体 Cu₂O 晶种，反应 3min 后所获产物的 SEM 图像、特征部位的几何示意图及 XRD 图谱。图 2-77 是采用同质晶种法，在制备五十面体 Cu₂O 的工艺中，引入八面体 Cu₂O 晶种，反应 50s 后所获产物的 SEM 图像、特征部位的几何示意图及 XRD 图谱。上述 SEM、XRD 和晶面指数的确定与前述结果类似，此处不再赘述。因此，在上述合成体系中引入八面体晶种，将无法获得含有高指数晶面的 Cu₂O 多面体。

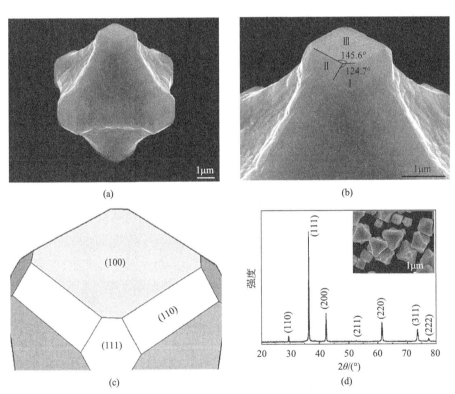

图 2-76　在立方体 Cu₂O 的制备工艺中，引入八面体晶种后所获
单颗粒产物的微观表征结果[81,88]

(a)SEM 图像；(b)单颗粒的局部(特征部位)放大 SEM 图像；(c)单颗粒局部的几何示意图和
对应晶面的晶面指数；(d)产物的 XRD 图谱，插图为产物的低倍 SEM 图像

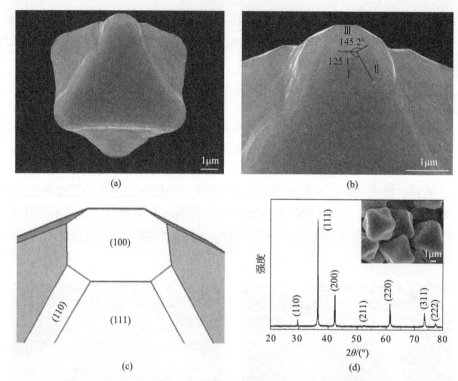

图 2-77　在五十面体 $Cu_2O$ 的制备工艺中，引入八面体晶种后所获
单颗粒产物的微观表征结果[88]

(a) SEM 图像；(b) 单颗粒的局部(特征部位)放大 SEM 图像；(c) 单颗粒局部的几何示意图和
对应晶面的晶面指数；(d) 该产物的 XRD 图谱，插图为产物的低倍 SEM 图像[88]

3. 小结

采用"同质晶种法"，选择具有不同裸露晶面的立方体和八面体的 $Cu_2O$ 作晶种，可设计合成出多种形貌新颖的 $Cu_2O$ 多面体。对立方体和八面体而言，无论是{100}晶面还是{111}晶面，其顶点、边和面中心的氧原子都具有不同的配位数，因此晶种表面的不同位置具有不同的吸附前驱体的能力，这将影响随后新 $Cu_2O$ 物种的形核位置，最终调控沿{100}晶面和{111}晶面生长速率的比值 $R$，不同 $R$ 值对应不同的晶体形貌。总之，利用"同质晶种法"已成功制备出核心和外壳具有不同几何特征的新型同质 $Cu_2O$ 核壳结构，这种合成策略必将进一步促进高指数晶面的可控合成。

## 2.3.3　完全由高指数晶面组成的 $Cu_2O$ 多面体的研究现状

目前，在 $Cu_2O$ 晶体的制备和实际应用方面存在的瓶颈是：已合成的 $Cu_2O$ 晶体通常是由低指数{111}、{100}、{110}晶面(表 2-1)或由部分高指数晶面和低指数晶面共同组成的多面体（表 2-2）。这些低化学活性的低指数晶面的存在必然影响催化反应动力学和反应机理，降低 Cu₂O 催化剂的催化活性。因此，构筑完全由高指数晶面组成的多面体（这里称之为"高指数晶面 Cu₂O 多面体"）将有助于提高 Cu₂O 晶体的催化活性。

近年来，Yang 等[85]在氯化铜/硝酸锌/氢氧化钠/葡萄糖/水体系中，成功制备出了由 24 个{332}晶面组成的二十四面体，如图 2-78(a)～(c)所示。另外，采用电化学法可制备出由 24 个{443}晶面组成的二十四面体[86]，如图 2-78(d)～图 2-78(g)所示。除此之外，目前很少见其他高指数晶面 Cu₂O 多面体的文献报道。由此可见，揭示高指数晶面 Cu₂O 多面体的普适性生长机理，实现高指数晶面 Cu₂O 多面体的可控合成，已成为研究制备高性能 Cu₂O 催化剂亟须解决的关键问题。

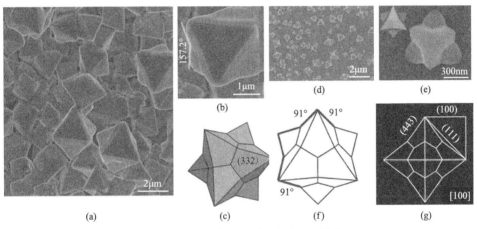

图 2-78　由 24 个{332}晶面((a)～(c))和
24 个{443}晶面((d)～(g))组成的 Cu₂O 二十四面体[85,86]

2.3 节重点介绍了部分含有高指数晶面 Cu₂O 多面体的前驱体液相合成工艺和同质籽晶合成工艺、微观结构表征与分析、生长机理，并概述了完全由高指数晶面组成的 Cu₂O 多面体的研究现状。高指数晶面 Cu₂O 多面体受合成工艺的限制，因而有关该方面的科学研究仍处于起步阶段。鉴于此，关于含高指数晶面 Cu₂O 多面体的科学研究仍有以下方向需要重视[25]。

（1）开发新工艺。扩展完全由高指数晶面组成的 Cu₂O 多面体以及兼具高指数晶面和低指数晶面的 Cu₂O 多面体的种类，以丰富 Cu₂O 的晶面效应和"交联晶面结"效应。

（2）拓展新结构。构建含有高指数晶面的 Cu₂O "交联晶面结"有助于扩展其在光催化领域的应用；构建具有空心或多孔特征的高指数晶面 Cu₂O 有助于提高其化学活性。

（3）调控晶面尺寸。制备尺寸小且单分散性良好的高指数晶面 Cu₂O 纳米多面体，合理制定纳米尺寸 $Cu_2O$ 多面体中高指数晶面的面积百分比，对准确评估高指数晶面的化学活性具有重要意义。

(4) 表征晶面结构。利用 HRTEM 技术对高指数晶面 $Cu_2O$ 进行原子级别的精确表征，包括 Cu 原子和 O 原子的分布及缺陷类型。

(5) 掺杂与负载。基于异质原子共掺杂，协同优化 $Cu_2O$ 的电子结构，阐明催化性能增强机制；基于高指数晶面外延生长异质材料构建 $Cu_2O$ 基复合材料，揭示界面与性能之间的"构效关系"。

(6) 加强理论计算。获得掺杂型高指数晶面 $Cu_2O$ 多面体的电子结构以及负载型高指数晶面 $Cu_2O$ 基复合材料的界面结构。

# 2.4 小结与展望

显然，含有不同晶面指数的 $Cu_2O$ 多面体的可控合成已成为近年来晶面效应研究领域的一个重要分支。本章系统地回顾了单晶 $Cu_2O$ 多面体的晶体学分类、几何演变、晶面指数确定方法、液相合成工艺及生长机理等理论知识和实例分析。特别是高指数晶面拥有的低配位原子通常表现出比低指数晶面更高的化学活性，因而关于含有高指数晶面 $Cu_2O$ 多面体或低指数/高指数混合型 $Cu_2O$ 多面体的可控合成研究，将为制造高活性微/纳米材料、深入理解催化等物理化学性能的增强机制提供新的研究方向。希望本章内容能够引起研究者对开发新型 $Cu_2O$ 多面体的关注，进而为研究其他种类金属氧化物的单晶多面体提供一定的理论指导和实验依据。

除系统地研究单晶 $Cu_2O$ 多面体的制备工艺与机理之外，作者还对 CuO 纳米结构的可控合成进行了深入研究[124-130]。这是因为液相还原法制备 $Cu_2O$ 所采用的前驱体是 CuO (图 2-26)，而这些 CuO 前驱体的微观结构直接决定了产物 $Cu_2O$ 的最终形貌，因此揭示两者之间的相关性是十分必要的。本书利用碱式铜盐氧化物的液相水解体系，成功制备出了具有多种形貌特征的 CuO 纳米结构(如梭状介观晶体、纳米花、纳米海胆和纳米带等)[124-130]。另外，通过扩展上述反应原理成功制备出了多种 ZnO 介观晶体和纳米晶体[131]，该研究实现了纳米结构单元在无取向诱导剂和外加物理场条件下的定向聚集生长。基于上述研究成果，作者团队撰写了 "Water-guided synthesis of well-defined inorganic micro-/nanostructures" 的综述论文[132]，感兴趣的读者可自行阅读，此处不再赘述。

## 参 考 文 献

[1] Sun Y G, Xia Y N. Shape-controlled synthesis of gold and silver nanoparticles[J]. Science, 2002, 298: 2176-2179.

[2] Burda C, Chen X B, Narayanan R, et al. Chemistry and properties of nanocrystals of different shapes[J]. Chemical Reviews, 2005, 105: 1025-1102.

[3] El-Sayed M A. Some interesting properties of metals confined in time and nanometer space of different shapes[J]. Accounts of Chemical Research, 2001, 34: 257-264.

[4] Tian N, Zhou Z Y, Sun S G, et al. Synthesis of tetrahexahedral platinum nanocrystals with high-index facets and high electro-oxidation activity[J]. Science, 2007, 316: 732-735.

[5] Wei L, Zhou Z Y, Chen S P, et al. Electrochemically shape-controlled synthesis in deep eutectic solvents: Triambic icosahedral platinum nanocrystals with high-index facets and their enhanced catalytic activity[J]. Chemical Communications, 2013, 49: 11152-11154.

[6] Tian N, Zhou Z Y, Sun S G. Electrochemical preparation of Pd nanorods with high-index facets[J]. Chemical Communications, 2009, (12): 1502-1504.

[7] Chen Y X, Chen S P, Zhou Z Y, et al. Tuning the shape and catalyticactivity of Fe nanocrystals from rhombic dodecahedra and tetragonal bipyramids to cubes by electrochemistry[J]. Journal of the American Chemical Society, 2009, 131: 10860-10862.

[8] 冯怡, 马天翼, 刘蕾, 等. 无机纳米晶的形貌调控及生长机理研究[J]. 中国科学 B 辑:化学, 2009, 39: 864-886.

[9] Zhang Q B, Zhang K L, Xu D G, et al. CuO nanostructures: Synthesis, characterization, growth mechanisms, fundamental properties, and applications[J]. Progress in Materials Science, 2014, 60: 208-337.

[10] Liu G, Yang H G, Pan J, et al. Titanium dioxide crystals with tailored facets[J]. Chemical Reviews, 2014, 114: 9559-9612.

[11] Sun S D, Zhang X J, Yang Q, et al. Cuprous oxide ($Cu_2O$) crystals with tailored architectures: A comprehensive review on synthesis, fundamental properties, functional modifications and applications[J]. Progress in Materials Science, 2018, 96: 111-173.

[12] Jun Y W, Choi J S, Cheon J. Shape control of semiconductor and metal oxide nanocrystals through nonhydrolytic colloidal routes[J]. Angewandte Chemie International Edition, 2006, 45: 3414-3439.

[13] Xiong Y J, Xia Y N. Shape-controlled synthesis of metal nanostructures: The case of palladium[J]. Advanced Materials, 2007, 19: 3385-3391.

[14] Xia Y N, Xiong Y J, Lim B, et al. Shape-controlled synthesis of metal nanocrystals: Simple chemistry meets complex physics?[J]. Angewandte Chemie International Edition, 2009, 48: 60-103.

[15] Wang Z Y, Luan D Y, Li C M, et al. Engineering nonspherical hollow structures with complex interiors by template-engaged redox etching[J]. Journal of the American Chemical Society, 2010, 132: 16271-16277.

[16] Wang Z L. Transmission electron microscopy of shape-controlled nanocrystals and their assemblies[J]. The Journal of Chemical Physics B, 2000, 104: 1153-1175.

[17] Kuang Q, Wang X, Jiang Z Y, et al. High-energy-surface engineered metal oxide micro- and nanocrystallites and their applications[J]. Accounts of Chemical Research, 2014, 47: 308-318.

[18] 胡庚祥, 蔡珣, 戎咏华. 材料科学基础[M]. 3 版. 上海: 上海交通大学出版社, 2010.

[19] Zhao X, Bao Z Y, Sun C T, et al. Polymorphology formation of $Cu_2O$: A microscopic understanding of single crystal growth from both thermodynamic and kinetic models[J]. Journal of Crystal Growth, 2009, 311: 711-715.

[20] Quan Z W, Wang Y X, Fang J Y. High-index faceted noble metal nanocrystals[J]. Accounts of Chemical Research, 2013, 46: 191-202.

[21] Jiang J, Zhao K, Xiao X Y, et al. Synthesis and facet-dependent photoreactivity of BiOCl single-crystalline nanosheets[J]. Journal of the American Chemical Society, 2012, 134: 4473-4476.

[22] Chang I C, Chen P C, Tsai M C, et al. Large-scale synthesis of uniform $Cu_2O$ nanocubes with tunable sizes by in-situ nucleation[J]. CrystEngComm, 2013, 15: 2363-2366.

[23] Zhao Z L, Wang X, Si J Q, et al. Truncated concave octahedral $Cu_2O$ nanocrystals with {$hkk$} high-index facets for enhanced activity and stability in heterogeneous catalytic azide-alkyne cycloaddition[J]. Green Chemistry, 2018, 20: 832-837.

[24] Zhang J W, Li H Q, Kuang Q, et al. Toward rationally designing surface structures of micro- and nanocrystallites: Role of supersaturation[J]. Accounts of Chemical Research, 2018, 51: 2880-2887.

[25] Sun S D, Zhang X, Cui J, et al. High-index faceted metal oxide micro-/nanostructures: A review on their characterization, synthesis and applications[J]. Nanoscale, 2019, 11: 15739-15762.

[26] Pike J, Chan S W, Zhang F, et al. Formation of stable $Cu_2O$ from reduction of CuO nanoparticles[J]. Applied Catalysis A: General, 2006, 303: 273-277.

[27] Yanagimoto H, Akamatsu K, Gotoh K, et al. Synthesis and characterization of $Cu_2O$ nanoparticles dispersed in $NH_2$-terminated poly (ethylene oxide) [J]. Journal of Materials Chemistry, 2001, 11: 2387-2389.

[28] Al-Kuhaili M F. Characterization of copper oxide thin films deposited by the thermal evaporation of cuprous oxide ($Cu_2O$) [J]. Vacuum, 2008, 82: 623-629.

[29] Ma X X, Wang G, Yukimura K, et al. Characteristics of copper oxide films deposited by PBII&D[J]. Surface & Coatings Technology, 2007, 201 (15) : 6712-6714.

[30] Reddy A S, Uthanna S, Reddy P S. Properties of dc magnetron sputtered $Cu_2O$ films prepared at different sputtering pressures[J]. Applied Surface Science, 2007, 253: 5287-5292.

[31] Kita R, Kawaguchi K, Hase T, et al. Effects of oxygen ion energy on the growth of CuO films by molecular-beam epitaxy using mass-separated low-energy $O^+$ beams[J]. Journal of Materials Research, 1994, 9: 1280-1283.

[32] Mancier V, Daltin A L, Leclercq D. Synthesis and characterization of copper oxide (I) nanoparticles produced by pulsed sonoelectrochemistry[J]. Ultrasonics Sonochemistry, 2008, 15: 157-163.

[33] He P, Shen X H, Gao H C. Size-controlled preparation of $Cu_2O$ octahedron nanocrystals and studies on their optical absorption[J]. Journal of Colloid and Interface Science, 2005, 284: 510-515.

[34] Chen Q D, Shen X H, Gao H C. Formation of solid and hollow cuprous oxide nanocubes in water-in-oil microemulsions controlled by the yield of hydrated electrons[J]. Journal of Colloid and Interface Science, 2007, 312: 272-278.

[35] Liu H R, Miao W F, Yang S, et al. Controlled synthesis of different shapes of $Cu_2O$ via γ-irradiation[J]. Crystal Growth & Design, 2009, 9: 1733-1740.

[36] Hai Z B, Zhu C H, Huang J L, et al. Controllable synthesis of CuO nanowires and $Cu_2O$ crystals with shape evolution via γ-irradiation[J]. Inorganic Chemistry, 2010, 49: 7217-7219.

[37] De Jongh P E, Vanmaekelbergh D, Kelly J J. $Cu_2O$: Electrodeposition and characterization[J]. Chemistry of Materials, 1999, 11: 3512-3517.

[38] Chen Z G, Tang Y W, Jia Z J, et al. Electrodeposition and characterization of $Cu_2O$ thin films on transparent conducting glass[J]. Journal of Inorganic Materials, 2005, 20: 367-372.

[39] Siegfried M J, Choi K S. Electrochemical crystallization of cuprous oxide with systematic shape evolution[J]. Advanced Materials, 2004, 16: 1743-1746.

[40] Siegfried M J, Choi K S. Elucidation of an overpotential-limited branching phenomenon observed during the electrocrystallization of cuprous oxide[J]. Angewandte Chemie International Edition, 2008, 47: 368-372.

[41] Siegfried M J, Choi K S. Directing the architecture of cuprous oxide crystals during electrochemical growth[J]. Angewandte Chemie International Edition, 2005, 44: 3218-3223.

[42] Li H, Liu R, Zhao R X, et al. Morphology control of electrodeposited Cu₂O crystals in aqueous solutions using room temperature hydrophilic ionic liquids[J]. Crystal Growth & Design, 2006, 6: 2795-2798.

[43] Li J, Shi Y, Cai Q, et al. Patterning of nanostructured cuprous oxide by surfactant-assisted electrochemical deposition[J]. Crystal Growth & Design, 2008, 8: 2652-2659.

[44] Singh D P, Neti N R, Sinha A S K, et al. Growth of different nanostructures of Cu₂O (nanothreads, nanowires, and nanocubes) by simple electrolysis based oxidation of copper[J]. The Journal of Chemical Physics C, 2007, 111: 1638-1645.

[45] Zhang H W, Zhang X, Li H Y, et al. Hierarchical growth of Cu₂O double tower-tip-like nanostructures in water/oil microemulsion[J]. Crystal Growth & Design, 2007, 7: 820-824.

[46] Zhao H Y, Wang Y F, Zeng J H. Hydrothermal synthesis of uniform cuprous oxide microcrystals with controlled morphology[J]. Crystal Growth & Design, 2008, 8: 3731-3734.

[47] Xu J S, Xue D F. Five branching growth patterns in the cubic crystal system: A direct observation of cuprous oxide microcrystals[J]. Acta Materials, 2007, 55: 2397-2406.

[48] Luo Y S, Li S Q, Ren Q F, et al. Facile synthesis of flowerlike Cu₂O nanoarchitectures by a solution phase route[J]. Crystal Growth & Design, 2007, 7: 87-92.

[49] Zhou W W, Yan B, Cheng C W, et al. Facile synthesis and shape evolution of highly symmetric 26-facet polyhedral microcrystals of Cu₂O[J]. CrystEngComm, 2009, 11: 2291-2296.

[50] Wu Z C, Shao M W, Zhang W, et al. Large-scale synthesis of uniform Cu₂O stellar crystals via microwave-assisted route[J]. Journal of Crystal Growth, 2004, 260: 490-493.

[51] Xu L, Jiang L P, Zhu J J. Sonochemical synthesis and photocatalysis of porous Cu₂O nanospheres with controllable structures[J]. Nanotechnology, 2009, 20: 045605.

[52] Yao W T, Yu S H, Zhou Y, et al. Formation of uniform CuO nanorods by spontaneous aggregation: Selective synthesis of CuO, Cu₂O, and Cu nanoparticles by a solid-liquid phase arc discharge process[J]. The Journal of Chemical Physics B, 2005, 109: 14011-14016.

[53] Sun S D, Yang Z M. Recent advances in tuning crystal facets of polyhedral cuprous oxide architectures[J]. RSC Advances, 2014, 4: 3804-3822.

[54] Siegfried M J, Choi K S. Elucidating the effect of additives on the growth and stability of Cu₂O surfaces via shape transformation of pre-grown crystals[J]. Journal of the American Chemical Society, 2006, 128: 10356-10357.

[55] Gou L F, Murphy C J. Solution-phase synthesis of Cu₂O nanocubes[J]. Nano Letters, 2003, 3: 231-234.

[56] Sui Y M, Fu W Y, Yang H B, et al. Low temperature synthesis of Cu₂O crystals: Shape evolution and growth mechanism[J]. Crystal Growth & Design, 2010, 10: 99-108.

[57] Kuo C H, Chen C H, Huang M H. Seed-mediated synthesis of monodispersed Cu₂O nanocubes with five different size ranges from 40 to 420 nm[J]. Advanced Functional Materials, 2007, 17: 3773-3780.

[58] Zhang D F, Zhang H, Guo L, et al. Delicate control of crystallographic facet-oriented Cu₂O nanocrystals and the correlated adsorption ability[J]. Journal of Materials Chemistry, 2009, 19: 5220-5225.

[59] Ho W C J, Tay Q L, Qi H, et al. Photocatalytic and adsorption performances of faceted cuprous oxide (Cu₂O) particles for the removal of methyl orange (MO) from aqueous media[J]. Molecules, 2017, 22: 677.

[60] Kim M H, Lim B, Lee E P, et al. Polyol synthesis of Cu₂O nanoparticles: Use of chloride to promote the formation of a cubic morphology[J]. Journal of Materials Chemistry, 2008, 18: 4069-4073.

[61] Xu H L, Wang W Z, Zhu W. Shape evolution and size-controllable synthesis of Cu₂O octahedra and their morphology-dependent photocatalytic properties[J]. The Journal of Chemical Physics B, 2006, 110: 13829-13834.

[62] Xu Y, Wang H, Yu Y F, et al. Cu$_2$O nanocrystals: Surfactant-free room-temperature morphology-modulated synthesis and shape-dependent heterogeneous organic catalytic activities[J]. The Journal of Chemical Physics C, 2011, 115: 15288-15296.

[63] Pang H, Gao F, Lu Q Y. Glycine-assisted double-solvothermal approach for various cuprous oxide structures with good catalytic activities[J]. CrystEngComm, 2010, 12: 406-412.

[64] Prabhakaran G, Murugan R. Synthesis of Cu$_2$O microcrystals with morphological evolution from octahedral to microrod through a simple surfactant-free chemical route[J]. CrystEngComm, 2012, 14: 8338-8341.

[65] Love J B, Salyer P A, Bailey A S, et al. The dipyrrolide ligand as a template for the spontaneous formation of a tetranuclear iron (II) complex[J]. Chemical Communications, 2003, 6: 1390-1391.

[66] Liang X D, Gao L, Yang S W, et al. Facile synthesis and shape evolution of single-crystal cuprous oxide[J]. Advanced Materials, 2009, 21: 2068-2071.

[67] Lan X A, Zhang J Y, Gao H, et al. Morphology-controlled hydrothermal synthesis and growth mechanism of microcrystal Cu$_2$O[J]. CrystEngComm, 2011, 13: 633-636.

[68] Huang W C, Lyu L M, Yang Y C, et al. Synthesis of Cu$_2$O nanocrystals from cubic to rhombic dodecahedral structures and their comparative photocatalytic activity[J]. Journal of the American Chemical Society, 2012, 134: 1261-1267.

[69] Yao K X, Yin X M, Wang T H, et al. Synthesis, self-assembly, disassembly, and reassembly of two types of Cu$_2$O nanocrystals unifaceted with {001} or {110} planes[J]. Journal of the American Chemical Society, 2010, 132: 6131-6144.

[70] Kuo C H, Huang M H. Facile synthesis of Cu$_2$O nanocrystals with systematic shape evolution from cubic to octahedral structures[J]. The Journal of Chemical Physics C, 2008, 112: 18355-18360.

[71] Chen K F, Xue D F. pH-assisted crystallization of Cu$_2$O: Chemical reactions control the evolution from nanowires to polyhedra[J]. CrystEngComm, 2012, 14: 8068-8075.

[72] Thoka S, Lee A T, Huang M H, Scalable synthesis of size-tunable small Cu$_2$O nanocubes and octahedra for facet-dependent optical characterization and pseudomorphic conversion to Cu nanocrystals[J]. ACS Sustainable Chemistry & Engineering, 2019, 7: 10467-10476.

[73] Zhang Y, Deng B, Zhang T R, et al. Shape effects of Cu$_2$O polyhedral microcrystals on photocatalytic activity[J]. The Journal of Chemical Physics C, 2010, 114: 5073-5079.

[74] Leng M, Yu C, Wang C. Polyhedral Cu$_2$O particles: Shape evolution and catalytic activity on cross-coupling reaction of iodobenzene and phenol[J]. CrystEngComm, 2012, 14: 8454-8461.

[75] Sun S D, Kong C C, Yang S C, et al. Highly symmetric polyhedral Cu$_2$O crystals with controllable-index planes[J]. CrystEngComm, 2011, 13: 2217-2221.

[76] Liang Y H, Shang L, Bian T, et al. Shape-controlled synthesis of polyhedral 50-facet Cu$_2$O microcrystals with high-index facets[J]. CrystEngComm, 2012, 14: 4431-4436.

[77] Leng M, Liu M Z, Zhang Y B, et al. Polyhedral 50-facet Cu$_2$O microcrystals partially enclosed by {311} high-index planes: Synthesis and enhanced catalytic CO oxidation activity[J]. Journal of the American Chemical Society, 2010, 132: 17084-17087.

[78] Wang X P, Jiao S H, Wu D P, et al. A facile strategy for crystal engineering of Cu$_2$O polyhedrons with high-index facets[J]. CrystEngComm, 2013, 15. 1849-1852.

[79] Zhang L Z, Shi J W, Liu M C, et al. Photocatalytic reforming of glucose under visible light over morphology controlled Cu₂O: Efficient charge separation by crystal facet engineering[J]. Chemical Communications, 2014, 50: 192-194.

[80] Wang X, Liu C, Zheng B J, et al. Controlled synthesis of concave Cu₂O microcrystals enclosed by {hhl} high-index facets and enhanced catalytic activity[J]. Journal of Materials Chemistry A, 2013, 1: 282-287.

[81] Sun S D, Deng D C, Kong C C, et al. Seed-mediated synthesis of polyhedral 50-facet Cu₂O architectures[J]. CrystEngComm, 2011, 13: 5993-5997.

[82] Sun S D, Zhang H, Song X P, et al. Polyhedron-aggregated multi-facet Cu₂O homogeneous structures[J]. CrystEngComm, 2011, 13: 6040-6044.

[83] Periasamy A P, Ravindranath R, Kumar S M S, et al. Facet- and structure-dependent catalytic activity of cuprous oxide/polypyrrole particles towards the efficient reduction of carbon dioxide to methanol[J]. Nanoscale, 2018, 10: 11869-11880.

[84] Sun S D, Song X P, Sun Y X, et al. The crystal-facet-dependent effect of polyhedral Cu₂O microcrystals on photocatalytic activity[J]. Catalysis Science & Technology, 2012, 2: 925-930.

[85] Yang R C, Ma F Y, Tao T X, et al. Zn²⁺-assisted synthesis of concave Cu₂O crystals and enhanced photocatalytic properties[J]. Catalysis Communications, 2013, 42: 109-112.

[86] Liu C, Chang Y H, Chen J N, et al. Electrochemical synthesis of Cu₂O concave octahedrons with high-index facets and enhanced photoelectrochemical activity[J]. ACS Applied Materials & Interfaces, 2017, 9: 39027-39033.

[87] 唐林丽. 氧化亚铜的晶面调控与掺杂及其性能研究[D]. 西安：西安交通大学, 2016.

[88] 孙少东. 氧化亚铜晶体的形貌控制合成及其生长机制研究[D]. 西安：西安交通大学, 2011.

[89] Sun S D, Zhou F Y, Wang L Q, et al. Template-free synthesis of well-defined truncated edge polyhedral Cu₂O architectures[J]. Crystal Growth & Design, 2010, 10: 541-547.

[90] Wang D B, Mo M S, Yu D B, et al. Large-scale growth and shape evolution of Cu₂O cubes[J]. Crystal Growth & Design, 2003, 3: 717-720.

[91] Sui Y M, Fu W Y, Zeng Y, et al. Synthesis of Cu₂O nanoframes and nanocages by selective oxidative etching at room temperature[J]. Angewandte Chemie International Edition, 2010, 49: 4282-4285.

[92] Sun S D, You H J, Kong C C, et al. Etching-limited branching growth of cuprous oxide during ethanol-assisted solution synthesis[J]. CrystEngComm, 2011, 13: 2837-2840.

[93] Yang Z M, Sun S D, Kong C C, et al. Designated-tailoring on {100} facets of Cu₂O nanostructures: From octahedral to its different truncated forms[J]. Journal of Nanomaterials, 2010, 2010: 710584.

[94] Tang L L, Lv J, Sun S D, et al. Facile hydroxyl-assisted synthesis of morphological Cu₂O architectures and their shape-dependent photocatalytic performances[J]. New Journal of Chemistry, 2014, 38: 4656-4660.

[95] Basu M, Sinha A K, Pradhan M, et al. Methylene blue-Cu₂O reaction made easy in acidic medium[J]. The Journal of Chemical Physics C, 2012, 116: 25741-25747.

[96] Ho J Y, Huang M H. Synthesis of submicrometer-sized Cu₂O crystals with morphological evolution from cubic to hexapod structures and their comparative photocatalytic activity[J]. The Journal of Chemical Physics C, 2009, 113: 14159-14164.

[97] Sun S D, Song X P, Kong C C, et al. Selective-etching growth of urchin-like Cu₂O architectures[J]. CrystEngComm, 2011, 13: 6616-6620.

[98] Sun S D, Zhang H J, Tang L L, et al. One-pot fabrication of novel cuboctahedral Cu₂O crystals enclosed by anisotropic surfaces with enhancing catalytic performance[J]. Physical Chemistry Chemical Physics, 2014, 16: 20424-20428.

[99] Shang Y, Sun D, Shao Y, et al. A facile top-down etching to create a Cu₂O jagged polyhedron covered with numerous {110} edges and {111} corners with enhanced photocatalytic activity[J]. Chemistry-A European Journal, 2012, 18: 14261-14266.

[100] Ren H Q, Zhang X, Zhang X C, et al. An Mn²⁺-mediated construction of rhombicuboctahedral Cu₂O nanocrystals enclosed by jagged surfaces for enhanced enzyme-free glucose sensing[J]. CrystEngComm, 2020, 22: 2042-2048.

[101] Tang L L, Du Y H, Kong C C, et al. One-pot synthesis of etched Cu₂O cubes with exposed {110} facets with enhanced visible-light-driven photocatalytic activity[J]. Physical Chemistry Chemical Physics, 2015, 17: 29479-29482.

[102] Sun S D, Yang X L, Yang M, et al. Surface engraving engineering of polyhedral photocatalysts[J]. Catalysis Science & Technology, 2021, 11: 6001-6017.

[103] Wei L, Liu K, Mao Y J, et al. Urea hydrogen bond donor-mediated synthesis of high-index faceted platinum concave nanocubes grown on multi-walled carbon nanotubes and their enhanced electrocatalytic activity[J]. Physical Chemistry Chemical Physics, 2017, 19: 31553-31559.

[104] Zhang N, Bu L Z, Guo S J, et al. Screw thread-like platinum-copper nanowires bounded with high index facets for efficient electrocatalysis[J]. Nano Letters, 2016, 16: 5037-5043.

[105] Wu B H, Guo C Y, Zheng N F, et al. Nonaqueous production of nanostructured anatase with high-energy facets[J]. Journal of the American Chemical Society, 2008, 130: 17563-17567.

[106] Chen W, Kuang Q, Wang Q X, et al. Engineering a high energy surface of anatase TiO₂ crystals towards enhanced performance for energy conversion and environmental applications[J]. RSC Advances, 2015, 5: 20396-20409.

[107] Zhou Z, Yu Y Q, Ding Z X, et al. Modulating high-index facets on anatase TiO₂[J]. European Journal of Inorganic Chemistry, 2018, 6: 683-693.

[108] Chong Y, Dai X, Fang G, et al. Palladium concave nanocrystals with high-index facets accelerate ascorbate oxidation in cancer treatment[J]. Nature Communications, 2018, 9: 4861.

[109] Jin M S, Zhang H, Xie Z X, et al. Palladium concave nanocubes with high-index facets and their enhanced catalytic properties[J]. Angewandte Chemie International Edition, 2011, 50: 7850-7854.

[110] Zhang H, Jin M S, Xia Y N. Noble-metal nanocrystals with concave surfaces: Synthesis and applications[J]. Angewandte Chemie International Edition, 2012, 51: 7656-7673.

[111] Niu W X, Xu G B. Crystallographic control of noble metal nanocrystals[J]. Nano Today, 2011, 6: 265-285.

[112] Zhang L, Niu W X, Xu G B. Synthesis and applications of noble metal nanocrystals with high-energy facets[J]. Nano Today, 2012, 7: 586-605.

[113] Jing H, Zhang Q F, Large N, et al. Tunable plasmonic nanoparticles with catalytically active high-index facets[J]. Nano Letters, 2014, 14: 3674-3682.

[114] Zhou Z Y, Huang Z Z, Chen D J, et al. High-index faceted platinum nanocrystals supported on carbon black as highly efficient catalysts for ethanol electrooxidation[J]. Angewandte Chemie International Edition, 2010, 49: 411-414.

[115] Zeng X M, Huang R, Shao G F, et al. High-index-faceted platinum nanoparticles: Insights into structural and thermal stabilities and shape evolution from atomistic simulations[J]. Journal of Materials Chemistry A, 2014, 2: 11480-11489.

[116] Lu B A, Du J H, Sheng T, et al. Hydrogen adsorption-mediated synthesis of concave Pt nanocubes and their enhanced electrocatalytic activity[J]. Nanoscale, 2016, 8: 11559-11564.

[117] Yu N F, Tian N, Zhou Z Y, et al. Pd nanocrystals with continuously tunable high-index facets as a model nanocatalyst[J]. ACS Catalysis, 2019, 9: 3144-3152.

[118] Wei L, Fan Y J, Tian N, et al. Electrochemically shape-controlled synthesis in deep eutectic solvents-a new route to prepare Pt nanocrystals enclosed by high-index facets with high catalytic activity[J]. The Journal of Chemical Physics C, 2012, 116: 2040-2044.

[119] Wei L, Sheng T, Ye J Y, et al. Seeds and potentials mediated synthesis of high-index faceted gold nanocrystals with enhanced electrocatalytic activities[J]. Langmuir, 2017, 33: 6991-6998.

[120] Chen Q S, Zhou Z Y, Vidal-Iglesias F J, et al. Significantly enhancing catalytic activity of tetrahexahedral Pt nanocrystals by Bi adatom decoration[J]. Journal of the American Chemical Society, 2011, 133: 12930-12933.

[121] Xiao J, Liu S, Tian N, et al. Synthesis of convex hexoctahedral Pt micro/nanocrystals with high-index facets and electrochemistry-mediated shape evolution[J]. Journal of the American Chemical Society, 2013, 135: 18754-18757.

[122] Xu X L, Zhang X, Sun H, et al. Synthesis of Pt-Ni alloy nanocrystals with high-index facets and enhanced electrocatalytic properties[J]. Angewandte Chemie International Edition, 2014, 53: 12522-12527.

[123] Cao H L, Qian X F, Wang C, et al. High symmetric 18-facet polyhedron nanocrystals of Cu₇S₄ with a hollow nanocage[J]. Journal of the American Chemical Society, 2005, 127: 16024-16025.

[124] Sun S D, Zhang X Z, Zhang J, et al. Surfactant-free CuO mesocrystals with controllable dimensions: Green ordered-aggregation-driven synthesis, formation mechanism and their photochemical performances[J]. CrystEngComm, 2013, 15: 867-877.

[125] Sun S D, Zhang X Z, Sun Y X, et al. Facile water-assisted synthesis of cupric oxide nanourchins and their application as nonenzymatic glucose biosensor[J]. ACS Applied Materials & Interfaces, 2013, 5: 4429-4437.

[126] Sun S D, Zhang X Z, Sun Y X, et al. Hierarchical CuO nanoflowers: Water-required synthesis and their application in a nonenzymatic glucose biosensor[J]. Physical Chemistry Chemical Physics, 2013, 15: 10904-10913.

[127] Sun S D, Zhang X Z, Sun Y X, et al. A facile strategy for the synthesis of hierarchical CuO nanourchins and their application as non-enzymatic glucose sensors[J]. RSC Advances, 2013, 3: 13712-13719.

[128] Sun S D, Sun Y X, Zhang X Z, et al. A surfactant-free strategy for controllable growth of hierarchical copper oxide nanostructures[J]. CrystEngComm, 2013, 15: 5275-5282.

[129] Sun S D, Sun Y X, Chen A R, et al. Nanoporous copper oxide ribbon assembly of free-standing nanoneedles as biosensors for glucose[J]. Analyst, 2015, 140: 5205-5215.

[130] Gou X F, Sun S D, Yang Q, et al. A very facile strategy for the synthesis of ultrathin CuO nanorods towards non-enzymatic glucose sensing[J]. New Journal of Chemistry, 2018, 42: 6364-6369.

[131] Liang S H, Gou X F, Cui J, et al. Novel cone-like ZnO mesocrystals with coexposed $(10\bar{1}1)$ and $(000\bar{1})$ facets and enhanced photocatalytic activity[J]. Inorganic Chemistry Frontiers, 2018, 5: 2257-2267.

[132] Ren H Q, Cui J, Sun S D. Water-guided synthesis of well-defined inorganic micro-/nanostructures[J]. Chemical Communications, 2019, 55: 9418-9431.

# 第3章 多面体 Cu₂O 晶体的晶面与界面效应

Cu₂O 表面具有独特的晶格氧和氧空位,因而可通过精确调整表面原子排列来提高其应用性能[1]。第 2 章已详细介绍了多面体 Cu₂O 单晶的晶面调控技术与相关机理。当前人们能够合成的多面体 Cu₂O 单晶包括:由 6 个{100}晶面组成的立方体;由 8 个{111}晶面组成的八面体;由 12 个{110}晶面组成的菱形十二面体;由 6 个{100}晶面和 8 个{111}晶面组成的十四面体;由 6 个{100}晶面和 12 个{110}晶面组成的十八面体;由 6 个{100}晶面、8 个{111}晶面和 12 个{110}晶面组成的二十六面体;由 24 个{332}或{344}晶面组成的二十四面体;由 24 个{332}晶面和 6 个{100}晶面组成的三十面体;由 6 个{100}晶面、8 个{111}晶面、12 个{110}晶面、24 个{522}晶面和{211}晶面或{311}晶面组成的五十面体;由 6 个{100}晶面、8 个{111}晶面、12 个{110}晶面、24 个{522}晶面和 24 个{744}晶面组成的七十四面体等。因此,这些种类多样的晶面指数将为研究 Cu₂O 单晶的晶面效应提供良好的实验基础。然而,仅调整多面体 Cu₂O 单晶的晶面指数是无法彻底改善其某些物理化学性能的。例如,Cu₂O 单晶光催化剂因缺乏有效抑制光生载流子(电子-空穴对)复合的能量势垒而极大地限制了其光催化活性的提升。为进一步优化 Cu₂O 单晶的光催化活性,研究人员已开发出多种改性策略[2,3]。例如,构筑肖特基势垒、Ⅱ型异质结构或 Z 型异质结构来促进光生载流子的高效分离[4]。由此可见,调控异质结构界面处的原子排列是提高使用性能的有效手段。特别是控制多面体 Cu₂O 的裸露晶面可有效调控多面体 Cu₂O 基复合材料的界面 Cu-O 原子结构[5,6],进一步改善催化性能。

本章首先简要介绍多面体 Cu₂O 典型晶面的原子结构与物理化学性质,然后回顾国内外关于多面体 Cu₂O 晶面效应的研究进展,最后通过讨论肖特基势垒效应、Cu-O 界面效应和晶面依赖界面效应来综合阐述多面体 Cu₂O 基复合材料典型界面效应的研究进展。

## 3.1 Cu₂O 典型晶面的原子结构与物理化学性质

### 3.1.1 Cu₂O 典型晶面的原子结构

图 3-1 分别是 Cu₂O{110}、{111}、{100}和{522}晶面的原子结构示意图[7]。由图 3-1(a)可知,Cu₂O{110}晶面由 Cu 和 O 两种原子组成且表层 Cu 原子带有悬

空键，这使得整个{110}晶面带正电荷。类似地，{111}和{522}晶面同样带正电荷，其原子结构分别如图 3-1(b)和图 3-1(e)所示。其中，{110}晶面的相邻两个 Cu 原子之间的间距大约是{111}晶面的相邻两个 Cu 原子间距的 1/2，这说明{110}晶面的 Cu 原子密度远大于{111}晶面；同理，{111}晶面的 Cu 原子密度远大于{522}晶面。图 3-1(c)和图 3-1(d)是{100}晶面的原子结构图，由图可知，{100}晶面由单独的 Cu 或 O 原子组成，这使得{100}晶面通常处于电中性状态。综上所述，Cu₂O 不同晶面的原子排列不同，因而其物理化学性质具有晶面依赖性。

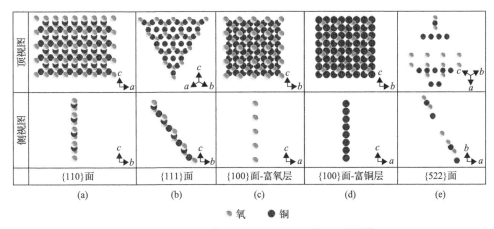

图 3-1　Cu₂O 晶体不同晶面的原子结构示意图[7]

### 3.1.2　Cu₂O 低指数晶面的氧化刻蚀

理论上，低指数 Cu₂O {100}、{111}和{110}晶面的化学稳定性满足如下关系：{100} ≫ {111} > {110}，这已得到 Hua 等[8]的证实，如图 3-2(a)所示。Shang 等[9]和 Sun 等[10]也分别在实验中证实了 Cu₂O {100}晶面在氧化刻蚀过程中具有高的稳定性，如图 3-2(b)和图 3-2(c)所示。但这并未否认 Cu₂O {100}晶面无法发生氧化刻蚀，图 3-2(d)和图 3-2(e)是在高温、高过饱和度液相体系中获得的刻蚀 Cu₂O {100}晶面的 SEM 图像。由此可见，氧化刻蚀的发生与反应环境密切相关[11,12]。例如，Lu 等[13]选用菲林溶液作铜源，氯化钯作催化剂，葡萄糖作还原剂，在 75℃条件下制备出了单晶八面体 Cu₂O 空心纳米笼，如图 3-3(a)所示。Sui 等[14]采用硫酸铜作铜源，聚乙烯吡咯烷酮作保护剂，无水碳酸钠作沉淀剂，柠檬酸钠作刻蚀剂，制备出了{100}晶面被刻蚀的单晶截角八面体 Cu₂O 纳米框架，如图 3-3(b)所示。Kuo 和 Huang[15]采用氯化铜作铜源，十二烷基硫酸钠作保护剂，盐酸羟胺作还原剂，稀盐酸作刻蚀剂，氢氧化钠作沉淀剂，在室温下通过调整反应时间并引入添加剂制备出了{100}和{110}晶面被刻蚀的单晶多面体 Cu₂O 纳米骨架，如图 3-3(c)所示。上述研究表明，液相体系中，Cu₂O 晶体的选择性刻蚀主要发生在{100}和

{110}晶面，而目前很少见关于{111}晶面刻蚀的相关报道。需要强调的是，被刻蚀的 Cu₂O 晶面表层将暴露出更多的台阶状原子排列或构建出新的高活性晶面[9,10,12,14]，能够为催化反应提供更多的活性位点，有利于提升催化活性。

图 3-2　不同反应条件下利用氧化刻蚀原理制备的表面刻蚀 Cu₂O 多面体的 SEM、
TEM 图像及几何示意图[1,8-11]

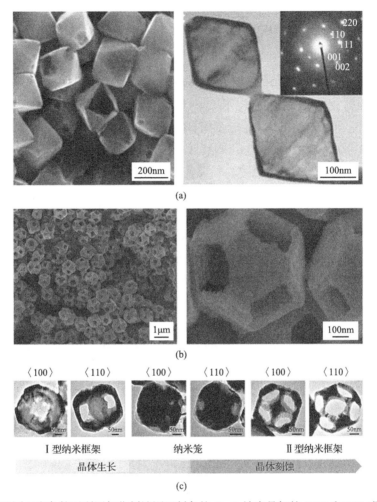

图 3-3  不同反应条件下利用氧化刻蚀原理制备的 Cu₂O 纳米骨架的 SEM 和 TEM 图像[13-15]

### 3.1.3  Cu₂O 低指数晶面的光刻蚀

除化学稳定性外，Cu₂O 的光刻蚀稳定性也存在明显的晶面依赖特性。通常，光刻蚀反应可分为两种情况。

(1) 光生电子诱导的自发还原。

(2) 光生空穴诱导的自发氧化，具体反应方程式如式(3-1)和式(3-2)所示：

$$Cu_2O+H_2O+2e^- \longrightarrow 2Cu+2OH^- \tag{3-1}$$

$$Cu_2O+2OH^-+2h^+ \longrightarrow 2CuO+H_2O \tag{3-2}$$

经上述反应后，Cu₂O 会部分或全部转化为 Cu 或 CuO，进而使其表面结构和成分发生改变。

为揭示光刻蚀的晶面依赖效应，Zheng 等[16]研究了三种典型多面体 $Cu_2O$ 单晶的光催化降解甲基橙性能，包括由 6 个{100}晶面组成的立方体，8 个{111}晶面组成的八面体和 12 个{110}晶面组成的菱形十二面体。结果发现，经过光催化反应后的多面体 $Cu_2O$ 表面出现了大量由(111)晶面组成的纳米片，这是因为 $Cu_2O$(111)晶面带有较多的正电荷而易于留存。图 3-4(a)是三组 $Cu_2O$ 低指数晶面的能带结构示意图，由图可知 $Cu_2O$(111)晶面的价带电势低于(100)和(110)晶面的价带电势。因此，光化学反应过程中，光生电子易偏聚于 $Cu_2O$(111)晶面，而光生空穴则易聚集于 $Cu_2O$(100)或(110)晶面而形成光生空穴，进而导致 $Cu_2O$ 自发氧化，如式(3-2)所示。图 3-4(b)～(d)是三组 $Cu_2O$ 多面体(立方体、八面体和菱形十二面体)经过光氧化之后的 SEM 图像，从中可以看到，$Cu_2O$(110)晶面的破坏程度最大，其次是(100)晶面，而(111)晶面的光稳定性最好[17]。由此可见，$Cu_2O$ 的光刻蚀存在显著的晶面依赖特性。目前，能够有效抑制光刻蚀的方法包括[18,19]

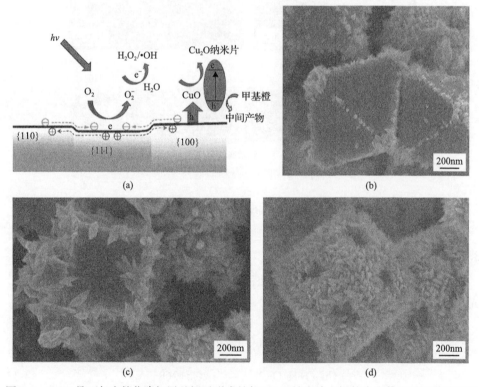

图 3-4　$Cu_2O$ 晶面与光催化降解甲基橙后形成的新 $Cu_2O$ 纳米片之间的光生载流子迁移路径示意图(a)[16]及立方体 $Cu_2O$(b)、八面体 $Cu_2O$(c)、菱形十二面体(d)$Cu_2O$ 在去离子水中光照 9h 后的 SEM 图像[17]

晶面工程、控制粒径、优化反应环境、构建异质结使光生电子或空穴转移到光稳定性良好的其他材料表面、构建核壳结构引入保护层、引入牺牲剂消耗光生电子或空穴以及引入氧空位等。Toe 等[18]已系统地综述了上述方法，本书将不再赘述。需要说明的是，关于 Cu₂O 高指数晶面的氧化刻蚀和光刻蚀研究还未见文献报道。

### 3.1.4 非对称光照下 Cu₂O 光生载流子分离的表面依赖效应

光催化过程强烈依赖于光生载流子的分离效率，因此理解和探究诱发光生载流子分离的驱动力是提高光催化性能的关键。通常认为，由光催化剂不同表面或界面构建的内建电场是光生载流子分离的主要驱动力[20,21]，它可促使光生电子和空穴分别转移到两个不同的活性位点来进行还原和氧化反应。目前，构建内建电场的主要方法是构建异相结[22,23]、异质结[24,25]和异面结[26-28]等。除构建内建电场外，光生载流子的有效分离还可通过非均匀扩散来实现[29-32]。特别是非对称光辐照可促使半导体光生载流子发生有效分离，这是前人未曾发现的新现象。2018年，中国科学院大连化学物理研究所李灿院士课题组[33]通过表面光电压显微镜证实了该现象。他们发现，非对称光辐照技术可促使几何形貌高度对称的立方体Cu₂O 的光生空穴和电子分别转移到 Cu₂O 粒子的照明区和阴影区，这种非均匀扩散控制的光生载流子分离比传统内建电场诱发的光生载流子分离的效果更强，可以显著提高 Cu₂O 晶体的光催化降解亚甲基蓝性能。

为深入研究非对称光照下 Cu₂O 光生载流子的分离，Chen 等[33]以立方体 Cu₂O 单晶为研究对象，分别对其阴影区和照明区上的光生载流子进行观察测试。选择立方体 Cu₂O 单晶作为模型催化剂的原因是，立方体高度对称的结构可排除不对称内建电场对光生载流子分离的影响[34-36]。为实现非对称光照下 Cu₂O 光生载流子的分离，作者首先采用光强可调且辐射方向相反的两种光源对 Cu₂O 晶体进行非对称光激发，然后利用开尔文探针显微镜、表面光电压显微镜和配有斩波器且波长可调的氙灯光源来获得空间分辨的表面光电压谱图，最后通过不同的表面光电压特征来判断表面光生载流子的种类和数量，如图 3-5(a)所示。利用与氟掺杂氧化锡(F-doped tin oxide, FTO)衬底平行的氙灯光源进行非对称辐照，可以获得背面的阴影区和正面的照明区，如图 3-5(b)所示。沿 Cu₂O〈111〉方向(顶点)对立方体粒子进行局部表面光电压测试，如图 3-5(b)插图所示。由图可知，照明区和阴影区表现出相反的光诱导表面电压变化，如图 3-5(c)和(d)所示。光照下，照明区的表面电压增加了 30mV，而阴影区的表面电压下降了 10mV(图 3-5(e))。

这些结果表明，照明区和阴影区在非对称光辐照条件下将产生不同类型的光生载流子。当氙灯光源的频率为 5Hz 时，作者对照明面和阴影面的表面电压信号进行测试发现，照明区和阴影区的表面电压信号均呈现周期性变化(图 3-5(f))。

然而，当开关光源时，两者电压信号的周期性变化呈相反趋势，这表明光生空穴和电子分别迁移至照明区和阴影区。图 3-5(g) 是利用表面光电压显微镜获得的光生载流子的分布图像。由图可知，光生空穴出现在照明区（正的表面光电压，Ⅰ区域），而光生电子出现在阴影区（负的表面光电压，Ⅱ区域）。上述结果证实，照明区和阴影区之间载流子的浓度梯度来源于非对称光照驱动的光生载流子分离。由表面光电压图谱可以发现，照明区和阴影区表面光电压的相位度分别移动了 180°（图 3-5(h) 和 (i)），这充分说明光生空穴和光生电子分别富集于照明区和阴影区。此外，光生载流子的分离过程还强烈依赖入射光的强度（图 3-5(j)）。

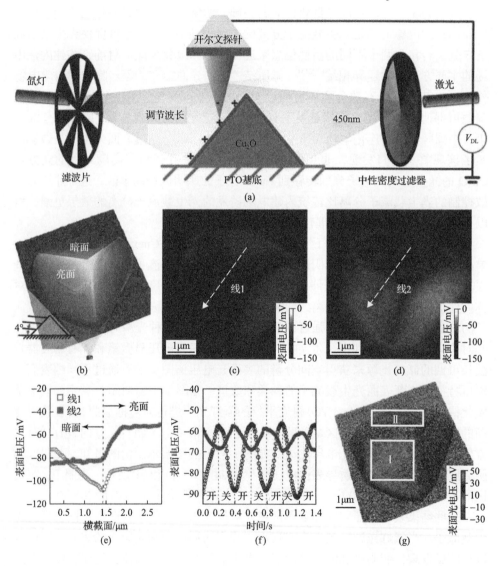

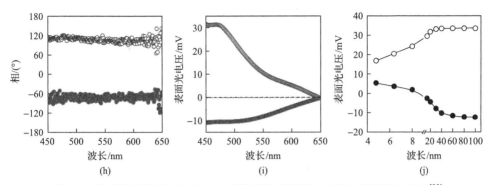

图 3-5 非对称光照下立方体 Cu₂O 阴影区和照明区之间光生载流子的分离[33]

(a)测试光催化剂 Cu₂O 表面光电压的实验装置,测试时采用光强可调辐射方向相反的两种光源进行非对称光激发;(b)沿 Cu₂O ⟨111⟩方向(顶点)对立方体粒子进行非对称光照时呈现出的照明区和阴影区;(c)、(d)λ=450nm 时,灰暗状态(c)和照明状态(d)对应的表面电压图像;(e)图(c)和(d)中虚线部分的表面电压值;(f)由 5Hz 的调制光采集的照明区(空心圆圈曲线)和阴影区(实心圆圈曲线)的瞬时表面电压信号;(g)光照下暗区的表面电压减去表面电压得到的粒子表面光电压显微图像;(h)、(i)在照明区(空心圆圈曲线)和阴影区(实心圆圈曲线)中心获得的表面光电压谱图的相位和振幅;(j)照明区(空心圆圈曲线)和阴影区(实心圆圈曲线)的表面光电压与光强之间的关系曲线

为深入揭示立方体 Cu₂O 的照明区和阴影区之间光生载流子分离的驱动力,作者深入研究了非对称光照下光生载流子的分离规律[33]。实验中需开启背面的激发光源并调控光强,同时打开光强恒为 4mW/cm² 的氙灯光源,如图 3-6(a)所示。可以看到,随着激发强度的增加,单个粒子的表面光电压显微图像中的载流子分布发生了明显的变化(图 3-6(b)~(f)),即阴影区的光生电子逐渐消失转化为光生

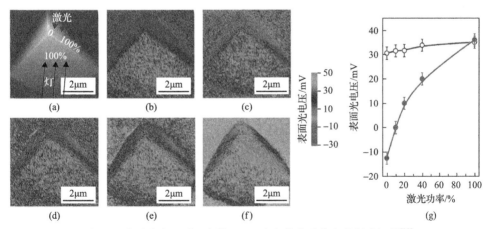

图 3-6 非对称光照对立方体 Cu₂O 光生载流子分离的影响规律[33]

(a)Cu₂O 粒子的原子力显微图像,当粒子同时被氙灯光源(λ=450nm)和激发光源如图示方向照射时,光强为 4mW/cm²,激光强度为氙灯强度的 0%到 100%不等;(b)~(f)双光照下粒子对应的表面光电压显微图像,激光强度为氙灯强度的 0%(b)、10%(c)、20%(d)、40%(e)和 100%(f);(g)在(b)~(f)的光照条件下,照明区(空心圆圈曲线)和阴影区(实心圆圈曲线)中心区域的平均表面光电压信号,由外部锁定放大器电子噪声中得到的误差值为 5mV

空穴。定量结果表明(图 3-6(g)),照明区的表面光电压达到最大,不会随着光强的增加而增加(图 3-5(j))。以上现象进一步说明,非对称光照直接造成光生空穴和光生电子分别在照明区和阴影区的选择性聚集,从而促进了其高效分离。关于照明区和阴影区之间构建的内建电场对光生载流子分离的影响规律详见文献[33],此处不再赘述。

## 3.2  多面体 Cu₂O 的晶面效应

材料科学主要揭示"结构-制备-性能-应用"四者之间的关联,其中微观结构直接决定了材料的使用性能和应用。例如,催化过程是由电子或载流子参与的化学反应,其涉及的反应热力学和动力学取决于材料的电子结构,而电子结构的调控主要依赖于材料微观结构的控制。目前,优化微观结构的主要策略是调控晶体缺陷。所谓的晶体缺陷是指实际晶体中某些原子排列的周期性被破坏的微小区域。晶面作为一种典型的面缺陷,因为其原子排列不同于晶体内部而通常处于高能状态,所以不同晶面表现出各异的物理化学性质。鉴于此,控制晶体的晶面种类和数量,可以调控其电子结构和反应活性位点,进而改善使用性能。

多面体 Cu₂O 晶体拥有种类丰富的晶面指数,因而其物理化学性能表现出明显的晶面效应。下面将简单回顾国内外同行在多面体 Cu₂O 晶面效应领域取得的部分研究成果,包括 CO 催化氧化、光催化、电学行为与电极材料。

### 3.2.1  CO 催化氧化的晶面效应

对 Cu₂O 晶体而言,体相的 Cu 原子与 O 原子呈现出双重配位的饱和状态,而表层的 Cu 原子通常呈现出带有氧空位的不饱和配位状态[37]。在 CO 催化氧化过程中,催化剂 Cu₂O 表层的晶格氧通常直接参与 CO 的催化氧化反应,并与优先吸附于催化剂表面且被活化的 CO 分子反应形成晶格氧缺位[38]。这些晶格氧缺位同表层氧空位与吸附在催化剂表面的气相 O₂ 分子反应会重新形成晶格氧,如此循环将实现 CO 的氧化[37,38]。表层氧空位的存在促进了晶格氧的形成、移动和补充[38],增强了 Cu₂O 催化剂争夺和释放表面晶格氧的能力。因此,控制 Cu₂O 表层原子的排布可调控其催化氧化 CO 的反应机理和反应动力学,进而提高催化活性[37,38]。

由 6 个{100}晶面组成的立方体、8 个{111}晶面组成的八面体、12 个{110}晶面组成的十二面体,因具有单一的晶面指数而成为研究 CO 催化氧化晶面效应的理想模型。Hua 等[39]在多面体 Cu₂O 单晶的 CO 催化氧化机理方面取得了丰硕的研究成果。由图 3-7 可知,表面无残留保护剂的 Cu₂O 立方体、八面体和十二面体表现出性能差异明显的 CO 催化氧化活性,其 CO 催化氧化活性的次序由高到低排列为八面体≫十二面体＞立方体，即三组晶面的催化活性高低次序为{111}≫{110}＞{100}。这是因为 Cu₂O{111}晶面中存在大量配位不饱和的 Cu 悬空键，有利于 CO 的化学吸附和催化氧化。

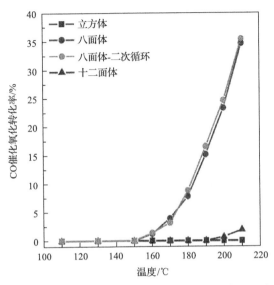

图 3-7　Cu₂O 立方体、八面体和十二面体的 CO 催化氧化转化率与反应温度的关系曲线[39]

值得关注的是，Cu₂O 表层带有氧空位的不饱和配位 Cu 悬空键在高指数晶面 $(hkl)$（$h$、$k$、$l$ 中至少有一个大于 1）中尤为明显，这使得高指数晶面存在高密度台阶或扭结原子，因而表现出优于低指数晶面（即{100}、{111}和{110}）的化学活性。例如，Wang 等[37]采用液相合成法，以十二烷基硫酸钠作保护剂，在合适的还原剂及反应物浓度条件下，成功制备出由 24 个高指数{332}晶面和 6 个低指数{100}晶面共同组成的 Cu₂O 三十面体。该研究发现，高指数{332}晶面的表层原子排布是由双重配位的 Cu 原子和带有氧空位单重配位的 Cu 原子共同组成的高密度台阶结构，该结构具有较强的储存和释放氧的能力，这使得 Cu₂O 三十面体的 CO 催化氧化效率明显优于由 8 个低指数{111}晶面和 6 个低指数{100}晶面组成的十四面体，如图 3-8 所示。此外，Leng 等[40]发现，由 24 个高指数{311}晶面和 8 个{111}、6 个{100}和 12 个{110}低指数晶面共同组成的五十面体 Cu₂O 微晶体的 CO 催化氧化效率明显高于由低指数晶面组成的球体、十二面体、八面体和立方体。由此可见，多面体 Cu₂O 中存在的高指数晶面可显著提高 CO 的催化氧化活性。需要强调的是，这些文献均忽略了 Cu₂O 在高温反应过程中出现的表面重组现象，这可能涉及界面 Cu 原子和 O 原子的重新排列等问题。关于 Cu-O 界面与 CO 催化氧化的"构效关系"将在 3.3.2 节进行详细讨论。

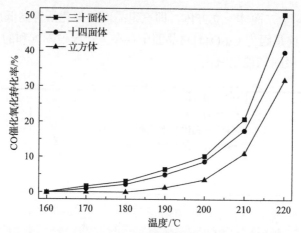

图 3-8  不同 Cu₂O 立方体、十四面体和三十面体的 CO 催化氧化转化率与反应温度的关系曲线[37]

### 3.2.2  光催化的晶面效应

目前已报道的 Cu₂O 单晶通常是由低指数晶面组成的立方体(由 6 个{100}晶面组成)、八面体(由 8 个{111}晶面组成)和菱形十二面体(由 12 个{110}晶面组成)。理论上,这三组低指数晶面光催化活性的高低次序依次为{110}>{111}>{100}。例如,Zhang 等[41]发现八面体 Cu₂O 单晶的光催化活性高于立方体 Cu₂O 单晶,如图 3-9(a)所示。Huang 等[42]发现菱形十二面体 Cu₂O 单晶的光催化降解性能明显优于立方体 Cu₂O 单晶,如图 3-9(b)所示。然而,上述由同一晶面指数包络的单形 Cu₂O 多面体仍存在光生载流子空间分离效率低的问题,这不利于延长光生载流子的寿命,制约了光催化性能的提升。

晶面工程是增强单晶光催化材料表面光生载流子空间分离的有效策略。具有不同密勒指数的晶面因原子结构和电子结构各异而表现出不同的物理化学性质[43-46]。特别是,由晶面指数不同的裸露晶面混合包络组成的多面体"交联晶面结",已被证实能够有效驱动光生载流子在光催化剂表面的定向迁移,有利于实现光生载流子的高效分离。例如,Yu 等[43]发现,当太阳光辐照含有{001}和{101}晶面的锐钛矿 TiO₂时(图 3-9(c)),光生电子会选择性地聚集于{101}晶面,而光生空穴则选择性地聚集于{001}晶面,这实现了光生载流子的有效分离,如图 3-9(d)所示。又如,梁淑华教授课题组研究发现[44],由{10$\bar{1}$1}和{000$\bar{1}$}两组不同晶面共同组成的圆锥体 ZnO 介观晶体中也存在"交联晶面结"促进光生载流子高效分离的现象。因此,构筑由两种或两种以上不同类型晶面共同包络组成的聚形多面体 Cu₂O 单晶"交联晶面结",对进一步提高其光生载流子分离效率和光催化效率而言极为重要。例如,由 6 个{100}晶面、8 个{111}晶面和 12 个{110}晶面共同组成的二十六面体 Cu₂O 单晶本质上属于"交联晶面结",其光催化活性明显优于八面体和立方体 Cu₂O 单晶的光催化活性,如图 3-9(a)所示[41]。

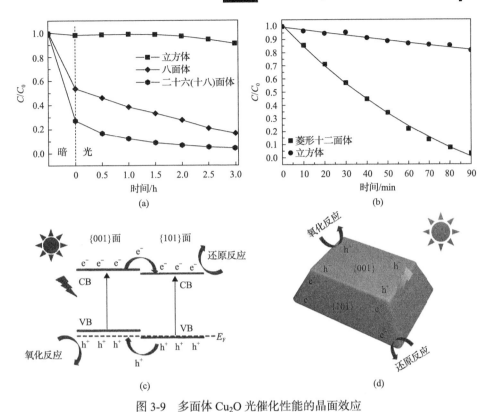

图 3-9　多面体 Cu₂O 光催化性能的晶面效应

(a) Cu₂O 立方体、八面体和二十六面体的光降解曲线[41]；(b) Cu₂O 立方体和菱形十二面体的光降解曲线[42]；(c) {001} 晶面和{101}晶面组成的十面体 TiO₂ 的能级结构及光生载流子分离路径示意图[43]；(d) 十面体 TiO₂{001}晶面和 {101}晶面对光生电子和光生空穴选择性分离示意图[43]

### 3.2.3　电学行为的晶面效应

为深入理解 Cu₂O 晶体电学行为的晶面效应，Tan 等[34]在较大范围的外加电压下对 Cu₂O 晶体的三组低指数晶面(即{111}、{100}和{110}晶面)进行了导电性能测试，具体电学行为测试过程如下：首先，将直径为 0.5mm 的钨丝(99.95%，Alfa-Aesar)浸入浓度为 1.0mol/L 的氢氧化钠溶液中。然后，用直流电(15V 和 1A)使线端锐化。电解 1min 后，线头直径减小到约 100nm。为去除钨丝表面的氧化钨层，需要将线端浸入浓度为 10mol/L 的氢氧化钾溶液中保持 5s。随后，将 Si{111}衬底在温度为 900℃的三区管式炉中退火 48h 后发现，Si 衬底形成厚度大约为 500nm 的 SiO₂ 绝缘层，该绝缘层可防止泄漏的电流从 Cu₂O 晶体流向 Si 衬底。再将处理过的钨探针安装在与 Keithley 4200-SCS 型光源测试装置连接的纳米机械手(Kammrath&Wiess GmbH)上。最后将纳米机械手装入 JEOL 7000F 扫描电子显微镜中。开始性能测试时，首先，将两个钨探针接触并施加电流直到获得线性 I-V 曲线。该 I-V 曲线表示纯金属接触，且已去除表面氧化物。然后，在热处理后的硅基片上加入一滴稀释的 $Cu_2O$ 溶液，对溶液进行烘干。最后，将烘干的硅基质装入扫描电镜室内进行电学行为测试。操作过程中，由于 $Cu_2O$ 易被探针推动，故探针与 $Cu_2O$ 之间的接触难以与操作要求相一致。另外，输入电压过大会诱发晶体振动，导致测试结果不准确。因此，为保证测试结果的准确性，Tan 等[34]对每一组晶面均进行了多次测量以降低误差。

图 3-10 是 $Cu_2O$ 立方体、菱形十二面体和八面体与钨探针接触良好时的 SEM 图像，以及在–5V 到+5V 范围内测量的 I-V 曲线[34]。由图可知，在+5V 下测量的 $Cu_2O$ 八面体、立方体和菱形十二面体的电流值分别为 1745.47nA、131.81nA 和 0.54nA，这表明流过八面体的电流是立方体的 13.2 倍，是菱形十二面体的 3232.4 倍。鉴于此，$Cu_2O$ 的电学行为差异与其裸露晶面类型密切相关。$Cu_2O$ 八面体、立方体和菱形十二面体表现出的电学行为分别与金属、半导体或绝缘体类似。这是因为 $Cu_2O$ 是 p 型半导体，其不导电的{110}晶面的能带弯曲最大，该晶面稍与钨接触就会阻碍载流子的传输。然而，$Cu_2O${111}晶面的能带弯曲最小，这将促进载流子的迁移，如图 3-11 所示[34]。此外，通过测量 $Cu_2O$ 十四面体和二十六面体不同晶面的导电性能可发现其整流 I-V 行为与p-n结类似，因此这类多面体 $Cu_2O$

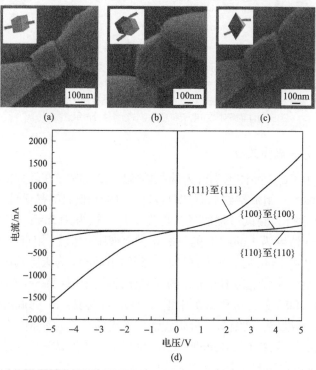

图 3-10　多面体 $Cu_2O$ 电学性能的晶面效应[34]

(a)～(c)钨探针与单个 $Cu_2O$ 立方体、菱形十二面体和八面体具有良好接触的 SEM 图像；
(d)在–5～+5V 范围内测试的 I-V 曲线

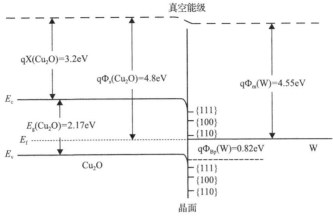

图 3-11 Cu₂O{100}、{111}和{110}三组晶面的能带结构示意图[34]

qX 是半导体的电子亲合力；qΦ$_s$ 是半导体的功函数；qΦ$_m$ 是金属的功函数；qΦ$_{Bp}$ 是钨和 Cu₂O 之间的接触能垒；
$E_f$ 是费米能级；$E_g$ 是禁带宽度；$E_v$ 和 $E_c$ 分别是 Cu₂O 的价带和导带电势

粒子可作为功能电子元件使用。关于载流子输运路径与晶面依赖性的解释详见文献[34]，此处不再赘述。

### 3.2.4 电极材料的晶面效应

在电化学传感方面，Liu 等[47]发现立方体、八面体和菱形十二面体三种 Cu₂O 单晶对 Pb²⁺的化学传感灵敏度具有显著的晶面效应。从图 3-12 可以看出，空电极、菱形十二面体、立方体和八面体 Cu₂O 电极的灵敏度分别为 40.2μA/(cm²·μm)±5.97μA/(cm²·μm)、90.1μA/(cm²·μm)±13.4μA/(cm²·μm)、127μA/(cm²·μm)±14.4μA/(cm²·μm)、178μA/(cm²·μm)±20.3μA/(cm²·μm)。换言之，Cu₂O 单晶不同晶面对 Pb²⁺的吸附能力满足如下关系：{111}＞{100}＞{110}。密度泛函理论计算表明，Pb²⁺与 Cu₂O 三组晶面的吸附能分别为 5.742eV、4.952eV、4.761eV。因此，Cu₂O{111}晶面对 Pb²⁺的敏感度最强。另外，Tang 等[48]也发现八面体 Cu₂O

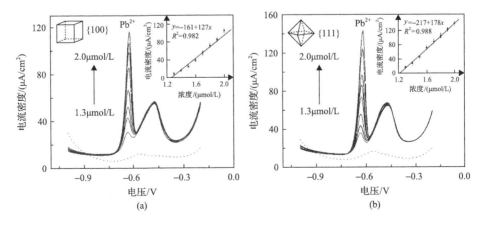

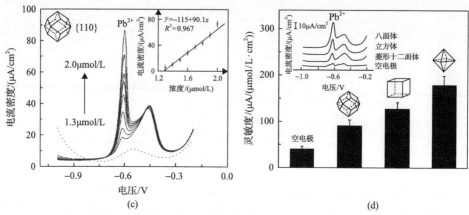

图 3-12 立方体、八面体和菱形十二面体 Cu$_2$O 单晶对 Pb$^{2+}$ 的灵敏度测试结果[47]

单晶的无酶葡萄糖电化学传感灵敏度比立方体高 12.7 倍。这是因为八面体 Cu$_2$O 单晶较立方体而言具有优良的导电性,如图 3-13 所示,因此八面体 Cu$_2$O{111}晶面与葡萄糖分子之间的电子转移速率明显高于立方体 Cu$_2$O{100}晶面。此外,在锂离子电池负极材料方面,八面体 Cu$_2$O 单晶相较于立方体 Cu$_2$O 单晶具有更高的导电性,因而其锂离子输运能力更强[49]。

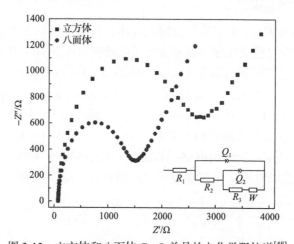

图 3-13 立方体和八面体 Cu$_2$O 单晶的电化学阻抗谱[48]

$Z'$、$-Z''$ 分别表示阻抗的实部和虚部;$R_1$ 为溶液电阻,$R_2$ 为腐蚀产物电阻,$R_3$ 为电荷转移电阻,$W$ 为 Warburg 阻抗,$Q_1$ 为腐蚀电容,$Q_2$ 为双电层电容

## 3.3 多面体 Cu$_2$O 基复合材料的界面效应

固体界面作为一种典型的面缺陷,其原子排列不同于界面两侧的原子排列,根据这一特性构建合适的界面可有效提升晶体的物理化学性能。2015 年和 2019

年，作者分别对"Cu₂O 基纳米复合材料的研究进展"[2]和"调控 Cu-O 界面原子结构提升催化性能的研究进展"[50]进行了系统综述。此外，多面体 Cu₂O 基复合材料的界面性质亦与多面体 Cu₂O 的晶面类型密切相关，因而研究"晶面依赖界面效应"对新材料的开发具有重要的指导意义。鉴于此，本节将重点回顾与多面体 Cu₂O 单晶裸露晶面相关的几种典型的界面效应及性能增强机制。首先，介绍多面体 Cu₂O 表面肖特基势垒的构筑与光催化性能增强机制。然后，对 Cu-O 界面的原位构筑与界面效应进行回顾。最后，总结国内外同行关于多面体 Cu₂O 基复合材料"晶面依赖界面效应"的研究进展。

### 3.3.1 多面体 Cu₂O 表面肖特基势垒的构筑与光催化性能

在光催化领域，促进半导体光催化材料光生载流子(电子-空穴对)的有效分离已成为当前该领域的研究热点之一。目前，单组元的半导体光催化材料主要通过掺杂、形貌调控与晶面控制等手段来提高其光催化活性[4,26,51-53]。但这些改性策略仍无法有效改变单组元半导体自身性质对其光催化性能的影响。设计和构建复合型光催化材料可突破单组元材料的性能局限[4,26,51-53]。特别是当金属和半导体的功函数满足一定条件时，二者界面处的半导体能带将发生弯曲形成肖特基势垒(也称肖特基结)，进而有效抑制光生载流子复合[4,54]。因此，构建与调控肖特基势垒是获得高效复合光催化体系的重要方法。

对 p 型半导体 Cu₂O 而言，只有当其某一晶面的功函数大于金属的功函数时，肖特基势垒才能在两者的接触界面产生。[55,56]当光照半导体时，由于肖特基势垒的存在，Cu₂O 的价带和导带将发生一定程度的弯曲，产生的光生电子将迅速传输到 Cu₂O 的导带，而光生空穴可通过金属颗粒发生快速转移，这实现了光生载流子的有效分离，如图 3-14 所示[57]。需要注意的是，n 型半导体形成肖特基势垒的条件与

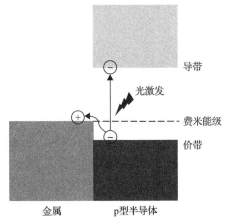

图 3-14 "金属-p 型半导体"肖特基势垒的能带结构与光生载流子迁移路径示意图[57]

p型半导体恰好相反。多面体 Cu₂O 具有晶面可调控的特点[55-57]，因而有利于实现肖特基型"金属/Cu₂O"光催化材料的异质界面设计、构建和调控[2,3,54]，易于促进光生载流子的有效分离[28,43,58]。

中国科技大学熊宇杰课题组[54]以 Cu₂O/Pd 杂化材料为实例，证实了在半导体表面构建肖特基势垒可促进光生载流子的有效分离。首先，他们通过第一性原理模拟分析了 Cu₂O{100}和{111}晶面光生载流子的空间分布状态。由图 3-15(a)(Cu₂O{100}晶面)和图 3-15(b)(Cu₂O{111}晶面)中的晶体结构可以看到，Cu₂O{100}晶面的表层含有较多的氧原子，这表明光生电子倾向于向{100}晶面迁移。图 3-15(c)所示结果表明，Cu₂O{100}晶面的功函数(7.247eV)高于体相 Cu₂O 的功函数(4.833eV)，这使得光生电子倾向于从晶体内部向 Cu₂O{100}晶面转移。由

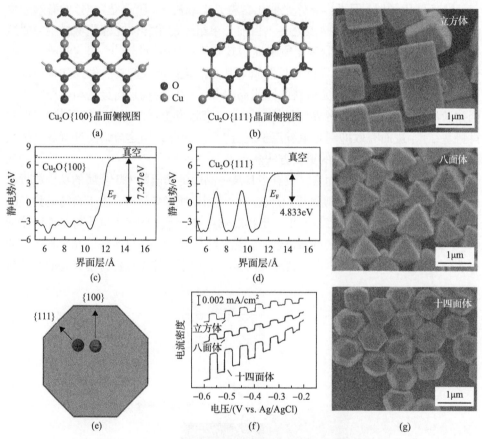

图 3-15　Cu₂O{100}、{111}晶面及其组合状态的基本性质

(a)Cu₂O{100}晶面和(b)Cu₂O{111}晶面的原子排列示意图；由第一性原理模拟得到的(c)Cu₂O{100}晶面和(d)Cu₂O{111}晶面的静电势变化曲线，$E_F$ 表示费米能级；(c)Cu₂O{100}晶面和 Cu₂O{111}晶面光生载流子的空间分布图；(f)Cu₂O 十四面体、立方体和八面体分别作为光电极在 0.5mol/L 的硫酸钠电解质中可见光(λ>400nm)照射下产生的光生电流曲线；(g)不同几何形貌 Cu₂O 晶体的 SEM 图像[54]

图 3-15(d)可知，Cu₂O{111}晶面和体相 Cu₂O 的功函数相似，这表明 Cu₂O{111}晶面对光生电子和空穴的分离没有选择性。因此，光生电子和空穴分别迁移到 Cu₂O{100}晶面和 Cu₂O{111}晶面，如图 3-15(e)所示。光生电流的测试结果表明，由 Cu₂O 十四面体构成的光电极的光生电流数值大约是 Cu₂O 立方体或八面体光电极的三倍，这进一步证实光生载流子的空间分离存在选择性(图 3-15(f))。上述 Cu₂O 立方体和八面体分别由{100}晶面和{111}晶面构成，而 Cu₂O 十四面体表面既包含{100}晶面也包含{111}晶面(图 3-15(g))。为进一步确定光生载流子的空间分离路径，作者选用光沉积纳米金属颗粒来确定富集光生电子的晶面。实验运用可见光照射 K₂PdCl₄ 溶液中的 Cu₂O 十四面体，结果发现 Pd 纳米粒子仅出现在 Cu₂O{100}晶面，如图 3-16 所示，这表明光激发 Cu₂O 时大部分光生电子聚集在{100}晶面[54]，该实验结果与理论计算的结果一致，这充分说明由 6 个{100}晶面和 8 个{111}晶面共同组成的 Cu₂O 十四面体更有利于光生载流子的空间分离。

图 3-16　利用可见光照射 K₂PdCl₄ 溶液中的 Cu₂O 十四面体，K₂PdCl₄ 溶液优先在 Cu₂O{100}晶面上被还原为 Pd 纳米粒子后得到的 Cu₂O/Pd 复合材料的 SEM 图像[54]

随后作者将载流子空间分布和肖特基势垒相结合对光生电子和空穴分离效率进行探究，即分别将光生电子和空穴选择性地聚集在 Cu₂O 十四面体的{100}晶面和{111}晶面。依据 Cu₂O{111}晶面和 Pd 的静电势变化曲线(图 3-17(b))，肖特基势垒难以在 Cu₂O{111}-Pd 界面形成(图 3-17(a))，这是因为 Cu₂O{111}晶面的功函数低于 Pd 的功函数。而聚集在 Cu₂O{111}晶面上的空穴将在界面处形成阻碍空穴载流子迁移的阻塞层，这增强了光生电子-空穴对的复合。为了证实上述观点，作者选择在 Cu₂O 十四面体的{111}晶面上沉积 Pd 纳米粒子(图 3-17(c))。{111}晶面负载 Pd 纳米粒子后抑制了 Cu₂O 十四面体的光生电流(图 3-17(d))。

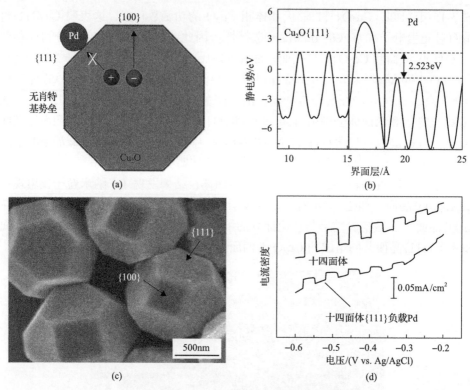

图 3-17　Cu₂O{111}-Pd 界面的基本性质

(a) 在 Cu₂O 十四面体的{111}晶面负载 Pd 纳米粒子，光生载流子在其界面和表面之间的迁移示意图；(b) 由第一性原理模拟获得的 Cu₂O{111}-Pd 界面的静电势变化曲线；(c) 通过引入聚乙烯吡咯烷酮将 Cu₂O 十四面体的{100}晶面覆盖后，利用光沉积法在 Cu₂O 十四面体的{111}晶面沉积 Pd 颗粒后所获产物（记作 Cu₂O{111}-Pd）的 SEM 图像；(d) 可见光(λ>400nm)照射下，纯 Cu₂O 十四面体和 Cu₂O{111}-Pd 作为光电极在 0.5mol/L 的硫酸钠电解质中产生的光生电流曲线[54]

　　依据功函数匹配原则，选择 Pd 与 Cu₂O{100}晶面接触是建立肖特基势垒的最佳选择(图 3-18(a))，这是因为 Pd 的功函数小于 Cu₂O{100}晶面的功函数。为此，作者模拟了 Pd 与 Cu₂O{100}界面的静电势变化曲线，如图 3-18(b)所示。由图可知，Pd 的静电势为 1.7eV，比 Cu₂O{100}晶面的静电势高，因此 Cu₂O{100}-Pd 界面可促进光生空穴向金属 Pd 一侧迁移。为证实这一推论，作者将 Pd 纳米粒子沉积在立方体 Cu₂O{100}晶面(图 3-18(c))，光生电流测试表明，Cu₂O{100}-Pd 界面可以改变光生载流子的迁移行为，即在立方体 Cu₂O{100}晶面负载 Pd 纳米粒子后可显著提高光生电流，如图 3-18(d)所示。这是因为 Cu₂O{100}-Pd 界面处形成的肖特基势垒能够实现光生载流子的高效分离。需要注意的是，由图 3-18(d)还可发现，初始光生电流强度随着 Pd 密度的增加而增加，但当 Pd 密度超过某一值(Pd 与 Cu₂O 的物质的量之比为 8×10⁻³)时，光电流的增加将受到抑制。因此，只有负载适量的金属才能有效地促进光生电子-空穴对的分离，金属含量过低将降低肖特基势垒的界面数目，而金属含量过高则会使裸露的半导体组分减小而降低光催化性能。作者通过光解水制氢实验证实了上述观点。实验发现，当立方体 $Cu_2O$ 表面的 Pd 纳米粒子浓度（Pb 与 $Cu_2O$ 物质的量之比）为 $8\times10^{-3}$ 时，相同时间内的氢气产量明显高于其他 Pd 浓度和其他形貌 $Cu_2O$ 的氢气产量，如图 3-19 所示（$1\times10^{-3}Pd$、$8\times10^{-3}Pd$、$32\times10^{-3}Pd$ 表示 Pb 与 $Cu_2O$ 的物质的量之比）。

综上所述，构筑肖特基势垒是促进光生载流子分离的有效策略。形成肖特基势垒关键取决于半导体晶面和金属的功函数。对于 p 型半导体 $Cu_2O$，只有当某一晶面的功函数大于金属的功函数时，在两者的接触界面处才会产生肖特基势垒。n

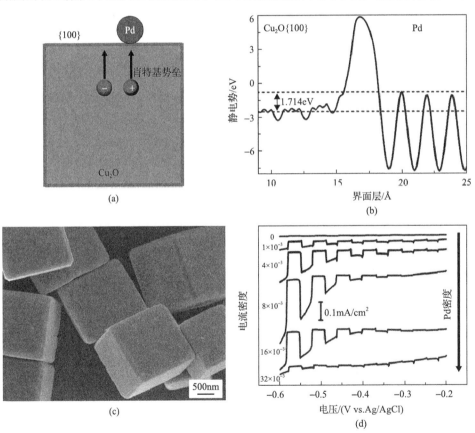

图 3-18　$Cu_2O\{100\}$-Pd 界面的基本性质

(a) 在 $Cu_2O$ 立方体 $\{100\}$ 晶面负载 Pd 纳米粒子，光生载流子在其界面和表面之间的迁移示意图；(b) 由第一性原理模拟得到的 $Cu_2O\{100\}$-Pd 界面的静电势变化曲线；(c) $Cu_2O\{100\}$-Pd 的 SEM 图像（Pd/$Cu_2O$ 的物质的量之比为 $8\times10^{-3}$）；(d) 可见光（$\lambda>400nm$）照射下，$Cu_2O$ 立方体和不同浓度的 $Cu_2O$-Pd 作为光电极在 $0.5mol/L$ 的硫酸钠电解质中产生的光生电流曲线（浓度是指 Pd 与 $Cu_2O$ 之间的物质的量之比）[54]

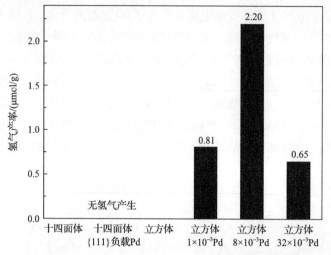

图 3-19  不同的光催化剂在可见光下($\lambda>$400nm)辐照 4h 后获得的氢气产率对比图

型半导体形成肖特基势垒的条件与 p 型半导体恰好相反。理论上，$Cu_2O\{100\}$晶面具有高的功函数（$W_{Cu_2O\{100\}}$=7.2eV），与 Pt、Pd、Au、Ag、Cu（$W_{Pt}$=5.6eV，$W_{Pd}$=5.2eV，$W_{Au}$=5.1eV，$W_{Ag}$=4.26eV，$W_{Cu}$=4.65eV）接触均可构建肖特基势垒；而 $Cu_2O\{111\}$晶面具有低的功函数（$W_{Cu_2O\{111\}}$=4.8eV），它只有与功函数低的金属（如 Ag 和 Cu）接触才能形成肖特基势垒。因此，构筑 $Cu_2O/Cu$ 复合材料有利于提升光催化性能，这是因为 Cu 与 $Cu_2O$ 的功函数满足构建肖特基势垒的条件。例如，Sun 等[6]利用水合肼还原 $Cu_2O$ 二十六面体，成功制备出 $Cu_2O/Cu$ 肖特基异质结。该异质结中 Cu 的原位还原具有晶面选择性，图 3-20（a）～（d）分别是制备的 $Cu_2O$ 和 $Cu_2O/Cu$ 肖特基异质结的 SEM 图像。可以看到，只有二十六面体 $Cu_2O$ 的{111}晶面出现了 Cu 纳米颗粒，而{100}和{110}晶面未发生变化。经密度泛函理论计算发现，$Cu_2O\{111\}$晶面上的 Cu—O 键长明显大于{100}和{110}晶面的 Cu—O 键长，键长越长其化学稳定性越差。因此，$Cu_2O\{111\}$晶面的 $Cu^+$ 较易被还原成 Cu。依据光催化降解甲基橙测试结果，$Cu_2O/Cu$ 肖特基异质结的性能明显优于纯 $Cu_2O$，如图 3-20（e）所示。这是因为肖特基势垒的存在将导致 $Cu_2O$ 的价带和导带发生弯曲，使价带的光生空穴顺利地转移到金属 Cu，而此时导带中的电子不能传输给金属 Cu，只能通过半导体 $Cu_2O$ 表面向外传输，这将促进光生电子和空穴的分离。随后，光生电子与水中的溶解氧反应生成$\cdot O_2^-$，而空穴与水中的 $OH^-$ 反应形成$\cdot OH$。$\cdot OH$ 和$\cdot O_2^-$ 都是氧化活性非常高的自由基，均有利于有机染料分子的降解。

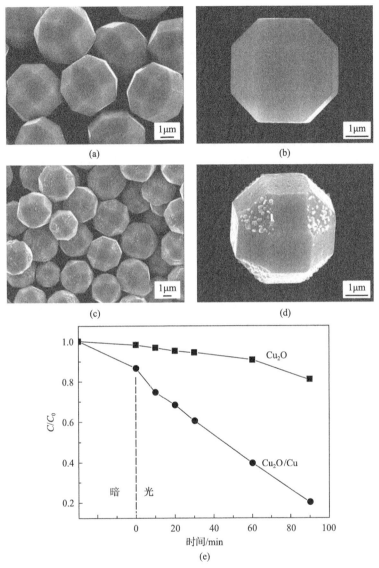

图 3-20 二十六面体 Cu₂O 和 Cu₂O/Cu 的微观结构与光催化活性[6]

(a)、(b)二十六面体 Cu₂O 的低倍和高倍 SEM 图像；(c)、(d)二十六面体 Cu₂O/Cu 肖特基异质结的低倍和高倍 SEM 图像；(e)二十六面体 Cu₂O 和 Cu₂O/Cu 光催化降解甲基橙的降解率曲线

### 3.3.2 Cu-O 界面的构筑与界面效应

调整界面 Cu-O 原子结构是增强 Cu₂O 基复合材料催化性能的有效手段[50]，对揭示催化性能增强机理至关重要。经氧化或还原处理后，Cu₂O 表面易于发生原子结构的重新排列[59,60]。例如，Cu₂O 经氧化处理后，其表面会原位生长出一层超薄

的 CuO 膜层，通过调整 $Cu_2O$ 衬底的形状和尺寸可优化 $Cu_2O/CuO$ 界面处的 Cu-O 微观结构，从而改善 CO 催化氧化的反应路径[5,61]。另外，通过简单的还原策略可在 $Cu_2O$ 表面原位生长出 Cu 纳米粒子，进而构建肖特基势垒来提升光催化性能[6]。2019 年本书作者总结了国内外同行关于 Cu-O 界面的原位构筑与界面效应的研究进展，并撰写了题为 "Tuning interfacial Cu-O atomic structures for enhanced catalytic applications" 的综述论文[50]。基于此，本节将首先介绍 $Cu_2O/CuO_x$ ($x$=0 和 1)，即 $Cu_2O/CuO$ 和 $Cu_2O/Cu$ 复合材料中 Cu-O 界面的形成机理和演变机制。然后阐述不同类型 Cu-O 界面在 CO 催化氧化、$NO_x$ 催化还原、光电催化、水煤气变换、光催化降解有机物、光解水制氢和光还原 $CO_2$ 等领域的催化性能增强机制。最后，关于 Cu-O 界面研究作者提出了一些新观点。希望本节内容能够为当前专注于变价金属氧化物研究的科研工作者提供一定的理论参考。

## 1. Cu-O 界面对催化活性增强机理简介

在有害气体催化分解方面，Cu-O 界面作为参与 CO 催化氧化或 $NO_x$ 催化还原反应的活性位点，将直接影响催化反应动力学。特别是反应过程中氧空位的形成和迁移很大程度地受到 Cu-O 界面的影响。$Cu_2O/Cu$ 界面形成的氧空位是促进氧气活化的催化活性位点[62]，可诱发活性氧 $O_{(a)}$ 来控制反应动力学。而 $Cu_2O/CuO$ 界面形成的氧空位有利于氧原子从 $Cu_2O$ 和 CuO 的晶格迁移到界面[5]。因此，在 $Cu_2O$ 和 CuO 的晶格中会产生新的氧空位。随后，界面区域的氧原子再次回填到晶格中，导致新的 Cu-O 界面形成。此后，新的 Cu-O 界面将再次调整氧空位的迁移行为以改善基体和界面氧的转移。简言之，Cu-O 界面增强催化性能的本质是控制氧空位和本征氧原子的形成与迁移动力学。

光催化活性的提升是由于 Cu-O 界面构建的内建电场延长了光生载流子的寿命。光生载流子的迁移方向通常由相邻物质的能带位置所决定。$Cu_2O$ 的导带（CB）和价带（VB）边缘分别为–0.28V（vs. NHE）和+1.92V（vs. NHE）。CuO 的 CB 和 VB 边缘分别为+0.46V（vs. NHE）和+2.16V（vs. NHE）[63]。因此，在可见光照射下，$Cu_2O$ 导带的光生电子将迁移到 CuO 的导带，而 CuO 价带的光生空穴则向 $Cu_2O$ 的价带迁移，进而促进光生载流子有效分离。此外，当 $Cu_2O$ 表面原位生长出 Cu 纳米颗粒时，可在 $Cu-Cu_2O$ 界面处形成肖特基势垒[6]，将有利于光生载流子的有效分离。

## 2. Cu-O 界面的微观结构与形成机理

深入地认识界面 Cu-O 原子排列的微观结构特征，对揭示界面与催化性能之间的相关性至关重要。目前，常规的表征手段主要是原位 HRTEM 技术，下面将简要介绍 $Cu_2O/CuO$ 和 $Cu_2O/Cu$ 复合材料典型的界面 Cu-O 原子结构及其形成机理。

虽然 Cu₂O 表面自氧化技术已广泛用于制备 Cu₂O/CuO 复合材料，但是 Cu 原子的氧化机制仍存在争议。例如，Yuan 等[64]认为通过热氧化可在 Cu₂O 衬底上直接生成新的 CuO 相。而 Zhu 等[65]认为从 Cu₂O 到 CuO 的相变过程中存在中间相 Cu₄O₃。直到 2017 年，Liu 等[59]才利用原位 HRTEM 观测到 Cu₂O/CuO 纳米复合材料中 Cu₂O 表面原子的氧化过程存在两个阶段，揭示了 Cu-O 界面的形成机理。图 3-21(a)是由嵌入 CuO 纳米线的 Cu₂O 纳米粒子组成的 Cu₂O/CuO 复合材料，可以发现 CuO 和 Cu₂O 之间的晶体学取向关系满足：$(11\bar{1})_{CuO}//(11\bar{1})_{Cu_2O}$，$[011]_{CuO}//[0\bar{1}\bar{1}]_{Cu_2O}$。继续延长氧化时间(图 3-21(b) 和(c))，沿 Cu₂O[011] 方向观察可以发现，Cu₂O 纳米颗粒的尺寸明显变小，这表明发生了固-固转变。分析相应的选区电子衍射花样

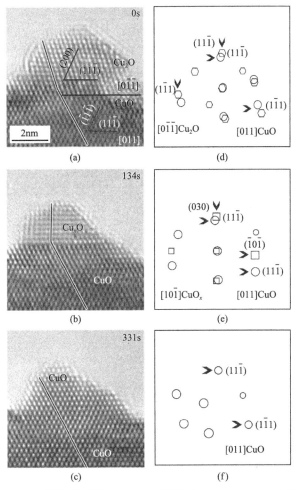

图 3-21　不同氧化时间 Cu₂O/CuO 纳米复合材料中 Cu-O 界面的
原位 HRTEM 和 SAED 的观测结果[59]

(a)、(d)0s；(b)、(e)134s；(c)、(f)331s

(图 3-21(d)～(f))可以得出以下结论：氧化过程中 $Cu_2O$ 表面的位错将作为形成 $CuO_x$ 中间体的成核位点，随后 $CuO_x$ 中间体通过逐层氧化释放内应力转变为 CuO。这项研究对理解其他变价金属氧化物的氧化机理具有一定的指导作用。

在空气中加热单质 Cu 可原位氧化生长出 $Cu_2O$ 薄层，进而构建出新的 Cu-O 界面。另外，通过 $H_2$ 或 CO 还原 $Cu_2O$ 也可获得 $Cu_2O$/Cu 纳米复合材料。这些合成方法对 $Cu_2O$/Cu 界面 Cu-O 原子结构的原位识别具有一定的推动作用。例如，Zou 等[60]利用原位 HRTEM 观测到 $H_2$ 流中 $Cu_2O$/Cu 界面的原位结构转变，并发现 $Cu_2O$ 与 Cu 的晶体学取向关系为 $(200)_{Cu_2O}//(200)_{Cu}$ 和 $[001]_{Cu_2O}//[001]_{Cu}$，如图 3-22(a) 所示。这表明沿 $Cu_2O$(100) 晶面可以外延生成 Cu(100) 薄层，图 3-22(b) 给出了 Cu 与 $Cu_2O$ 界面匹配的原子结构模型的三维视图。图 3-22(c)～(e) 给出了 $Cu_2O$ 向 Cu 转变过程中界面 Cu-O 原子结构的实时 HRTEM 图像。由此可知，物质转变从拐角区域的原子台阶开始，并沿 $Cu_2O$/Cu 界面的[100]方向横向迁移，该现象证实了 $Cu_2O$ 纳米颗粒的还原反应动力学是由 $Cu_2O$/Cu 界面处的原子跃迁决定的，这为设计和制备新型"氧化物/金属"复合材料提供了理论指导。

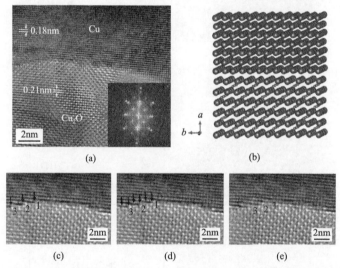

图 3-22　利用 HRTEM 原位观测到的 $Cu_2O$/Cu 界面在 $H_2$ 流中的原位结构演变过程[60]

3. 调控 $Cu_2O$/CuO 界面增强催化性能的应用举例

1)CO 催化氧化

CO 催化氧化的高温反应环境可使 $Cu_2O$ 催化剂表面原位生长出 CuO 薄层，这将改变 CuO/$Cu_2O$ 界面处晶格氧和氧空位的分布，最终影响反应动力学路径。因此，上述反应过程中形成的 Cu-O 界面存在明显的 $Cu_2O$ 晶面依赖效应。Bao 等[5]和 Zhang 等[61]采用立方体和八面体 $Cu_2O$ 纳米晶作为模型催化剂，结合密度泛函理论计算反应动力学,分析并揭示了 Cu₂O 晶面依赖 Cu-O 界面对 CO 催化氧化反应动力学的影响规律。HRTEM 表征结果表明,在 CO 氧化过程中,立方体 Cu₂O(c-Cu₂O)纳米晶借助表面重构原位生成了超薄 CuO 壳层,记作 CuO/c- Cu₂O。

图 3-23(a)和图 3-23(b)分别是不同尺寸的 CuO/c-Cu₂O 经 CO 催化氧化后获

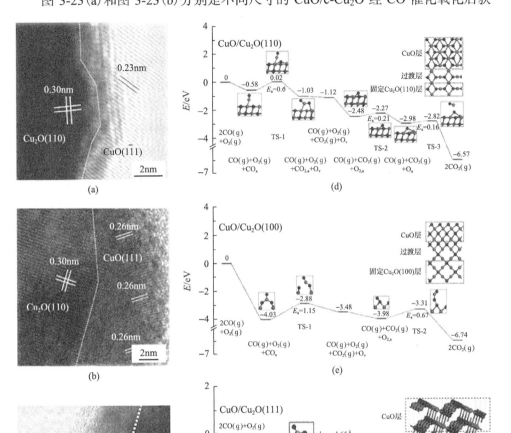

图 3-23　不同 CuO/Cu₂O 界面的微观结构与 CO 催化氧化动力学理论模拟

(a)CuO/Cu₂O(110)的 HRTEM 图像[61]；(b)CuO/Cu₂O(100)的 HRTEM 图像[61]；(c)CuO/Cu₂O(111)[5]的 HRTEM 图像；(d)~(f)图(a)~(c)对应界面的反应动力学路径模拟结果和对应的 Cu-O 界面原子结构示意图[61]

得的 HRTEM 图像[61]。这说明 c-Cu$_2$O(核)的内部区域仍保持着 Cu$_2$O(110)晶面的特征,不同尺寸 Cu$_2$O 表面呈现出不同的 CuO 晶格条纹。当 c-Cu$_2$O 的平均粒径从 1029nm 减小到 34nm 时,催化反应的活性中心将从大 c-Cu$_2$O 晶面(标记为 CuO/Cu$_2$O(100))转移到小 c-Cu$_2$O 晶面的边缘位置(标记为 CuO/Cu$_2$O(110))。由此可见,c-Cu$_2$O 的晶粒尺寸直接影响了原位氧化生成的 CuO 薄层的微观结构。理论计算发现,CuO/Cu$_2$O(110)界面由三重配位 O(O$_{3c}$)和三重配位 Cu(Cu$_{3c}$)占据,如图 3-23(d)中的插图所示,而 CuO/Cu$_2$O(100)界面则由双重配位 O(O$_{2c}$)占据,如图 3-23(e)中的插图所示。CO 和 O$_2$ 吸附在具有不同吸附能的 Cu$_{3c}$ 位点,因而导致 CuO/Cu$_2$O(100)和 CuO/Cu$_2$O(110)的 CO 催化氧化反应路径不同。这使得活化能较大的 CuO/Cu$_2$O(100)的 CO 催化氧化性能低于 CuO/Cu$_2$O(110),如图 3-23(d)和图 3-23(e)所示。因此,具有较高边缘密度的小尺寸 CuO/Cu$_2$O(110)展示出更好的 CO 催化氧化活性[61]。此外,作者还发现八面体 CuO/Cu$_2$O(111)的 CO 催化氧化性能优于相近晶粒尺寸的立方体 CuO/Cu$_2$O(100)[5],这是因为 CuO/Cu$_2$O(111)界面由三重配位 O(O$_{3c}$)和三重配位 Cu(Cu$_{3c}$)占据,但其反应动力学路径不同于 CuO/c-Cu$_2$O(110),如图 3-23(c)和(f)所示[5]。

2) NO$_x$ 催化还原

纳米 Cu$_2$O 基复合材料在低温选择性催化还原(SCR)反应领域亦表现出良好的应用前景。例如,Wang 等[66]发现多孔 Cu$_2$O/CuO 异质结构比纯 Cu$_2$O 或 CuO 具有更大的比表面积、更强的酸度和更高的路易斯酸(L 酸)位点比例,Cu$_2$O/CuO 界面的氧空位会增强 O$_2$ 吸附,促进 Cu$^+$/Cu$^{2+}$再循环。因此,与纯 Cu$_2$O 或 CuO 相比,Cu$_2$O/CuO 异质结构在 170～220℃范围内表现出优异的 NH$_3$-SCR 脱硝活性和氮选择性。根据 Cu$_2$O/CuO 在 170℃时预吸附 NO、O$_2$ 和 NH$_3$ 的反应可知,吸附的 NO 不能与吸附的 NH$_3$ 发生反应,即朗缪尔-欣谢尔伍德(Langmuir-Hinshelwood)机理不适用于 Cu$_2$O/CuO 的 NH$_3$-SCR 反应。NO 在 Cu$_2$O/CuO 催化剂表面发生的 NH$_3$-SCR 反应遵循埃利-里迪尔(Eley-Rideal)机理,它是通过 NO 与连接到 L 酸位点的 NH$_3$ 反应实现的[66],即含有丰富 L 酸位点的 Cu$_2$O/CuO 界面将加速 NH$_3$-SCR-NO 反应,其中 Cu$^{2+}$和 Cu$^+$在 Cu$_2$O/CuO 界面处的协同效应可实现 NO 气体的循环去除。

3) 光电化学性能

理论上,Cu$_2$O/CuO 异质结构可在界面处构建一个新的内建电场来促进光生载流子的传输和转移,从而增强光电流和光电压[67,68]。然而,在实际热氧化过程中,Cu—O 键的应变会引起 Cu$_2$O/CuO 界面出现过多的缺陷,导致光生载流子复合,进而降低 Cu$_2$O/CuO 异质结构的光电流和光电压。为解决该问题,Baek 等[67]通过控制 Cu$_2$O 衬底的晶体学取向和引入缓冲层策略,有效地抑制了 Cu$_2$O/CuO

界面的缺陷位点，如图 3-24(a)的上半部分所示。由图可知，在裸露晶面为(200)的 Cu₂O 薄膜的[111]方向优先生长 Cu₂O：Sb 缓冲层(图 3-24(a)的下半部分)，将导致新生的 Cu₂O 薄膜在[111]方向具有择优取向[69]，进而稳定 CuO/Cu₂O 中的 Cu-O 界面。图 3-24(b)给出了光电阴极的成分与构造示意图，图 3-24(c)是通过热氧化 Cu₂O/Cu₂O：Sb 基底形成的 Cu-O 界面的 HRTEM 图像。可以看到，界面是从立方相 Cu₂O 到单斜相 CuO 的平滑过渡边界和排列整齐的晶格错配区(图 3-24(d))，这将提高光生载流子的转移效率，降低光生载流子的复合(图 3-24(e))。因此，Cu₂O/Cu₂O：Sb/CuO 阴极表现出高的光电流和光电压(图 3-24(f))。

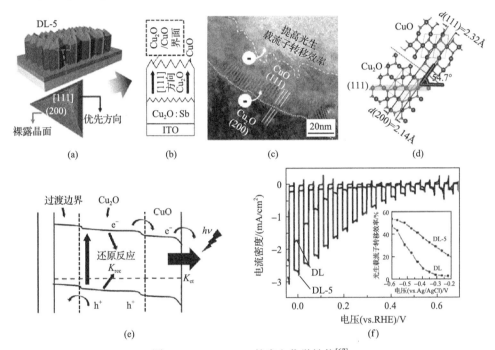

图 3-24　Cu₂O/CuO 的光电化学性能[67]

(a)和(b)Cu₂O/Cu₂O：Sb/CuO 的阴极结构示意图；(c)样品的 HRTEM 图像；(d)界面原子结构示意图；(e)光生载流子转移示意图；(f)光生电流测试结果

#### 4. 调控 Cu₂O/Cu 界面增强催化性能的应用举例

#### 1)水煤气变换

理解 Cu₂O/Cu 催化剂中 Cu-O 界面的微观结构，对于优化水煤气变换(WGS)制氢性能而言至关重要。Zhang 等[70]发现在 548K 的低温 WGS 反应中，由(100)晶面包络的纳米 Cu 立方体比由(110)晶面包络的纳米 Cu 十二面体具有更高的催化活性，而由(111)晶面包络的纳米 Cu 八面体的活性最低。这是因为低温 WGS 反应过程中，纳米 Cu 催化剂表面发生原位氧化形成的 Cu_xO 薄层强烈依赖于初始纳米 Cu 多面体的晶面指数。密度泛函理论计算表明，Cu-O 界面相较 Cu 表面而言更易将水活化，并且 Cu(100)/Cu$_2$O 界面可将水分解为 OH$_{Cu}$ 和 O$_{Cu_2O}$H，比 Cu(111)/Cu$_2$O 界面的活性更高(图 3-25)。

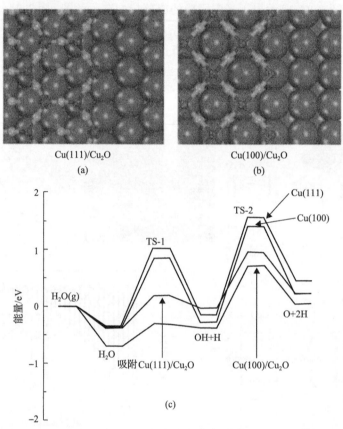

图 3-25 不同 Cu$_2$O/Cu 的原子结构与水煤气变换动力学理论模拟[70]

(a)Cu(111)/Cu$_2$O 的原子结构示意图；(b)Cu(100)/Cu$_2$O 的原子结构示意图；(c)密度泛函理论计算结果

2)光催化降解有机染料

低的量子效率限制了单组元 Cu$_2$O 的光催化性能。3.3.1 节已经证实负载型 Cu$_2$O/Cu 肖特基异质结构中的 Cu 组分易捕获光生空穴，抑制光生载流子复合并诱发产生活性自由基，这是改善 Cu$_2$O 光催化性能的一种有效策略[6]。除负载型 Cu$_2$O/Cu 之外，Cu@Cu$_2$O 核/壳纳米结构也可增强光催化活性。Chen 等[71]发现具有高纵横比的 Cu@Cu$_2$O 核/壳纳米线(图 3-26(a))表现出的光催化活性优于其他纳米结构(图 3-26(b))。光催化活性的提升归因于促进光生载流子分离的核/壳异质结构和三维空间构型，对应的光催化性能增强机制如图 3-26(c)所示。基于以上结果可以推断，若将 Cu、Cu$_2$O、CuO 三者整合到一个复合材料体系可进一步优

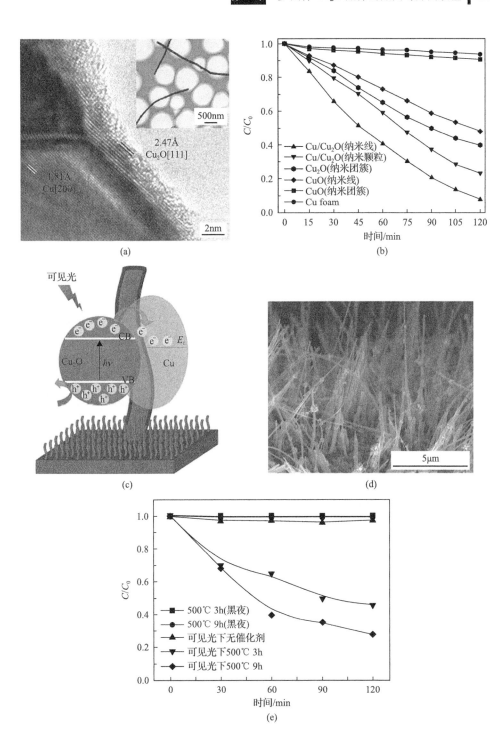

(a)

(b)

(c)

(d)

(e)

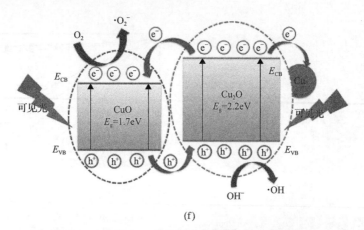

(f)

图 3-26　不同 Cu-O 界面的光催化降解有机染料性能

(a)Cu@Cu₂O 纳米线的 HRTEM 图像[71]；(b)不同样品的光催化测试结果[71]；(c)Cu@Cu₂O 纳米线的光催化机理示意图[71]；(d)三组元 Cu/Cu₂O/CuO 纳米线的 SEM 图像[72]；(e)不同样品的光催化性能测试结果[72]；(f)三组元 Cu/Cu₂O/CuO 纳米线的光催化机理示意图[72]

化光催化性能。Li 等[72]通过热处理法制备了如图 3-26(d)所示的三组元 Cu/Cu₂O/CuO 纳米线。这种 Cu/Cu₂O/CuO 异质结构在降解罗丹明 B 过程中表现出良好的光催化活性(图 3-26(e))，这是因为 Cu/Cu₂O/CuO 异质结构可以提高光生载流子的分离效率，这样光生电子容易被表面吸附的氧分子捕获，光生空穴容易被表面羟基捕获，分别形成·O₂⁻和·OH，从而加速罗丹明 B 分子的降解(图 3-26(f))。

3) 产氢

构筑 Cu-O 界面不但可以增强光降解性能，而且对提高光解水制氢性能至关重要。Zhang 等[73]发现在 N,N-二甲基甲酰胺(DMF)和水的混合液中加入氯化亚铜后可以原位合成 Cu₂O/Cu 催化剂(图 3-27(a)~(c))。反应过程中，氯化亚铜前驱体、N,N-二甲基甲酰胺和水三者缺一不可，这是因为氯化亚铜与水反应可以生成 Cu₂O(图 3-27(a)中的方程式(1))，而 N,N-二甲基甲酰胺中的—CHO 基团会将一部分氯化亚铜还原为 Cu(图 3-27(a)中的方程式(2))。由图 3-27(d)可以看到，反应一定时间后，氯化亚铜/N,N-二甲基甲酰胺/水混合物中的氢气产量明显增加，随后进入线性变化阶段，这说明此时合成的 Cu₂O/Cu 可显著提升光解水制氢性能。需要注意的是，氢气是该化学反应所产生的唯一气体，其副产物仅是有经济价值的 N,N-二甲基氨基甲酸。因此，Cu₂O/Cu 异质结构在质子交换膜燃料电池领域具有潜在的应用前景。

4) 光还原 CO₂

Cu₂O/Cu 因具有良好的催化活性而被认为是一种有效的 CO₂ 还原催化剂。Chang 等[74]发现将纳米 Cu 颗粒引入 Cu₂O 薄膜所构建的 Cu₂O/Cu 界面可促进表面

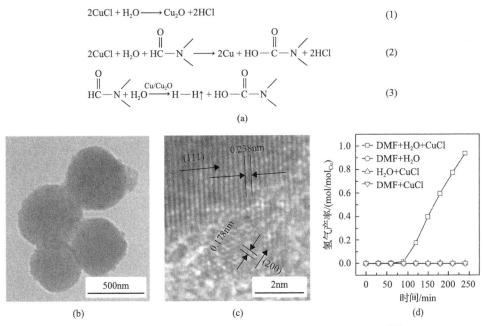

$$2CuCl + H_2O \longrightarrow Cu_2O + 2HCl \tag{1}$$

$$2CuCl + H_2O + HC{-}N \longrightarrow 2Cu + HO{-}C{-}N + 2HCl \tag{2}$$

$$HC{-}N + H_2O \xrightarrow{Cu/Cu_2O} H{-}H\uparrow + HO{-}C{-}N \tag{3}$$

(a)

(b)          (c)          (d)

图 3-27  Cu₂O/Cu 的合成机理、微观结构与光催化产氢结果[73]
(a) 氯化亚铜/N,N-二甲基甲酰胺/水体系制备 Cu₂O/Cu 催化剂的反应方程式; (b) 和 (c) Cu₂O/Cu 的 TEM 图像和 HRTEM 图像; (d) 不同样品的光催化产氢性能

吸附的 H 的结合,降低表面吸附的 CO 的结合,从而使 CO₂ 转换为 CH₃OH 的法拉第效率提高 53.6%。图 3-28(a) 是 Cu₂O/Cu 催化剂的几何结构示意图,图 3-28(b)~(k) 是不同 Cu₂O/Cu 催化剂的 TEM 和 HRTEM 图像。作者已经证实在 Cu₂O 薄膜边缘选择性地沉积适量的 Cu 纳米颗粒,将为 CO₂ 还原提供更多的反应活性位点,从而促进 CH₃OH 的生成。图 3-28(l) 给出了 Cu₂O/Cu 催化剂将表面吸附的 CO₂ 还原成表面吸附的 CH₃OH 的反应机理示意图。

5. 小结

本节分别介绍了 Cu₂O/CuO 和 Cu₂O/Cu 的合成方法、Cu-O 界面微观结构与原位演变,列举并阐述了 Cu-O 界面在典型催化反应中的应用与增强机制,包括 CO 催化氧化、NOₓ 催化还原、光电催化、水煤气变换、光催化降解有机物、光解水制氢和光还原 CO₂。虽然 Cu₂O 基纳米复合材料中 Cu-O 界面的可控合成策略已趋于成熟,但仍有以下研究方向需要重视[50]。

(1) Cu-O 界面原子排列的精准表征(包括 Cu 和 O 原子的分布及 Cu-O 界面的缺陷类型)对设计合成新型纳米复合材料及揭示相关性能的增强机制而言非常重要。利用 HRTEM 原位观测 Cu-O 界面原子在反应气氛中的微观结构演变,有助于揭示 CO 催化氧化、NOₓ 催化还原和 CO₂ 还原的反应机理。

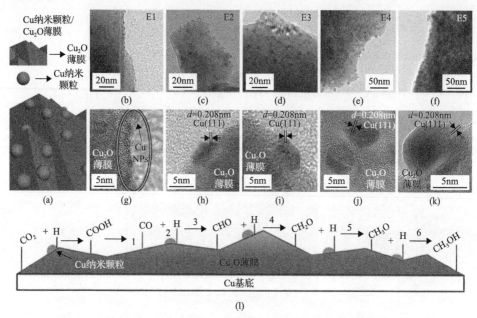

图 3-28  Cu$_2$O/Cu 的微观结构与光还原 CO$_2$ 性能[74]

(a) Cu$_2$O/Cu 催化剂的几何结构示意图；(b)～(k) 由含量不同的纳米 Cu 颗粒组成的 Cu$_2$O/Cu 催化剂的 TEM 和 HRTEM 图像；(l) Cu$_2$O/Cu 催化剂将表面吸附的 CO$_2$ 还原成表面吸附的 CH$_3$OH 的反应机理示意图

(2) 因为暴露更多的低配位原子，高指数晶面通常比低指数晶面具有更高的催化活性，所以在光催化或光电催化领域，探索高指数晶面 Cu$_2$O 多面体对 Cu$_2$O/CuO 或 Cu$_2$O/Cu 界面结构的影响规律及催化性能的增强机制十分必要。此外，开发新型 Cu$_2$O/CuO 和 Cu$_2$O/Cu 纳米复合材料（包括空心或多孔结构），对提高催化活性而言至关重要。需要注意的是，开展 Cu-O 界面的理论计算是阐明催化性能增强机制的关键。

(3) 利用元素掺杂策略调整 Cu-O 界面的催化活性，将为 Cu$_2$O/CuO 和 Cu$_2$O/Cu 纳米复合材料的改性提供新的研究方向。特别是，将元素共掺杂策略用于协同改善 Cu-O 界面的微观结构和电子结构，可为有害气体的催化氧化或催化还原提供新的研究思路。然而，目前关于掺杂 Cu-O 界面的研究尚处于起步阶段。

(4) 开发具有"双 Cu-O 界面"的新型 Cu/CuO/Cu$_2$O 三元复合材料。例如，在多面体 Cu$_2$O 的不同表面选择性地生长 CuO 和 Cu 物种仍是一项巨大挑战。同时，利用原子层沉积技术构建多层 Cu/CuO/Cu$_2$O 薄膜复合材料的文献报道较少，故该领域值得研究人员深入探索。

(5) Cu-O 界面在催化反应中的稳定性问题不容忽略。

### 3.3.3  多面体 Cu$_2$O 基复合材料的"晶面依赖界面效应"

除了多面体 Cu$_2$O 单晶的物理化学性能具有显著的晶面效应，多面体 Cu$_2$O 基复合材料异质界面的使用性能亦对多面体 Cu₂O 组元的晶面指数具有依赖性，称为"晶面依赖界面效应"。近年来，台湾"清华大学"Huang 教授课题组在该领域进行了一系列深入研究。例如，在 Cu₂O 立方体、八面体、菱形十二面体表面生长另一种如 ZnO、CdS、ZnS 或 Ag₃PO₄ 的纳米颗粒[75-78]，所获得的三种 Cu₂O/半导体复合材料的光催化活性存在明显的 Cu₂O 晶面依赖性。这些研究表明，只有在 Cu₂O 特定晶面外延生长构建的异质界面才能使能带发生适度的弯曲，进而优化光生载流子在界面处的分离与传输。基于此，本节将重点介绍多面体 Cu₂O 基复合光催化材料的"晶面依赖界面效应"。

图 3-29(a) 是 Cu₂O 立方体、八面体和菱形十二面体及其表面负载 Au 纳米颗粒后获得的 Cu₂O/Au 复合材料的光催化降解甲基橙性能测试结果[79]。由图可知，被 Au 纳米颗粒修饰的 Cu₂O 八面体和菱形十二面体的光催化性能明显优于对应的

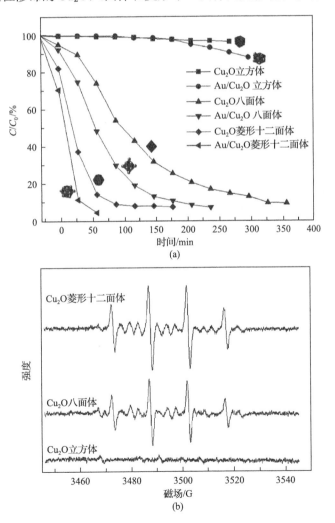

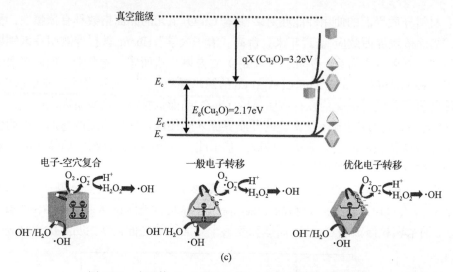

图 3-29 多面体 Cu$_2$O 和 Cu$_2$O/Au 的光催化性能与机理

(a) Cu$_2$O 立方体、八面体、菱形十二面体和 Cu$_2$O/Au 立方体、八面体、菱形十二面体异质结构的光降解甲基橙测试结果[79]；(b) DMPO-OH 体系光辐照 Cu$_2$O 立方体、八面体和菱形十二面体所获的 EPR 谱图[79]；(c) 不同晶面表现出的不同程度能带弯曲示意图及不同晶面发生的光化学反应机理示意图

纯 Cu$_2$O 多面体，但与纯 Cu$_2$O 立方体相比，被 Au 纳米颗粒修饰的 Cu$_2$O 立方体的光催化性能基本没有提高。为解释菱形十二面体 Cu$_2$O/Au 具有更高光催化活性的原因，作者选用 5,5-二甲基-1-吡咯啉-$N$-氧化物(DMPO)来捕获·OH 和·O$_2^-$，并测试了样品的电子顺磁共振(EPR)图谱，如图 3-29(b) 所示[79]。结果发现，与 Cu$_2$O 八面体相比，菱形十二面体会产生更强的 EPR 信号，这是因为光激发 Cu$_2$O 菱形十二面体产生了更多的自由基。需要注意的是，光照后的 Cu$_2$O 立方体并未检测到 EPR 信号。EPR 测试结果与光催化实验结果完全吻合，这进一步证实了 Cu$_2$O/Au 复合材料的光催化性能具有明显的 Cu$_2$O 晶面依赖性。

为深入探究造成光催化活性差异的原因，作者在光降解甲基橙过程中加入了电子和空穴牺牲剂。测试结果表明[80]，Cu$_2$O 菱形十二面体的光生电子和空穴都会形成自由基，这解释了 Cu$_2$O 菱形十二面体具有最高光催化活性的原因(图 3-29(c))。Cu$_2$O 八面体主要是光生电子激发产生自由基，因而其光催化活性低于菱形十二面体。此外，电子和空穴都不能到达 Cu$_2$O(100)晶面，因此立方体没有活性。光催化性能的差异可以借助晶面能带弯曲理论进行解释。Cu$_2$O(100)晶面的能带具有最大的向上弯曲，这将成为光生电子传输的障碍，此时光生电子无法通过该表面到达 Au 纳米粒子，因而光生载流子很容易在(100)晶面发生复合，故 Cu$_2$O(100)/Au 的光催化活性最差。Cu$_2$O(110)晶面的能带弯曲程度最小，此时光生电子能够很容易通过该表面到达 Au 纳米粒子，而光生空穴仍聚集于 Cu$_2$O 表面，这有利于实现光生载流子的有效分离，故 Cu$_2$O(110)/Au 的光催化活性最高。

除负载 Au 外，在上述三种多面体 Cu₂O 表面沉积 ZnO、CdS、ZnS 和 Ag₃PO₄
等半导体组分，依然可以构筑新的界面来诱导能带弯曲[75-78]，实现光催化性能
调控。向悬浮有 Cu₂O 立方体、八面体或菱形十二面体的乙醇溶液中加入乙酸锌
和氢氧化钠溶液，然后在 60℃下加热 30min，即可获得 Cu₂O/ZnO 异质结构[75]。
由图 3-30(a)可以看到，ZnO 修饰的 Cu₂O 立方体(CCZ)对光降解甲基橙未表现
出活性，而 ZnO 修饰的 Cu₂O 菱形十二面体(CRZ)的光降解性能提高最为明显。
需要注意的是，当八面体 Cu₂O{111}晶面负载 ZnO 后，其光催化活性反而变差。
对其界面进行 HRTEM 分析发现，ZnO{101}晶面优先在 Cu₂O{111}晶面上生长，
且界面匹配良好(图 3-30(a)中插图)。当形成异质结构时，ZnO{101}晶面会在高
于八面体 Cu₂O(111)晶面的能级上发生急剧弯曲，从而导致八面体 Cu₂O 的光催
化活性变差，如图 3-30(b)所示。这种明显的光催化失活现象在文献中鲜有报道，
它表明特定的界面组合对半导体异质结构的光生载流子迁移具有抑制作用。

为进一步验证光催化活性的晶面依赖界面效应，Huang 等[76]将 CdS 纳米颗粒

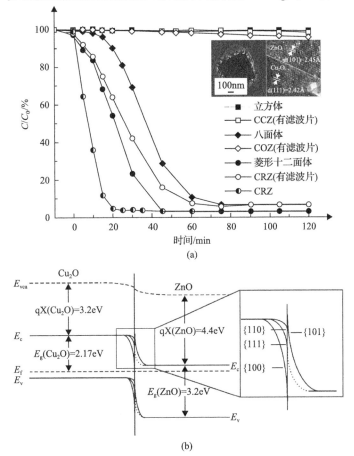

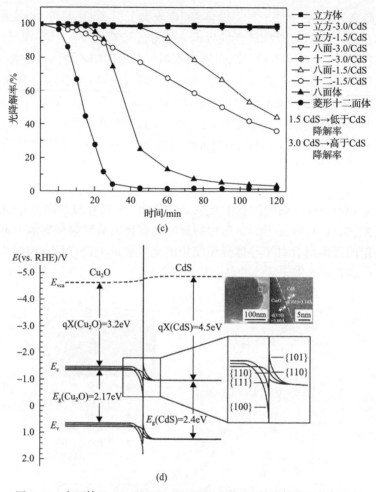

图 3-30　多面体 Cu$_2$O、Cu$_2$O/ZnO 和 Cu$_2$O/CdS 的光催化性能与机理

(a) Cu$_2$O 立方体、八面体、菱形十二面体和三种 Cu$_2$O/ZnO 异质结构的光降解甲基橙测试结果，同时给出了八面体 Cu$_2$O/ZnO 异质结构的 TEM 和界面 HRTEM 图像[75]，CCZ、COZ 和 CRZ 分别为 Cu$_2$O 立方体、八面体和菱形十二面体表面沉积 ZnO 后获得的异质结构；(b) Cu$_2$O 和 ZnO 及不同界面的能带示意图[75]；(c) Cu$_2$O 立方体、八面体、菱形十二面体和三种 Cu$_2$O/CdS 异质结构的光降解甲基橙测试结果[76]；(d) Cu$_2$O 和 CdS 及不同界面的能带示意图，以及菱形十二面体 Cu$_2$O/CdS 异质结构的界面 TEM 和 HRTEM 图像[76]

沉积到 Cu$_2$O 立方体、八面体和菱形十二面体表面制备出了三种 Cu$_2$O/CdS 异质结构。向悬浮有 Cu$_2$O 立方体、八面体或菱形十二面体的乙醇溶液中加入氯化镉和硫代乙酰胺溶液，然后在 75℃下加热 2h 后即可制备 CdS/Cu$_2$O 复合材料。由图 3-30(c) 可知，在高活性的 Cu$_2$O 菱形十二面体和八面体表面沉积少量的 CdS 会显著抑制其光催化活性。需要注意的是，若将氯化镉和硫代乙酰胺的含量增加一倍可在 Cu$_2$O 晶体表面长出更多数量的 CdS 纳米粒子，这将导致 Cu$_2$O/CdS 完全失活。通过莫特-肖特基(Mott-Schottky)和塔克(Tauc)图谱可确定体相 Cu$_2$O 的价带和导带

位置，观察发现暴露不同晶面的 Cu₂O 能带位置变化较小。TEM 分析表明，CdS(110) 晶面择优生长在八面体 Cu₂O{111} 晶面；而 CdS{101} 晶面择优生长在菱形十二面体 Cu₂O(110) 晶面（图 3-30(d)）。根据以上结果，作者绘制了 Cu₂O 不同晶面与 CdS 的能带结构示意图（图 3-30(d)），由图可知光生载流子不易从 Cu₂O 八面体和菱形十二面体向 CdS 转移。而对于 Cu₂O 立方体，无论生长的 Cu₂O{100} 晶面与 CdS 的哪一种晶面结合，其大幅度的能带弯曲将抑制光生载流子迁移。这说明沉积 CdS 将导致 Cu₂O 的光催化降解甲基橙性能大幅下降，而性能的下降与 Cu₂O 的晶面种类及负载的 CdS 晶面和数量均无关。

运用与 Cu₂O/CdS 异质结构相似的制备工艺，向悬浮有 Cu₂O 立方体、八面体或菱形十二面体的乙醇溶液中加入氯化锌和硫代乙酰胺溶液，然后在 60℃ 下加热 1h 后即可制备 ZnS/Cu₂O 复合材料[77]。由图 3-31(a) 可知，在有无滤波片存在的条

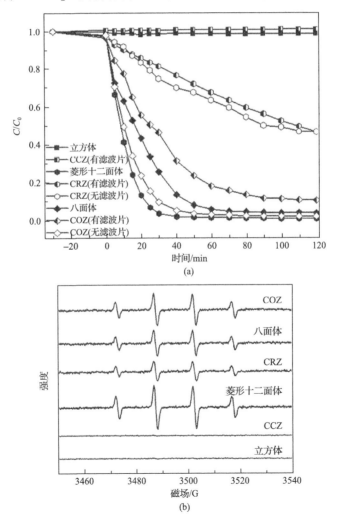

(a)

(b)

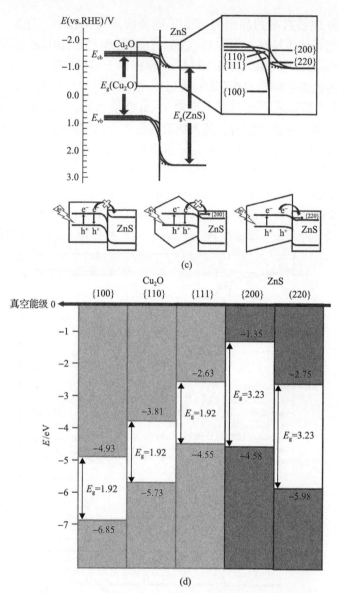

图 3-31　多面体 Cu₂O 和 Cu₂O/ZnS 的光催化性能与机理[77]

(a) Cu₂O 立方体、八面体、菱形十二面体和三种 Cu₂O/ZnS 异质结构的光降解甲基橙测试结果, CCZ、CRZ 和 COZ 分别为 Cu₂O 立方体、菱形十二面体和八面体表面沉积 ZnS 后获得的异质结构；(b) DMPO-OH 中光辐照 Cu₂O 八面体、菱形十二面体、立方体和三种 Cu₂O/ZnS 异质结构所获的 EPR 谱图；(c) Cu₂O 和 ZnS 及不同界面的能带示意图；(d) 密度泛函理论计算确定的各种 Cu₂O 晶面和 ZnS 晶面的能级示意图

件下 Cu₂O 八面体表面沉积 ZnS (COZ) 后其光催化活性明显增强, Cu₂O 菱形十二面体表面沉积少量的 ZnS (CRZ) 后其光催化活性明显降低, 而 Cu₂O 立方体表面沉积 ZnS (CCZ) 后其光催化活性仍没有提升。这是因为光辐照八面体 Cu₂O/ZnS 将导

致反应体系中自由基数量的增加，光辐照菱形十二面体 Cu₂O/ZnS 将导致反应体系中的自由基数量减少，而光辐照立方体 Cu₂O/ZnS 后，反应体系并未产生光生自由基，因此出现上述光催化活性差异，如图 3-31（b）所示。界面区域的 TEM 图像表明，ZnS{220}晶面与 Cu₂O{111}晶面平行，同时 ZnS{200}晶面与 Cu₂O{110}晶面也平行。由此，作者绘制了能带结构示意图来解释不同 ZnS/Cu₂O 异质结构的光催化行为，如图 3-31（c）所示。可以看到，ZnS{200}晶面的能带弯曲较大，它比菱形十二面体 Cu₂O{110}晶面的能级更高，这不利于电子从 Cu₂O 向 ZnS 的传输，抑制了光催化活性。而 ZnS{220}晶面的能带弯曲程度较小，有利于电子从八面体 Cu₂O{111}晶面向 ZnS 的转移，这提高了光催化活性。根据密度泛函理论，计算出了 Cu₂O{100}晶面、{110}晶面、{111}晶面和 ZnS{200}晶面、{220}晶面的价带和导带位置。由能带结构可知，电荷从 Cu₂O{110}晶面和 Cu₂O{200}晶面向 ZnS 转移比较困难，如图 3-31（d）所示。需要注意的是，对 Cu₂O/ZnS 而言，光催化的抑制作用发生在 Cu₂O 菱形十二面体上，该现象不同于前述的 Cu₂O/ZnO 和 Cu₂O/CdS。因此，对于一个新的 Cu₂O 基异质结构，不能简单地依据多面体 Cu₂O{111}、{110}和{100}晶面的本征表面活性来预测光生载流子在异质结构中的迁移规律。

Huang 等的上述研究表明，构建多面体 Cu₂O 基复合材料能否提升原始 Cu₂O 的光催化活性，很大程度取决于新界面的微观结构，而新界面的微观结构特性又明显依赖于原始多面体 Cu₂O 的晶面指数[81]。界面两侧的能带弯曲越大，越不利于光生载流子的分离，从而降低光催化活性。特别是关于"Cu₂O/半导体"异质结构能够降低光催化活性的报道，使人们对半导体光催化材料有了更加全面的了解。虽然某些异质结构会严重抑制光催化活性，但光生载流子的复合会产生很强的光致发光效应，该现象已在超小 Cu₂O 纳米立方体中得到证实[82,83]。基于上述研究成果，科研工作者应该理性地认识理论预测与实际结果之间存在的偏差，辩证地看待实验结果，将有益于全面认识材料"结构-性能-性质-应用"之间的相互关系。

## 3.4  小结与展望

探究多面体 Cu₂O 单晶的晶面/界面效应对于揭示其物理化学性能的增强机制和构建新型 Cu₂O 基纳米复合材料而言具有重要意义。本章系统地回顾了多面体 Cu₂O 的晶面物理化学性质与晶面效应，以及多面体 Cu₂O 基复合材料的表面肖特基势垒效应、Cu-O 界面效应和晶面依赖界面效应等理论知识和实例分析。特别是详细阐明了 Cu₂O/CuO 和 Cu₂O/Cu 复合材料的 Cu-O 界面对典型催化反应的增强机制，例如，CO 催化氧化、NO$_x$ 催化还原、水煤气变换、光还原 CO₂、光解水制氢、光电催化和光催化降解有机物。另外，在今后的"调控 Cu-O 界面增强催化

"性能"方面，以下几个研究方向仍需研究者予以重视，具体包括 Cu-O 界面的精确表征、理论模拟、改性 $Cu_2O$ 基复合材料（如掺杂、晶面调控、中空结构、多孔结构）、构建 $Cu/CuO/Cu_2O$ 双 Cu-O 界面和界面稳定性等。需要强调的是，研究者要理性地认识理论预测与实际测试之间存在的偏差，并非所有的 $Cu_2O$/半导体异质结构都能有效提升光催化活性，这需要人们对基本概念深入挖掘并加以解释。辩证地看待实验结果，有益于全面认识材料"结构-性能-性质-应用"之间的相互关系。总而言之，多面体 $Cu_2O$ 的晶面效应和多面体 $Cu_2O$ 基复合材料的界面效应在未来仍具有很大的研究空间，希望本章内容能够为全面认识其他多面体单晶以及开发设计新型复合材料提供一定的理论指导和实验参考。

## 参 考 文 献

[1] Sun S D, Zhang X J, Yang Q, et al. Cuprous oxide ($Cu_2O$) crystals with tailored architectures: A comprehensive review on synthesis, fundamental properties, functional modifications and applications[J]. Progress in Materials Science, 2018, 96: 111-173.

[2] Sun S D. Recent advances in hybrid $Cu_2O$-based heterogeneous nanostructures[J]. Nanoscale, 2015, 7: 10850-10882.

[3] Shang Y, Guo L. Facet-controlled synthetic strategy of $Cu_2O$-based crystals for catalysis and sensing[J]. Advanced Science, 2015, 2: 1500140.

[4] Bai S, Jiang J, Zhang Q, et al. Steering charge kinetics in photocatalysis: Intersection of materials syntheses, characterization techniques and theoretical simulations[J]. Chemical Society Reviews, 2015, 44: 2893-2939.

[5] Bao H Z, Zhang W H, Hua Q, et al. Crystal-plane-controlled surface restructuring and catalytic performance of oxide nanocrystals[J]. Angewandte Chemie International Edition, 2011, 50: 12294-12298.

[6] Sun S D, Kong C C, You H J, et al. Facet-selective growth of Cu-$Cu_2O$ heterogeneous architectures[J]. CrystEngComm, 2012, 14: 40-43.

[7] 孙少东. 氧化亚铜晶体的形貌控制合成及其生长机制研究[D]. 西安: 西安交通大学, 2011.

[8] Hua Q, Shang D L, Zhang W H, et al. Morphological evolution of $Cu_2O$ nanocrystals in an acid solution: Stability of different crystal planes[J]. Langmuir, 2011, 27: 665-671.

[9] Shang Y, Sun D, Shao Y M, et al. A facile top-down etching to create a $Cu_2O$ jagged polyhedron covered with numerous {110} edges and {111} corners with enhanced photocatalytic activity[J]. Chemistry-A European Journal, 2012, 18: 14261-14266.

[10] Sun S D, Zhang H J, Tang L L, et al. One-pot fabrication of novel cuboctahedral $Cu_2O$ crystals enclosed by anisotropic surfaces with enhancing catalytic performance[J]. Physical Chemistry Chemical Physics, 2014, 16: 20424-20428.

[11] Sun S D, Zhou F Y, Wang L Q, et al. Template-free synthesis of well-defined truncated edge polyhedral $Cu_2O$ architectures[J]. Crystal Growth & Design, 2010, 10: 541-547.

[12] Sun S D, Song X P, Kong C C, et al. Selective-etching growth of urchin-like $Cu_2O$ architectures[J]. CrystEngComm, 2011, 13: 6616-6620.

[13] Lu C H, Qi L M, Yang J H, et al. One-pot synthesis of octahedral $Cu_2O$ nanocages via a catalytic solution route[J]. Advanced Materials, 2005, 17: 2562-2567.

[14] Sui Y M, Fu W Y, Zeng Y, et al. Synthesis of Cu₂O nanoframes and nanocages by selective oxidative etching at room temperature[J]. Angewandte Chemie International Edition, 2010, 49: 4282-4285.

[15] Kuo C H, Huang M H. Fabrication of truncated rhombic dodecahedral Cu₂O nanocages and nanoframes by particle aggregation and acidic etching[J]. Journal of the American Chemical Society, 2008, 130: 12815-12820.

[16] Zheng Z, Huang B, Wang Z, et al. Crystal faces of Cu₂O and their stabilities in photocatalytic reactions[J]. The Journal of Chemical Physics C, 2009, 113: 14448-14453.

[17] Kwon Y, Soon A, Han H, et al. Shape effects of cuprous oxide particles onstability in water and photocatalytic water splitting[J]. Journal of Materials Chemistry A, 2015, 3: 156-162.

[18] Toe C Y, Scott J, Amal R, et al. Recent advances in suppressing the photocorrosion of cuprous oxidefor photocatalytic and photoelectrochemical energy conversion[J]. Journal of Photochemistry and Photobiology C-Photochemistry Reviews, 2019, 40: 191-211.

[19] Singh M, Jampaiah D, Kandjani A E, et al. Oxygen-deficient photostable Cu₂O for enhanced visible light photocatalytic activity[J]. Nanoscale, 2018, 10: 6039-6050.

[20] Yang Y, Gu J, Young J L, et al. Semiconductor interfacial carrier dynamics via photoinduced electric fields[J]. Science, 2015, 350: 1061-1065.

[21] Abdi F F, Han L H, Smets A H M, et al. Efficient solar water splitting by enhanced charge separation in a bismuth vanadate-silicon tandem photoelectrode[J]. Nature Communications, 2013, 4: 2195.

[22] Zhang J, Xu Q, Feng Z C, et al. Importance of the relationship between surface phases and photocatalytic activity of TiO₂[J]. Angewandte Chemie International Edition, 2008, 47: 1766-1769.

[23] Wang X, Xu Q, Li M R, et al. Photocatalytic overall water splitting promoted by an alpha-beta phase junction on Ga₂O₃[J]. Angewandte Chemie International Edition, 2012, 51: 13089-13092.

[24] Moniz S J A, Shevlin S A, Martin D J, et al. Visible-light driven heterojunction photocatalysts for water splitting-a critical review[J]. Energy & Environmental Science, 2015, 8: 731-759.

[25] Wang H L, Zhang L S, Chen Z G, et al. Semiconductor heterojunction photocatalysts: Design, construction, and photocatalytic performances[J]. Chemical Society Reviews, 2014, 43: 5234-5244.

[26] Li R G, Zhang F X, Wang D G, et al. Spatial separation of photogenerated electrons and holes among {010} and {110} crystal facets of BiVO₄[J]. Nature Communications, 2013, 4: 1432.

[27] Tang L Q, Zhao Z Y, Zhou Y, et al. Series of ZnSn(OH)₆ polyhedra: Enhanced CO₂ dissociation activation and crystal facet-based homojunction boosting solar fuel synthesis[J]. Inorganic Chemistry, 2017, 56: 5704-5709.

[28] Li J N, Li X Y, Yin Z F, et al. Synergetic effect of facet junction and specific facet activation of ZnFe₂O₄ nanoparticles on photocatalytic activity improvement[J]. ACS Applied Materials & Interfaces, 2019, 11: 29004-29013.

[29] Baxter J B, Richter C, Schmuttenmaer C A. Ultrafast carrier dynamics in nanostructures for solar fuels[J]. Annual Review of Physical Chemistry, 2014, 65: 423-447.

[30] Takanabe K. Solar water splitting using semiconductor photocatalyst powders[J]. Topics in Current Chemistry, 2016, 371: 73-103.

[31] Schafer S, Wang Z, Zierold R, et al. Laser-induced charge separation in CdSe nanowires[J]. Nano Letters, 2011, 11: 2672-2677.

[32] Mora-Seró I, Dittrich T, Garcia-Belmonte G, et al. Determination of spatial charge separation of diffusing electrons by transient photovoltage measurements[J]. Journal of Applied Physics, 2006, 100: 103705.

[33] Chen R T, Pang S, An H Y, et al. Charge separation via asymmetric illumination in photocatalytic Cu₂O particles[J]. Nature Energy, 2018, 3: 655-663.

[34] Tan C S, Hsu S C, Ke W H, et al. Facet-dependent electrical conductivity properties of Cu₂O crystals[J]. Nano Letters, 2015, 15: 2155-2160.

[35] Li R G, Tao X P, Chen R T, et al. Synergetic effect of dual co-catalysts on the activity of p-type Cu₂O crystals with anisotropic facets[J]. Chemistry-A European Journal, 2015, 21: 14337-14341.

[36] Li L, Salvador P A, Rohrer G S. Photocatalysts with internal electric fields[J]. Nanoscale, 2014, 6: 24-42.

[37] Wang X, Liu C, Zheng B J, et al. Controlled synthesis of concave Cu₂O microcrystals enclosed by {hhl} high-index facets and enhanced catalytic activity[J]. Journal of Materials Chemistry A, 2013, 1: 282-287.

[38] 张俊, 陈婧, 黄新松等. CO 催化氧化用纳米材料及其最新研究成果[J]. 化学进展, 2012, 24: 1245-1251.

[39] Hua Q, Cao T, Bao H Z, et al. Crystal-plane-controlled surface chemistry and catalytic performance of surfactant-free Cu₂O nanocrystals[J]. ChemSusChem, 2013, 6: 1966-1972.

[40] Leng M, Liu M Z, Zhang Y B, et al. Polyhedral 50-facet Cu₂O microcrystals partially enclosed by {311} high-index planes: Synthesis and enhanced catalytic CO oxidation activity[J]. Journal of the American Chemical Society, 2010, 132: 17084-17087.

[41] Zhang Y, Deng B, Zhang T R, et al. Shape effects of Cu₂O polyhedral microcrystals on photocatalytic activity[J]. The Journal of Chemical Physics C, 2010, 114: 5073-5079.

[42] Huang W C, Lyu L M, Yang Y C, et al. Synthesis of Cu₂O nanocrystals from cubic to rhombic dodecahedral structures and their comparative photocatalytic activity[J]. Journal of the American Chemical Society, 2012, 134: 1261-1267.

[43] Yu J G, Low J X, Xiao W, et al. Enhanced photocatalytic CO₂⁻ reduction activity of anatase TiO₂ by coexposed {001} and {101} facets[J]. Journal of the American Chemical Society, 2014, 136: 8839-8842.

[44] Liang S H, Gou X F, Cui J, et al. Novel cone-like ZnO mesocrystals with coexposed ( 10$\bar{1}$1 ) and ( 000$\bar{1}$ ) facets and enhanced photocatalytic activity[J]. Inorganic Chemistry Frontiers, 2018, 5: 2257-2267.

[45] Hu J Q, He H C, Li L, et al. Highly symmetrical, 24-faceted, concave BiVO₄ polyhedron bounded by multiple high-index facets for prominent photocatalytic O₂ evolution under visible light[J]. Chemical Communications, 2019, 55: 4777-4780.

[46] Li M, Yu S X, Huang H W, et al. Unprecedented eighteen-faceted BiOCl with a ternary facet junction boosting cascade charge flow and photo-redox[J]. Angewandte Chemie International Edition, 2019, 58: 9517-9521.

[47] Liu Z G, Sun Y F, Chen W K, et al. Facet-dependent stripping behavior of Cu₂O microcrystals toward lead ions: A rational design for the determination of lead ions[J]. Small, 2015, 11: 2493-2498.

[48] Tang L L, Lv J, Kong C C, et al. Facet-dependent nonenzymatic glucose sensing properties of Cu₂O cubes and octahedra[J]. New Journal of Chemistry, 2016, 40: 6573-6576.

[49] Kim M C, Kim S J, Han S B, et al. Cubic and octahedral Cu₂O nanostructures as anodes for lithium-ion batteries[J]. Journal of Materials Chemistry A, 2015, 3: 23003-23010.

[50] Sun S D, Zhang X, Cui J, et al. Tuning interfacial Cu-O atomic structures for enhanced catalytic applications[J]. Chemistry-An Asian Journal, 2019, 14: 2912-2924.

[51] Chen X B, Shen S H, Guo L J, et al. Semiconductor-based photocatalytic hydrogen generation[J]. Chemical Reviews, 2010, 110: 6503-6570.

[52] Zhang X M, Chen Y L, Liu R S, et al. Plasmonic photocatalysis[J]. Reports on Progress in Physics, 2013, 76: 046401.

[53] Yang J H, Wang D G, Han H X, et al. Roles of cocatalysts in photocatalysis and photoelectrocatalysis[J]. Accounts of Chemical Research, 2013, 46: 1900-1909.

[54] Wang L L, Ge J, Wang A L, et al. Designing p-type semiconductor-metal hybrid structures for improved photocatalysis[J]. Angewandte Chemie International Edition, 2014, 53: 5107-5111.

[55] Sun S D, Yang Z M. Recent advances in tuning crystal facets of polyhedral cuprous oxide architectures[J]. RSC Advances, 2014, 4: 3804-3822.

[56] Huang M H, Rej S, Hsu S C. Facet-dependent properties of polyhedral nanocrystals[J]. Chemical Communications, 2014, 50: 1634-1644.

[57] Bai S, Ge J, Wang L L, et al. A unique semiconductor-metal-graphene stack design to harness charge flow for photocatalysis[J]. Advanced Materials, 2014, 26: 5689-5695.

[58] Li R G, Han H X, Zhang F X, et al. Highly efficient photocatalysts constructed by rational assembly of dual-cocatalysts separately on different facets of BiVO₄[J]. Energy & Environmental Science, 2014, 7: 1369-1376.

[59] Liu H H, Zheng H, Li L, et al. Atomic-scale observation of a two-stage oxidation process in Cu₂O[J]. Nano Research, 2017, 10: 2344-2350.

[60] Zou L F, Li J, Zakharov D, et al. In situ atomic-scale imaging of the metal/oxide interfacial transformation[J]. Nature Communications, 2017, 8: 307.

[61] Zhang Z H, Wu H, Yu Z Y, et al. Site-resolved Cu₂O catalysis in the oxidation of CO[J]. Angewandte Chemie International Edition, 2019, 58: 4276-4280.

[62] Yang F, Choi Y M, Liu P, et al. Autocatalytic reduction of a Cu₂O/Cu(111) surface by CO: STM, XPS, and DFT studies[J]. The Journal of Chemical Physics C, 2010, 114: 17042-17050.

[63] Xu Y, Schoonen M A A. The absolute energy positions of conduction and valence bands of selected semiconducting minerals[J]. American Mineralogist, 2000, 85: 543-556.

[64] Yuan L, Wang Y Q, Mema R, et al. Driving force and growth mechanism for spontaneous oxide nanowire formation during the thermal oxidation of metals[J]. Acta Materials, 2011, 59: 2491-2500.

[65] Zhu H L, Zhang J Y, Li C Z, et al. Cu₂O thin films deposited by reactive direct current magnetron sputtering[J]. Thin Solid Films, 2009, 517: 5700-5704.

[66] Wang Q Y, Xu H L, Huang W T, et al. Metal organic frameworks-assisted fabrication of CuO/Cu₂O for enhanced selective catalytic reduction of NO$_x$ by NH₃ at low temperatures[J]. Journal of Hazardous Materials, 2019, 364: 499-508.

[67] Baek S K, Kim J S, Yun Y D, et al. Cuprous/Cupric heterojunction photocathodes with optimal phase transition interface via preferred orientation and precise oxidation[J]. ACS Sustainable Chemistry & Engineering, 2018, 6: 10364-10373.

[68] Ghadimkhani G, de Tacconi N R, Chanmanee W, et al. Efficient solar photoelectrosynthesis of methanol from carbon dioxide using hybrid CuO-Cu₂O semiconductor nanorod arrays[J]. Chemical Communications, 2013, 49: 1297-1299.

[69] Baek S K, Kim J S, Kim Y B, et al. Dual role of Sb-incorporated buffer layers for high efficiency cuprous oxide photocathodic performance: Remarkably enhanced crystallinity and effective hole transport[J]. ACS Sustainable Chemistry & Engineering, 2017, 5: 8213-8221.

[70] Zhang Z H, Wang S S, Song R, et al. The most active Cu facet for low-temperature water gas shift reaction[J]. Nature Communications, 2017, 8: 488.

[71] Chen W, Fan Z L, Lai Z P, et al. Synthesis of core-shell heterostructured Cu/Cu₂O nanowires monitored by in situ XRD as efficient visible-light photocatalysts[J]. Journal of Materials Chemistry A, 2013, 1: 13862-13868.

[72] Li H P, Su Z, Hu S Y, et al. Free-standing and flexible Cu/Cu₂O/CuO heterojunction net: A novel material as cost-effective and easily recycled visible-light photocatalyst[J]. Applied Catalysis B: Environmental, 2017, 207: 134-142.

[73] Zhang S, Ma Y Y, Zhang H, et al. Additive-free, robust H₂ production from H₂O and DMF by dehydrogenation catalyzed by Cu/Cu₂O formed in situ[J]. Angewandte Chemie International Edition, 2017, 56: 8245-8249.

[74] Chang X X, Wang T, Zhao Z J, et al. Tuning Cu/Cu₂O interfaces for the reduction of carbon dioxide to methanol in aqueous solutions[J]. Angewandte Chemie International Edition, 2018, 57: 15415-15419.

[75] Wu S C, Tan C S, Huang M H, et al. Strong facet effects on interfacial charge transfer revealed through the examination of photocatalytic activities of various Cu₂O-ZnO heterostructures[J]. Advanced Functional Materials, 2017, 27: 1604635.

[76] Huang J Y, Hsieh P L, Naresh G, et al. Photocatalytic activity suppression of CdS nanoparticle-decorated Cu₂O octahedra and rhombic dodecahedra[J]. The Journal of Chemical Physics C, 2018, 122: 12944-12950.

[77] Naresh G, Hsieh P L, Meena V, et al. Facet-dependent photocatalytic behaviors of ZnS-decorated Cu₂O polyhedra arising from tunable interfacial band alignment[J]. ACS Applied Materials & Interfaces, 2019, 11: 3582-3589.

[78] Naresh G, Lee A T, Meena V, et al. Photocatalytic activity suppression of Ag₃PO₄-deposited Cu₂O octahedra and rhombic dodecahedra[J]. The Journal of Chemical Physics C, 2019, 123: 2314-2320.

[79] Yuan G Z, Hsia C F, Lin Z W, et al. Highly facet-dependent photocatalytic properties of Cu₂O crystals established through the formation of Au-decorated Cu₂O heterostructures[J]. Chemistry-A European Journal, 2016, 22: 12548-12556.

[80] Chu C Y, Huang M H. Facet-dependent photocatalytic properties of Cu₂O crystals probed by using electron, hole and radical scavengers[J]. Journal of Materials Chemistry A, 2017, 5: 15116-15123.

[81] Huang M H, Mahesh M. Facet-dependent and interfacial plane-related photocatalytic behaviors of semiconductor nanocrystals and heterostructures[J]. Nano Today, 2019, 28: 100768.

[82] Huang J Y, Madasu M, Huang M H, et al. Modified semiconductor band diagrams constructed from optical characterization of size-tunable Cu₂O cubes, octahedra, and rhombic dodecahedra[J]. The Journal of Chemical Physics C, 2018, 122: 13027-13033.

[83] Thoka S, Lee A T, Huang M H, et al. Scalable synthesis of size-tunable small Cu₂O nanocubes and octahedra for facet-dependent optical characterization and pseudomorphic conversion to Cu nanocrystals[J]. ACS Sustainable Chemistry & Engineering, 2019, 7: 10467-10476.

# 第4章  Cu₂O 晶体在化学模板领域的应用

近年来，形貌规则的微/纳米结构因其独特的物理化学性能而被广泛关注[1-7]。特别是具有高比表面积、低密度、低热膨胀系数和折射率以及良好物质输运与渗透性的空心结构，已经在能源转换、催化、传感和生物医学等领域受到研究人员的极大青睐[8-10]。因此，寻求能够精准调控空心结构尺寸、形貌、成分、结晶度和基本结构单元微观特征的普适性方法是十分必要的[11]。

目前，在控制合成具有独特微观形貌和性能的空心微/纳米材料方面，模板法已呈现出良好的应用前景[1,8-10]。迄今为止，已有两种模板广泛用于合成空心微/纳米结构：一种是硬模板(固体颗粒)，它能够在物理空间上复制模板的尺寸和形状；另一种是软模板(添加剂)，它能够在化学反应过程中控制产物的形状与尺寸。其中，硬模板是精准制备空心微/纳米结构最有效的方法。一般而言，硬模板法合成空心微/纳米结构主要包括以下步骤[11]。

(1)制备模板。

(2)运用模板直接合成目标材料的核壳结构。

(3)溶解模板即可获得目标材料的空心结构。

常用的硬模板包括金属-有机框架[12,13]、聚苯乙烯球[14-22]、碳纳米管[23-28]、嵌段共聚物[29-31]、分子筛[32,33]、阳极氧化铝[34-39]和氧化亚铜[40-42]等。在这些硬模板中，成本低且形貌、尺寸可控的 Cu₂O 因兼具氧化和还原特性以及极易被氨水或酸分解的特点，在可控制备新型空心微/纳米结构、丰富晶体生长理论和开发新材料等领域均具有重要的学术价值。

本章将结合作者团的前期科研工作和国内外同行的研究成果，为读者着重介绍 Cu₂O 晶体作为化学模板在可控制备空心或具有规则几何形貌微/纳米结构领域所取得的研究进展。以控制合成硫化物空心结构、金属化合物空心结构、空心或具有规则几何形貌的金属或合金为示例，详细阐述利用 Cu₂O 模板制备的不同类型空心结构的可控技术与生长机理。同时，作者还结合自身的研究经验和心得[41]，对 Cu₂O 模板制备空心微/纳米结构的未来发展提出了一些新的思考与建议。图 4-1 是 Cu₂O 在化学模板领域的应用概述示意图。

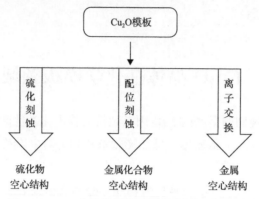

图 4-1　Cu₂O 在化学模板领域的应用概述示意图

# 4.1　利用 Cu₂O 模板制备硫化铜空心结构

图 4-2 是利用 Cu₂O 模板制备硫化铜($Cu_xS_y$)空心结构的反应机理示意图。由图可知，$Cu_xS_y$ 空心结构的合成可分为三个步骤[42]。

(1)制备 Cu₂O 模板。

(2)Cu₂O 在 Na₂S 溶液的作用下发生硫化反应生成 $Cu_2O@Cu_xS_y$ 核壳结构。反应初期，Cu₂O 模板的颜色由红色或黄色快速地变为黑色，这说明此时已有 $Cu_xS_y$ 外壳在 Cu₂O 表面生成，后续反应主要依靠铜离子和硫离子在 $Cu_2O/Cu_xS_y$ 界面的互扩散来实现。

(3)利用氨水溶解 $Cu_2O@Cu_xS_y$ 核壳结构中的 Cu₂O，最终形成 $Cu_xS_y$ 空心结构。

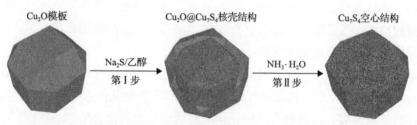

图 4-2　利用 Cu₂O 模板制备硫化铜空心结构的反应机理示意图[42]

## 4.1.1　Cu₂O 模板的可控制备

图 4-3 是立方体、八面体、二十六面体和五十面体 Cu₂O 模板的 SEM 图像和几何形貌示意图。依据第 2 章实验结果，这些几何示意图中的正方形区域代表 {100}晶面，等边三角形区域代表{111}晶面，长方形区域代表{110}晶面，等腰梯

形区域代表高指数{522}晶面。四种多面体 Cu₂O 模板的制备工艺如下：首先，配制一定浓度的乙酸铜水溶液。然后，将其放置在磁力搅拌器上进行搅拌加热，当温度达到 70℃后等待 2min 使之充分稳定。随后，将一定浓度的氢氧化钠水溶液缓慢滴入上述乙酸铜溶液中，可以发现有黑色沉淀不断生成，当氢氧化钠水溶液全部滴加完毕后，继续等待 5min 使体系的温度再次达到 70℃，再将一定质量的葡萄糖粉末一次性倒入上述固-液混合物中，随后在 70℃条件下保温 5min，反应过程中始终保持恒温恒速磁力搅拌。最后，将产生的沉淀物用去离子水和无水乙醇反复离心洗涤数次，置于真空干燥箱中 70℃干燥 12h，即可获得多面体 Cu₂O晶体。具体的产物形貌与对应的液相合成工艺参数如表 4-1 所示[40]，从中可发现，产物的形貌调控主要是通过调变铜盐浓度和氢氧化钠浓度实现的。

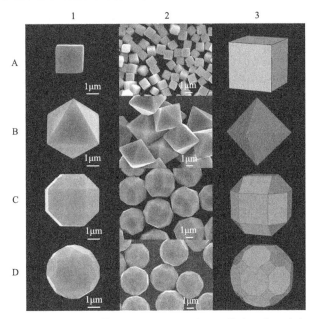

图 4-3　立方体(A1 和 A2)、八面体(B1 和 B2)、二十六面体(C1 和 C2)和五十面体(D1 和 D2)Cu₂O 的 SEM 图像和相应的几何形貌示意图(立方体(A3)、八面体(B3)、二十六面体(C3)、五十面体(D3))[40]

表 4-1　四种 Cu₂O 多面体的液相合成工艺参数[40]

| 样品 | 乙酸铜浓度/(mol/L) | 氢氧化钠浓度/(mol/L) | 前驱体形成温度/℃ | 葡萄糖/g | 反应温度/℃ | 反应时间/min | 产物结构 |
| --- | --- | --- | --- | --- | --- | --- | --- |
| A | 0.050 | 6 | 70 | 0.2 | 70 | 60 | 立方体 |
| B | 0.750 | 9 | 70 | 0.3 | 70 | 60 | 八面体 |
| C | 0.300 | 3 | 70 | 0.6 | 70 | 20 | 二十六面体 |
| D | 0.300 | 3 | 70 | 0.6 | 70 | 5 | 五十面体 |

### 4.1.2    Cu$_2$O@Cu$_x$S$_y$核壳结构的合成与生长机理

根据图 4-2 所示的反应机理，若要获得 Cu$_x$S$_y$ 空心结构，首先需要利用 Cu$_2$O 模板制备 Cu$_2$O@Cu$_x$S$_y$ 核壳结构。Cu$_2$O@Cu$_x$S$_y$ 核壳结构的制备工艺如下[40]：首先，称取硫化钠粉末 0.36g 和氢氧化钠粉末 0.006g。然后，将 150mL 去离子水加入上述混合粉末之后配制成溶液，再将上述混合溶液进行室温磁力搅拌。当粉末完全溶解后，将 0.6g 的 Cu$_2$O 粉末加入上述硫化钠和氢氧化钠的混合溶液中，继续磁力搅拌 1h。最后，用去离子水和无水乙醇反复离心洗涤多次，置于真空干燥箱中 70℃干燥 12h，即可获得 Cu$_2$O@Cu$_x$S$_y$ 核壳结构粉体。

图 4-4 是立方体、八面体、二十六面体和五十面体 Cu$_2$O 的四种模板经纯水体系硫化处理后获得的 Cu$_2$O@Cu$_x$S$_y$ 核壳结构的 SEM 图像。图 4-4(a) 是 Cu$_2$O 立方体经硫化处理后获得的 Cu$_2$O@Cu$_x$S$_y$ 核壳结构的 SEM 图像。由图可知，Cu$_2$O 立方体原始的十二条棱边完全转变为光滑的长六边形平面，即产物的形貌由六面体转变为十八面体。另外，原来光滑的正方形表面明显变得粗糙，即存在大量的棒状纳米结构。图 4-4(b) 是 Cu$_2$O 八面体经过硫化处理后获得的 Cu$_2$O@Cu$_x$S$_y$ 核壳结构的 SEM 图像。由图可知，产物外表面的变化规律与立方体模板的硫化产物类

(a)　　　　　　　　　　　　　(b)

(c)　　　　　　　　　　　　　(d)

图 4-4    立方体、八面体、二十六面体和五十面体 Cu$_2$O 经硫化钠溶液硫化处理后
获得的 Cu$_2$O@Cu$_x$S$_y$ 核壳结构的 SEM 图像[40]
(a)立方体；(b)八面体；(c)二十六面体；(d)五十面体

似，即原始八面体棱边完全转变为光滑的长六边形平面，而原来光滑的外表面变成由纳米颗粒组成的粗糙结构。图 4-4(c) 是 Cu₂O 二十六面体经硫化处理后获得的 Cu₂O@Cu$_x$S$_y$ 核壳结构的 SEM 图像。由图可知，原来的二十六面体有向十八面体转变的趋势，即二十六面体原始的矩形面变成长六边形，而原来的三角形表面被新形成的长六边形表面所掩盖，并且这些长六边形平面呈光滑状态。从未被掩盖的三角形表面可以看出，此时该表面呈粗糙状态，同时原来的正方形表面也变得粗糙。图 4-4(d) 是 Cu₂O 五十面体经硫化处理后获得的 Cu₂O@Cu$_x$S$_y$ 核壳结构的 SEM 图像。由图可知，产物依然呈五十面体形貌，但原有的六边形表面呈光滑状态，而其他表面均为粗糙结构。综上所述，具有不同几何外形的 Cu₂O 多面体经纯水体系硫化处理后，产物不同其表面的微观结构也不同，它取决于原始多面体 Cu₂O 模板裸露的晶面指数，即晶面的本征结构特性。

为什么会出现上述现象呢？Soon 等[43]采用 ab initio atomistic thermodynamic 方法对 Cu₂O 晶体的 {110} 晶面和 {111} 晶面进行了理论分析。结果发现，两组晶面均具有金属特征，但其电子结构完全不同。{110} 晶面的金属特征完全依赖于表面原子，而 {111} 晶面的金属特征主要取决于体相原子硫原子和氧原子的互扩散过程中，Cu₂O 模板表面不断地发生结构重组。原始 Cu₂O(110) 晶面活性高的表层原子多，扩散速率快，可快速找到热力学能量最低的新平衡位置，因此该晶面的熟化程度良好且呈现出光滑表面。根据晶面的本征结构特征，结合图 4-4 中的实验结果，作者认为多面体 Cu₂O 不同裸露晶面的氧原子和铜原子的排列位置不同，这使得不同晶面上氧原子的扩散速率存在一定的差异，继而导致同一 Cu₂O 晶面不同位置(棱边与表面)形成的 Cu$_x$S$_y$ 外壳借助取向附生(oriented attachment, OA)机制和奥斯特瓦尔德熟化(Ostwald ripening, OR)机制协同实现表面重构的过程中存在差异性。OA 机制[44-51]是指由大量原子构成的纳米团簇结构单元在反应体系中经吸附、旋转和自对准过程，最后按照特定的晶体学取向发生自组装，形成高度有序的准单晶结构的现象。这是一种不同于传统"形核-长大"的非经典式的晶体生长机制。OR 机制[52-54]是指在晶体生长过程中，小尺寸的颗粒相对大尺寸颗粒而言具有较高的表面能，为了保证热力学能量最低，这些小颗粒逐渐向大颗粒扩散，进而导致不稳定的小颗粒逐渐溶解，即发生"大吃小"的现象。

Cu₂O 的硫化过程可以认为是硫原子和氧原子的互扩散交换过程。Cu$_x$S$_y$ 的溶解度很小，其平衡常数约为 $10^{-48}$，因而当 Cu₂O 固体与硫化钠溶液混合后，Cu₂O 固体表面会快速出现一层 Cu$_x$S$_y$ 外壳，即形成 Cu₂O@Cu$_x$S$_y$ 核壳结构，反应方程式为

$$2xCu_2O + 4yS^{2-} + (2y-x)O_2 + 4yH_2O \longrightarrow 4Cu_xS_y + 8yOH^- \qquad (4-1)$$

  $Cu_2O@Cu_xS_y$核壳结构的形成归因于柯肯德尔效应。柯肯德尔效应是指两种扩散速率不同的物质在互扩散过程中会在扩散速率快的物质内部产生空位缺陷的现象[55,56]。该效应使得两种物质之间的界面向扩散速率大的组分一侧迁移。反应过程中，$Cu_2O$ 表面氧原子向 $Cu_xS_y$ 外壳的扩散速率远大于硫原子通过界面向 $Cu_2O$ 的扩散速率，因而界面附近的空洞逐渐向内聚集扩展，最终在 $Cu_2O$ 和 $Cu_xS_y$ 之间形成具有一定宽度的"中空地带"。为了更加直观地认识这一现象，作者表征了两种 $Cu_2O@Cu_xS_y$ 核壳结构的 TEM 图像，如图 4-5(a) 和 (b) 所示。图中颗粒内部的黑色部分为剩余的 $Cu_2O$ 核心，外部为 $Cu_xS_y$ 外壳，这两者之间存在一定宽度的白色部分，即中空区域。因此，$Cu_2O@Cu_xS_y$ 核壳结构中 $Cu_2O$ 内核与 $Cu_xS_y$ 外壳之间形成的"中空地带"是由柯肯德尔效应引起的。

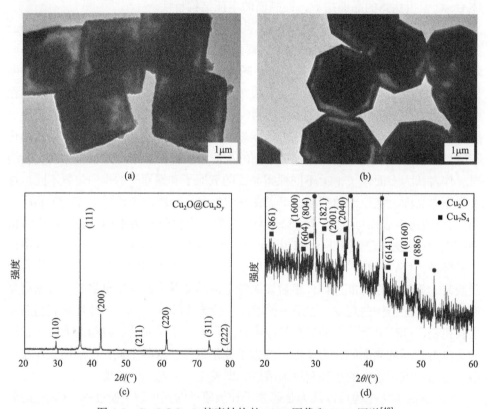

图 4-5 $Cu_2O@Cu_xS_y$ 核壳结构的 TEM 图像和 XRD 图谱[40]
(a) 八面体的 TEM 图像；(b) 二十六面体的 TEM 图像；(c)、(d) 图(b)中二十六面体 $Cu_2O@Cu_xS_y$ 核壳结构的 XRD 图谱

  综上所述，以 $Cu_2O$ 多面体(立方体、八面体、二十六面体和五十面体)为模板，利用不同 $Cu_2O$ 晶面的硫原子与氧原子之间的扩散速率存在差异的特点，可实现对 $Cu_2O@Cu_xS_y$ 核壳结构的表面结构调控。在纯水硫化体系中，所获的

Cu$_2$O@Cu$_x$S$_y$ 核壳结构的矩形表面熟化程度良好且呈现光滑状态，而三角形表面、正方形表面和六边形表面则呈现粗糙状态，即该核壳结构是由大量的纳米颗粒或纳米棒等结构单元聚集而成的。

### 4.1.3　空心硫化铜二十六面体的可控制备与表面特性

在第 1 章介绍 Cu$_2$O 晶体的化学性质时，已经提到了 Cu$_2$O 具有易溶于氨水的特点，而 Cu$_x$S$_y$ 不溶于氨水[57]，因此 Cu$_2$O@Cu$_x$S$_y$ 核壳结构中的 Cu$_2$O 内核可利用氨水溶解并除去，这就获得了 Cu$_x$S$_y$ 空心结构，具体化学反应方程式如式(4-2)所示：

$$2Cu_2O + 16NH_3 \cdot H_2O + O_2 \longrightarrow 4\left[Cu(NH_3)_4\right]^{2+} + 8OH^- + 12H_2O \qquad (4\text{-}2)$$

Cu$_x$S$_y$ 空心结构的制备工艺如下[58]：室温下，将一定质量的 Cu$_2$O@Cu$_x$S$_y$ 粉末与一定体积的溶剂混合后进行磁力搅拌，然后缓慢加入一定体积的氨水(25%)，搅拌若干时间后静置 72h，最后用去离子水和无水乙醇反复离心洗涤多次后，置于真空干燥箱中在一定温度下保温 12h，即可获得空心 Cu$_x$S$_y$ 粉末。

#### 1. 纯水体系硫化处理 Cu$_2$O 模板制备空心硫化铜二十六面体

二十六面体 Cu$_2$O 模板存在三种原子结构不同的低指数晶面，即 6 个 {100} 晶面、8 个 {111} 晶面和 12 个 {110} 晶面(图 4-3 中的 C)，因而纯水体系硫化处理二十六面体 Cu$_2$O 模板形成的 Cu$_2$O@Cu$_x$S$_y$ 核壳结构呈现出三种不同的表面结构，这在深入揭示和认知 Cu$_2$O 低指数晶面的原子排列对硫化铜产物微观结构的调控机理方面具有一定的代表性。图 4-5(c) 和 (d) 是纯水体系硫化处理二十六面体 Cu$_2$O 模板获得的 Cu$_2$O@Cu$_x$S$_y$ 核壳结构的 XRD 图谱。由图可知，这种二十六面体 Cu$_2$O@Cu$_x$S$_y$ 核壳结构的硫化铜物相为 Cu$_7$S$_4$。

然而，若用氨水除去二十六面体 Cu$_2$O@Cu$_7$S$_4$ 核壳结构中的 Cu$_2$O 内核，其保留下来的硫化铜外壳的微观结构和成分是否发生变化仍有待探究。图 4-6 是制备的 Cu$_x$S$_y$ 空心结构的 EDS 图谱。图谱中仅存在铜、硫和硅三种元素，未出现氧元素，这表明 Cu$_2$O 已被氨水完全溶解。而硅元素的存在是因为将 Cu$_x$S$_y$ 粉末涂覆在硅片上进行的 EDS 测试。图 4-7 是空心 Cu$_x$S$_y$ 的 XRD 图谱，其呈现的衍射峰与简单六方结构 CuS 晶体(JCPDS 编号：06-0464)的标准衍射峰(101)、(102)、(103)、(105)、(106)、(110)、(108)、(202) 和 (116) 相吻合。因此，经过氨水处理之后，Cu$_2$O@Cu$_7$S$_4$ 核壳结构中原来的 Cu$_7$S$_4$ 外壳转变为 CuS，转变原因将在本节最后部分讨论。图 4-8(a) 和 (b) 是二十六面体 Cu$_2$O@Cu$_7$S$_4$ 经氨水浸泡 72h 后所获空心 CuS 的 SEM 图像，可以看到这种空心结构仍是由三种不同表面组成的，但三角形和正方形表面粗糙,而矩形表面光滑平整。因此,这三种表面具有不同的微观结构特征。为了获得这种 CuS 空心结构的微观结构信息,需要对其进行 TEM、SAED 和 HRTEM 表征。图 4-8(c)是单个 CuS 空心粒子的 TEM 图像,图 4-8(d)是对应的几何形貌示意图。可以看到样品内外存在明显的衬度差异,这说明该结构为空心结构。另外,这种二十六面体 CuS 空心结构的三角形和正方形表面因存在大量的孔隙和纳米棒颗粒而呈现出粗糙面,但其矩形表面的致密性优于三角形和正方形表面。

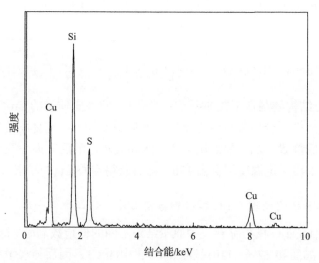

图 4-6　纯水体系硫化处理二十六面体 $Cu_2O$ 模板 5min 后的 $Cu_2O@Cu_7S_4$
核壳结构,再经氨水处理后获得的硫化铜空心结构的 EDS 图谱[58]

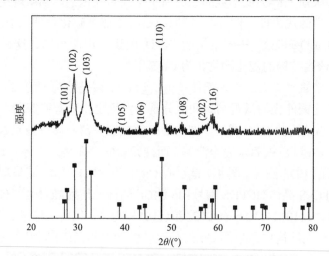

图 4-7　纯水体系硫化处理二十六面体 $Cu_2O$ 模板 5min 后,获得的 $Cu_2O@Cu_7S_4$
核壳结构,随后经氨水处理后获得的硫化铜空心结构的 XRD 图谱[58]

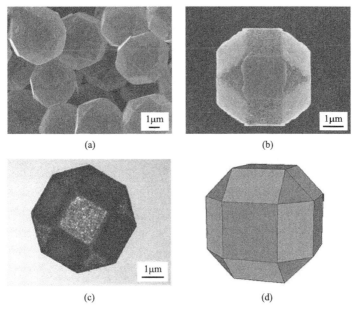

图 4-8　纯水体系硫化处理二十六面体 Cu₂O 模板 5min 后，获得的 Cu₂O@CuₓSᵧ
核壳结构，再经氨水处理后获得的 CuₓSᵧ 空心结构的微观表征结果[58]

(a)和(b)SEM 图像；(c)TEM 图像；(d)几何示意图

图 4-9(a)～(d)分别是二十六面体空心 CuS 正方形表面的 TEM、SAED、HRTEM
和 FFT 图像。由图 4-9(a)可知，这些纳米棒结构单元和孔隙交互形成一个粗糙平
面，其中纳米棒状颗粒的长度为几十纳米到 100nm，宽度约为 50nm。图 4-9(b)
是该区域对应的 SAED 图谱，可以看到该表面虽含有大量的纳米棒颗粒，但其
并非多晶结构，而是具有单晶特征。SAED 图谱呈现出典型的六方 CuS 特征，
它含有 CuS{110}晶面和{600}晶面的衍射斑点。图 4-9(c)是正方形表面某一区域
的 HRTEM 图像，从中可明显看出，Ⅰ、Ⅱ、Ⅲ 三组纳米片层堆垛成一个整体，
即它们具有相同的晶体学取向。图 4-9(d)是图 4-9(c)方框区域经快速傅里叶变
换后获得的衍射斑点，这进一步证实三组片层结构具有类似单晶的晶体学特征，
与图 4-9(b)所示的 SAED 结果吻合。这种由大量晶体学取向相同或相近的纳米
单元，通过定向自组装排列组成的具有类似单晶特征的晶体称为"介观晶体"
(mesocrystal)[59-64]。因此，图 4-9 所示的 CuS 结构具有介观晶体特征。虽然人们
已经合成多种氧化物和硫化物的介观晶体[63]，但这些介观晶体的形成通常都离不
开反应环境中的有机取向剂[59-63]，未使用任何有机取向剂合成的硫化物介观晶体
很少报道。

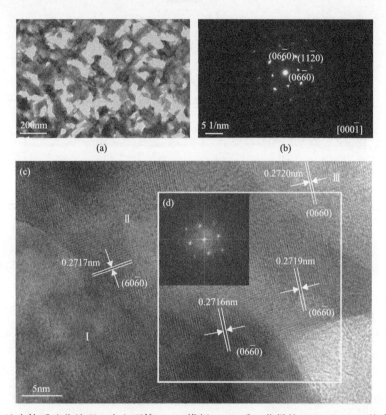

图 4-9 纯水体系硫化处理二十六面体 Cu₂O 模板 5min 后，获得的 Cu₂O@Cu₇S₄ 核壳结构，再经氨水处理后获得的 CuS 空心结构的正方形表面的微观表征结果[58]

(a) TEM 图像；(b) SAED 图谱；(c) HRTEM 图像；(d) 图(c)方框区域的 FFT 斑点

图 4-10(a)～(d)分别是二十六面体空心 CuS 矩形表面的 TEM、SAED、HRTEM 和 FFT 图像。由图 4-10(a)可知，该表面具有一定数量的孔隙，但其致密性优于图 4-9(a)中的粗糙表面。图 4-10(b)是该区域对应的 SAED 图谱，可以看到它具有典型的单晶特征，但其衍射斑点对应的晶面分别为 CuS 的{103}晶面和{110}晶面。图 4-10(c)是该表面某一区域的 HRTEM 图像，可以看到 Ⅰ 和 Ⅱ 两组片层相互堆垛组成一个整体，即具有相同的晶体取向。图 4-10(d)是图 4-10(c)中方

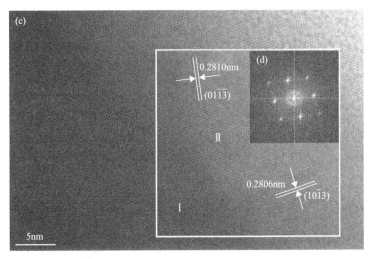

图 4-10　纯水体系硫化处理二十六面体 Cu₂O 模板 5min 后，获得的 Cu₂O@Cu₇S₄ 核壳结构，
再经氨水处理后获得的 CuS 空心结构的矩形表面的微观表征结果[58]

(a) TEM 图像；(b) SAED 图谱；(c) HRTEM 图像；(d) 图 (c) 方框区域的 FFT 斑点

框区域经傅里叶变换后获得的衍射斑点，可以看到这两组片层结构具有单晶特
征，该结果与图 4-10(b) 所示的 SAED 结果相吻合，因此矩形表面也属于介观
结构。

　　图 4-11(a)～(d) 分别是二十六面体空心 CuS 三角形表面的 TEM、SAED、
HRTEM 和 FFT 图像。由图 4-11(a) 可知，该表面具有一定数量的孔隙和纳米棒结
构单元，但其致密性仍优于图 4-9(a) 所示的正方形结构。图 4-11(b) 是该区域的
SAED 图谱，从中可以看出，该表面并非多晶结构，而是具有孪晶特征。图 4-11(c)
是该表面某一区域的 HRTEM 图像，从中可以看到，Ⅰ 和 Ⅱ 两组结构组成了一个
整体，Ⅱ 区域具有单晶特征，但 Ⅰ 区域为亮暗相间的台阶状长周期结构，根据文
献[65]，这种微观结构称为孪晶(twin crystal)。若两个晶体(或一个晶体的两部分)
沿一个公共晶面构呈镜面对称的位向关系，那么这两个晶体就称为孪晶，此公共
晶面称为孪晶面。图 4-11(d) 是图 4-11(c) 中方框区域的 FFT 斑点，从中可以看出，
这两组结构具有多套取向不同的衍射斑点，这说明此区域具有孪晶特征，该结果
与图 4-11(b) 中的 SAED 图谱相吻合。图 4-12 是图 4-11 中所示区域对应的低倍
HRTEM 图像，由图可知，该区域由六个纳米结构单元组成，依次用 Ⅰ、Ⅱ、Ⅲ、
Ⅳ、Ⅴ 和Ⅵ表示。其中，Ⅰ 和Ⅵ具有孪晶特征，而Ⅱ～Ⅴ 区域具有相近的晶体学
取向，因而具有介观晶体特征。因此，这种 CuS 空心结构的三角形表面是含有纳
米孪晶的介观晶体。

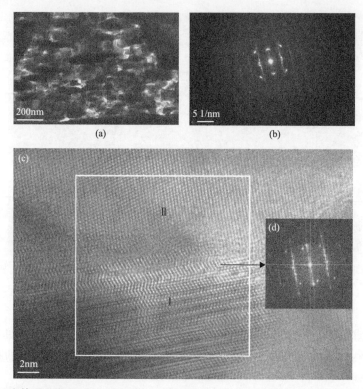

图 4-11　纯水体系硫化处理二十六面体 Cu$_2$O 模板 5min 后，获得的 Cu$_2$O@Cu$_7$S$_4$ 核壳结构，
再经氨水处理后获得的 CuS 空心结构的三角形表面的微观表征结果[58]

(a) TEM 图像；(b) SAED 图谱；(c) HRTEM 图像；(d) 图 (c) 方框区域的 FFT 斑点

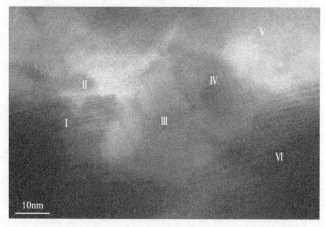

图 4-12　图 4-11 (c) 区域的低倍 HRTEM 图像[58]

　　图 4-13 (a) 是图 4-11 (c) 所示方框区域经逆快速傅里叶变换 (IFFT) 获得的高分
辨图像，可以看到 I 区域和 II 区域交界处存在层错结构，这说明两者是通过高能

层错相互连接的。对于 I 区域，其晶面间距分别为 0.2828nm 和 0.2837nm，对应于简单六方结构 CuS 的(103)晶面，该区域的 FFT 衍射斑点如图 4-13(b)所示，这表明该区域具有单晶特征。对于 II 区域，其 FFT 衍射斑点如图 4-13(c)所示，这表明 II 区域具有明显的晶体缺陷，由图中白色直线标记的位置可知，这种周期性孪晶结构中存在一定的层错。

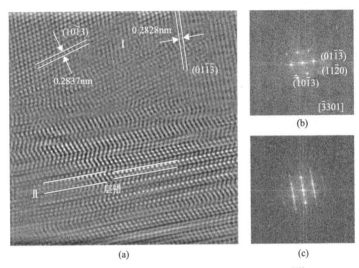

图 4-13　图 4-11(c)区域的详细微观表征结果[58]

(a)IFFT 图像；(b) I 区域的 FFT 斑点；(c) II 区域的 FFT 斑点

### 2. 乙醇体系硫化处理 Cu₂O 模板制备空心硫化铜二十六面体

理论上，纳米孪晶因具有高的晶格畸变能而表现出高的化学活性。然而，制备含有大量纳米孪晶的空心硫化铜仍是一项巨大的挑战。作者在前期研究工作发现，利用乙醇体系硫化处理二十六面体 Cu₂O 可制备出三种表面均为粗糙结构的二十六面体 Cu₂O@Cu$_x$S$_y$ 核壳结构，如图 4-14 所示。可以看到，这些颗粒完美地复制了原始二十六面体 Cu₂O 模板的几何形态特征，并且各个表面均由纳米棒交联而成，这与前述的纯水体系的实验结果(图 4-4(c))不同。

图 4-15 是乙醇体系硫化处理二十六面体 Cu₂O 模板获得的 Cu₂O@Cu$_x$S$_y$ 核壳结构的 XRD 图谱。由图 4-15(a)可知，产物不仅存在立方结构 Cu₂O 晶体(JCPDS 编号：05-0667)的衍射峰，它还存在强度较弱的另一种衍射峰，这说明该产物并非纯 Cu₂O 晶体，而是在 Cu₂O 晶体表面包覆了硫化铜。其局部放大的 XRD 图谱如图 4-15(b)所示，可以看到，样品新出现的衍射峰对应的物质是单斜六方结构的 Cu₇S₄ 晶体(JCPDS 编号：23-0958)。因此，Cu₂O@Cu$_x$S$_y$ 核壳结构的物相为 Cu₂O@Cu₇S₄。

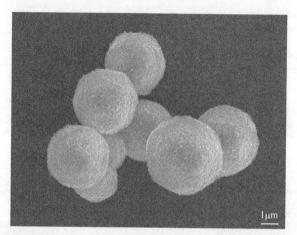

图 4-14  乙醇体系硫化处理二十六面体 Cu₂O 模板 10min 后，获得的 Cu₂O@Cu$_x$S$_y$
核壳结构的 SEM 图像[66]

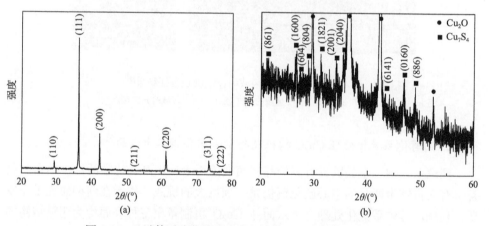

图 4-15  乙醇体系硫化处理二十六面体 Cu₂O 模板 10min 后，
获得的 Cu₂O@Cu₇S₄ 核壳结构的 XRD 图谱[66]

(a)低倍；(b)高倍

　　图 4-16 是二十六面体 Cu₂O@Cu₇S₄ 核壳结构经氨水处理 72h 后获得的空心硫化铜的 XRD 图谱，其呈现的衍射峰与单斜结构 Cu₇S₄ 晶体（JCPDS 编号：23-0958）的标准衍射峰一致。对比前述纯水体系制备的硫化铜空心结构的 XRD 图谱可以发现，两组产物的物相截然不同。图 4-17 是 Cu₇S₄ 空心结构的 SEM 图像，可以看到，各个表面仍是由纳米棒组成的粗糙结构。由图 4-17(a)中出现的空洞可推断出该产物为空心结构。图 4-18 是 Cu₇S₄ 空心结构对应的 TEM 图像，由衍射衬度差异可知，三角形表面的厚度比矩形和正方形表面的厚度大。

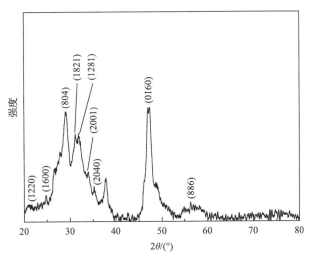

图 4-16　乙醇体系硫化处理二十六面体 Cu₂O 模板 10min 后获得的 Cu₂O@Cu₇S₄ 核壳结构，经氨水处理后获得的 Cu₇S₄ 空心结构的 XRD 图谱[66]

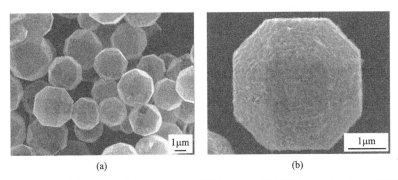

图 4-17　乙醇体系硫化处理二十六面体 Cu₂O 模板 10min 后获得的 Cu₂O@Cu₇S₄ 核壳结构，随后经氨水处理，获得的 Cu₇S₄ 空心结构的 SEM 图像[66]

图 4-18　乙醇体系硫化处理二十六面体 Cu₂O 模板 10min 后获得的 Cu₂O@Cu₇S₄ 核壳结构，随后经氨水处理后，获得的 Cu₇S₄ 空心结构的 TEM 图像[66]

图 4-19～图 4-21 分别是二十六面体 $Cu_7S_4$ 空心结构的正方形表面、矩形表面和三角形表面的 TEM、SAED、HRTEM 和 FFT 图像。从这三组图中的 HRTEM 图像可以看到，各个晶面均含孪晶纳米棒状结构，且均属于介观晶体。对比图 4-19～图 4-21 中的 TEM 表征结果可以发现，具有弱极性的乙醇有助于硫化铜纳米孪晶的形成。

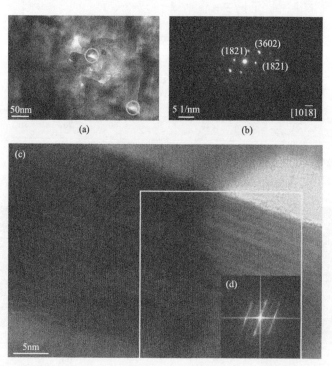

图 4-19　乙醇体系硫化处理二十六面体 $Cu_2O$ 模板 10min 后获得的 $Cu_2O@Cu_7S_4$ 核壳结构，
随后经氨水处理后，获得的 $Cu_7S_4$ 空心结构的正方形表面的微观表征结果[66]

(a) TEM 图像；(b) SAED 图谱；(c) HRTEM 图像；(d) 图 (c) 方框区域的 FFT 斑点

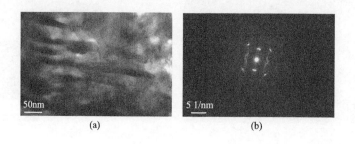

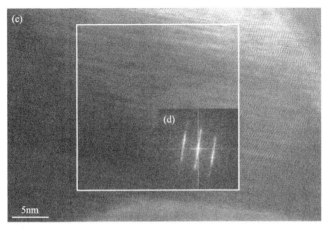

图 4-20　乙醇体系硫化处理二十六面体 Cu$_2$O 模板 10min 后获得的 Cu$_2$O@Cu$_7$S$_4$ 核壳结构，
随后经氨水处理后，获得的 Cu$_7$S$_4$ 空心结构的矩形表面的微观表征结果[66]

(a) TEM 图像；(b) SAED 图谱；(c) HRTEM 图像；(d) 图(c)方框区域的 FFT 斑点

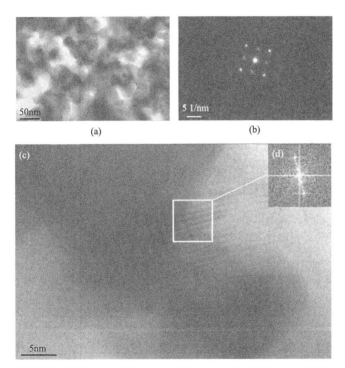

图 4-21　乙醇体系硫化处理二十六面体 Cu$_2$O 模板 10min 后获得的 Cu$_2$O@Cu$_7$S$_4$ 核壳结构，
随后经氨水处理后，获得的 Cu$_7$S$_4$ 空心结构的三角形表面的微观表征结果[66]

(a) TEM 图像；(b) SAED 图谱；(c) HRTEM 图像；(d) 图(c)方框区域的 FFT 斑点

从晶体学角度出发，构筑孪晶需要改变纳米结构单元的生长取向。结合以上实验结果可推测出，利用不同溶剂(水和乙醇)硫化处理 $Cu_2O$ 模板时形成的纳米孪晶的基本原理如下[66]：当氧原子与硫原子通过互扩散交换位置时，两种原子因存在原子尺寸差使得纳米结构单元之间存在一定的体积变化，这将诱导纳米结构单元内部出现一定的内应力。为了释放这些内应力，纳米结构单元的生长取向将产生一定的偏差，使得两个晶体沿一个公共晶面构成镜面对称的位向关系，从而形成了纳米孪晶。关于不同溶剂体系纳米孪晶的生长机理将在 4.1.4 节进行讨论。

不同的 $Cu_2O$ 晶面具有不同的原子排列和电负性(参见第 3 章)，因而晶面指数不同的 $Cu_2O$ 表面形成的 $Cu_xS_y$ 具有不同的微观结构特征。对于纯水体系，二十六面体空心 CuS 的矩形表面为光滑面，而三角形表面和正方形表面为纳米棒组成的镂空粗糙面，这些光滑面与粗糙面之间的结合能力相对较差。因此，该 CuS 外壳具有结构不均一性。而对于乙醇体系，乙醇为弱极性分子，因而可吸附到硫化铜的各个表面，使得空心结构不同表面之间的结合性能良好。

纯水和乙醇硫化-氨水处理 $Cu_2O$ 模板形成不同物相的空心硫化铜的原因是：不同溶剂体系获得的 $Cu_2O@Cu_xS_y$ 核壳结构的 $Cu_xS_y$ 外壳存在微观结构差异性。对于纯水体系获得的 $Cu_2O@Cu_7S_4$ 核壳结构(图 4-5(c)和(d))，在采用氨水溶液溶解 $Cu_2O$ 内核的过程中，氨水对铜离子有较强的配位能力，因此原始结构中非均一的 $Cu_7S_4$ 外壳可与氨水发生络合而溶解掉，形成铜的配位离子。另外，硫离子也相应地被释放出来，此时硫离子会争夺游离的铜离子，同时溶液中的 $O_2$ 可将低价态的铜离子氧化成二价，因此这种经过氨水浸泡的 $Cu_2O@Cu_7S_4$ 核壳结构可形成简单六方 CuS 空心结构。然而，对于乙醇体系获得的 $Cu_2O@Cu_7S_4$ 核壳结构，它在利用氨水溶液溶解 $Cu_2O$ 内核的过程中，虽然氨水对铜离子有较强的配位能力，但此时形成的 $Cu_7S_4$ 具有结构均一性，因而纳米棒结构单元之间的结合能力很强，这种结构不易被氧化，故该产物经氨水浸泡后获得的空心纳米结构的物相仍为单斜结构 $Cu_7S_4$。

除了选用纯水和乙醇硫化-氨水处理二十六面体 $Cu_2O$，作者还尝试利用乙二醇硫化-氨水处理二十六面体 $Cu_2O$[67]。结果发现，所获的二十六面体硫化铜空心结构的物相仍为 $Cu_7S_4$，且表面均为粗糙结构，但此时纳米棒结构单元的连接方式不同于乙醇体系获得的介观晶体，而是由大量纳米孪晶棒组成的多晶结构，如图 4-22 所示。相关表征和机理此处不再赘述。

综上所述，利用硫化-氨水处理二十六面体 $Cu_2O$ 模板制备 $Cu_xS_y$ 空心结构，可以很好地保留初始 $Cu_2O@Cu_xS_y$ 核壳的形貌特征。氨水溶解 $Cu_2O$ 不会影响硫化铜空心结构的最终形貌，但硫化反应涉及的溶剂种类决定了最终硫化铜空心结构的物相和纳米结构单元特征。

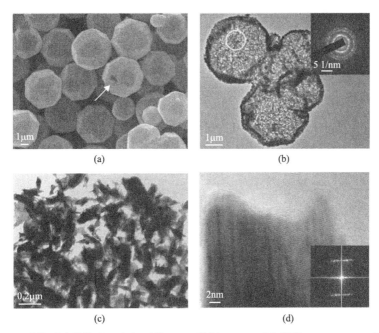

图 4-22    乙二醇体系硫化处理二十六面体 Cu₂O 模板 10min 后获得的 Cu₂O@Cu₇S₄ 核壳结构，
随后经氨水处理后获得的 Cu₇S₄ 空心结构的微观表征结果[67]

(a) SEM 图像；(b) 低倍 TEM 图像，插图为圆圈区域对应的 SAED 图像；(c) 纳米棒状结构的
高倍 TEM 图像；(d) 单个纳米棒的 HRTEM 图像，插图为对应的 FFT 斑点

### 4.1.4    含有纳米孪晶的分等级硫化铜空心球的制备、生长机理与性能

4.1.3 节制备硫化铜空心结构使用的 Cu₂O 模板均为单晶多面体。为了更加全面地揭示 Cu₂O 模板的微观结构对空心硫化铜产物微观结构和性能的影响规律，还需选用多晶 Cu₂O 纳米球作为模板，在乙醇和去离子水中对其进行硫化-氨水处理。结果发现，所获产物分别是含有纳米孪晶结构的分等级硫化铜空心结构和不含纳米孪晶结构的硫化铜空心结构。本节内容将重点讲述空心硫化铜纳米球的可控合成工艺与相关表征，着重讨论纳米孪晶的形成机理，并阐明纳米孪晶与光催化性能之间的"构效关系"。

1. Cu₂O 纳米球的制备和硫化-氨水处理工艺

1）多晶 Cu₂O 纳米球的制备[68]

首先，将 0.9982g 的乙酸铜用 15mL 去离子水配制成溶液。然后，将 3g β-环糊精加入上述溶液中，通过磁力搅拌使之充分溶解，再将上述混合溶液加热到

55℃保温 5min 之后，继续向混合溶液中加入 75mL 无水乙醇，当混合溶液温度再次达到 55℃时，将 5mL 浓度为 6mol/L 的氢氧化钠溶液缓慢地逐滴加入上述反应体系。继续反应 5min 后，将 2g 葡萄糖粉末一次性倒入。随后，将温度提升至 60℃继续反应 5min，上述反应过程中有淡黄色沉淀不断生成。最后，待其自然冷却后，将沉淀物用去离子水和无水乙醇反复离心洗涤多次，在 50℃下真空干燥 1h，即可获得 $Cu_2O$ 纳米球。

2) 含有纳米孪晶的分等级硫化铜空心球的制备[69]

室温下，首先，将 0.6g $Cu_2O$ 粉末超声分散在 150mL 无水乙醇中，磁力搅拌使之充分混合。然后，缓慢滴入 0.36g 硫化钠的无水乙醇溶液，此时淡黄色粉末逐渐变成黑色，继续反应 5min 后用去离子水将这些黑色沉淀反复离心洗涤多次。最后，将得到的产物放入 25% 的氨水中静置 72h，再用去离子水和无水乙醇将产物反复离心洗涤多次，最终在 60℃下真空干燥 12h，即可获得空心硫化铜粉末。

3) 不含纳米孪晶的分等级硫化铜空心球的制备[69]

室温下，首先，将 0.6g $Cu_2O$ 粉末超声分散在 150mL 去离子水中，磁力搅拌使之充分混合。然后，缓慢滴入 0.36g 硫化钠的无水乙醇溶液，此时淡黄色粉末逐渐变成黑色，继续反应 5min 后用去离子水将这些黑色沉淀反复离心洗涤多次。最后，将得到的产物放入 25% 的氨水中静置 72h，再用去离子水和无水乙醇将产物反复离心洗涤多次，最终在 60℃下真空干燥 12h，即可获得空心硫化铜粉末。

2. $Cu_2O$ 纳米球的微观结构表征

图 4-23 是多晶 $Cu_2O$ 纳米球模板的 XRD、SEM、TEM、SAED 和 HRTEM 表征结果。由图 4-23(a) 可知，样品呈现的衍射峰与立方结构 $Cu_2O$ 晶体（JCPDS 编号：03-0898）的标准衍射峰相吻合，未出现单质铜或氧化铜的衍射峰，这说明产物是纯 $Cu_2O$。从图 4-23(b) 中的 SEM 图像可以看出，产物为单分散性良好的 $Cu_2O$ 纳米球。其右上角插图所示的单颗粒 $Cu_2O$ 纳米球的 SEM 图像表明，它是由很多细小纳米颗粒组成的聚集体。图 4-23(c) 所示的 TEM 图像亦可证明产物是单分散性良好的 $Cu_2O$ 纳米球。其右上角插图所示的 SAED 图谱表明，产物为多晶结构。图谱中的晶面间距分别对应 $Cu_2O$ 的 (200)、(111) 和 (110) 晶面，其中明锐的 (111) 衍射环说明多晶 $Cu_2O$ 纳米球暴露了大量的 (111) 晶面。图 4-23(d) 是产物的 HRTEM 图像，图中六个区域对应的晶面间距分别为 0.2405nm、0.2399nm、0.2412nm、0.2408nm、0.2403nm 和 0.2411nm，均与 $Cu_2O$(111) 晶面的标准晶面间距 0.2440nm 吻合，并且这些 (111) 晶面的晶格条纹取向各异，因此表现出多晶的结构特征。由此可见，多晶 $Cu_2O$ 纳米球裸露了大量的 (111) 晶面。

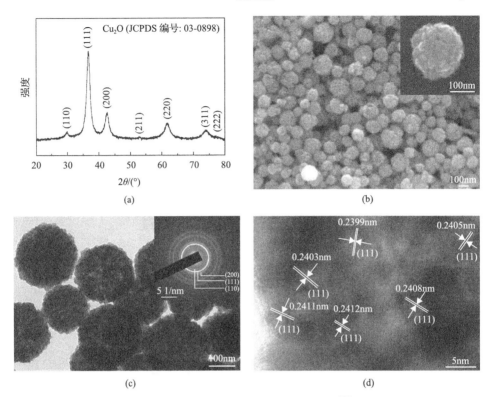

图 4-23 Cu₂O 纳米球的微观表征结果[69]

(a) XRD 图谱；(b) SEM 图像，右上角插图为单个颗粒的放大图像；(c) TEM 图像，
右上角插图为对应的 SAED 图谱；(d) HRTEM 图像

### 3. 含有纳米孪晶的分等级 Cu₇S₄ 空心结构的表征

图 4-24 (a) 是多晶 Cu₂O 纳米球模板经乙醇硫化-氨水处理后获得的空心硫化铜的 XRD 图谱，其呈现的衍射峰与单斜结构 Cu₇S₄ 晶体（JCPDS 编号：23-0958）的标准衍射峰相吻合，未出现 Cu₂O 或其他硫化铜的衍射峰，这说明产物是纯 Cu₇S₄。图 4-24 (b) 和 (c) 是产物的 SEM 图像。可以看到，产物是由许多纳米片结构单元组成的分等级 Cu₇S₄ 空心结构（如图 4-24 (c) 中箭头所示）。图 4-25 (a) 是分等级 Cu₇S₄ 空心结构的低倍 TEM 图像，从中可以看到，产物中存在大量的纳米片结构单元，整体呈现为空心结构。图 4-25 (b) 是产物的高倍 TEM 图像，从中可以看到，它是由大量不规则排列的纳米片聚集而成的，且在空心结构的外壳内部形成一定的孔隙。图 4-25 (c) 是单颗粒的 SAED 图谱，它表明产物为多晶结构，图谱中的衍射环分别对应 Cu₇S₄ (886)、(865) 和 (804) 晶面。HRTEM 表征结果如图 4-25 (d) 和 (e) 所示，由图 4-25 (d) 可知，纳米片的侧面结构具有明显的纳米孪晶特征。左上角插图是纳米孪晶对应的 FFT 图谱，它由多套明锐的衍射斑点组成，

符合纳米孪晶的显微结构特征[70]。图 4-25(d)中的 HRTEM 图像表征了纳米片正面的微观结构特征，可以看到该表面存在晶面间距为 0.2981nm 的晶格条纹，它与 $Cu_7S_4$(804)晶面的标准晶面间距 0.3000nm 吻合。右下角的插图是右上角方形区域对应的 FFT 图谱，其呈现出明显的单晶特征。图 4-25(e)是另一个纳米片侧面的 HRTEM 图像，其结构特征与图 4-25(d)完全吻合，这进一步说明纳米孪晶普遍存在于这些纳米片结构单元中。由此可见，利用乙醇硫化-氨水处理多晶 $Cu_2O$ 纳米球可制备出含有纳米孪晶的分等级 $Cu_7S_4$ 空心结构。

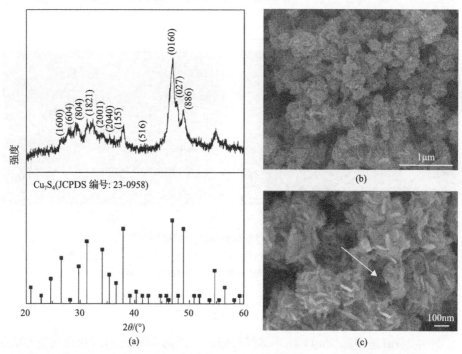

图 4-24　含有纳米孪晶的分等级 $Cu_7S_4$ 空心结构的 XRD 和 SEM 表征结果[69]

(a)XRD 图谱；(b)低倍 SEM 图像；(c)高倍 SEM 图像

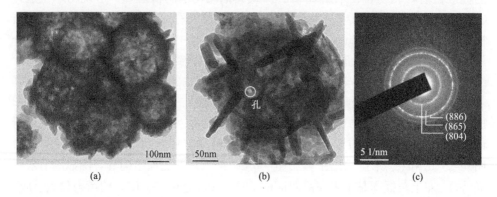

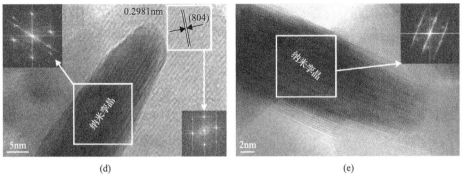

(d)　　　　　　　　　　　　　　(e)

图 4-25　含有纳米孪晶结构的分等级 Cu₇S₄ 空心结构的 TEM 表征结果[69]

(a)低倍 TEM 图像；(b)高倍 TEM 图像；(c)SAED 图谱；(d)、(e)孪晶纳米片结构单元的
HRTEM 图像，插图为方形区域对应的 FFT 图像

### 4. 不含纳米孪晶的分等级 Cu₇S₄ 空心结构的表征

图 4-26(a)是多晶 Cu₂O 纳米球经纯水硫化-氨水处理后获得的空心硫化铜的 XRD 图谱，其呈现的衍射峰与单斜结构 Cu₇S₄ 晶体(JCPDS 编号：23-0958)的标准衍射峰相吻合，未出现 Cu₂O 或其他硫化铜的衍射峰，这说明产物是纯 Cu₇S₄。图 4-26(b)和(c)是产物的 SEM 图像，从中可以看到产物是由纳米颗粒结构单元组

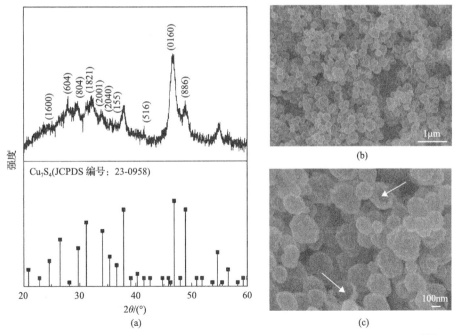

图 4-26　不含纳米孪晶结构的分等级 Cu₇S₄ 空心结构的 XRD 和 SEM 表征结果[69]

(a)XRD 图谱；(b)低倍 SEM 图像；(c)高倍 SEM 图像

成的分等级 $Cu_7S_4$ 空心球（如图 4-26(c)中箭头所示），这与乙醇体系获得的由纳米片结构单元组成的分等级 $Cu_7S_4$ 空心结构是不同的。图 4-27(a)是产物的低倍 TEM 图像，可以看到产物是由大量纳米颗粒结构单元连接组成的分等级 $Cu_7S_4$ 空心球。图 4-27(b)是单个粒子的高倍 TEM 图像，可以看到在纯水体系中获得的分等级 $Cu_7S_4$ 空心球并未出现纳米片结构单元，而是由大量不规则排列的纳米颗粒结构单元组成的。图 4-27(c)是图 4-27(b)所示的单个颗粒的 SAED 图谱，它表明产物具有多晶特征，衍射环分别对应单斜结构 $Cu_7S_4$(886)、(516)、(2040)和(804)晶面。图 4-27(d)是分等级 $Cu_7S_4$ 空心球表面的 HRTEM 图像，可以看到很多纳米颗粒连接在一起（图中虚线标注的区域所示），且在颗粒之间形成一定数量的孔隙（图中箭头所示）。图中的晶面间距为 0.3183nm，与单斜结构 $Cu_7S_4$(604)晶面的标准晶面间距 0.3160nm 相吻合。图 4-27(e)是分等级 $Cu_7S_4$ 空心结构边缘的 HRTEM 图像，可以看到许多纳米颗粒重叠在一起（图中虚线标注的区域所示），右上角晶面间距为 0.3179nm 与单斜结构 $Cu_7S_4$(604)晶面的标准晶面间距 0.3160nm 相吻合。由此可见，利用纯水硫化-氨水处理多晶 $Cu_2O$ 纳米球可制备出不含纳米孪晶的分等级 $Cu_7S_4$ 空心结构。

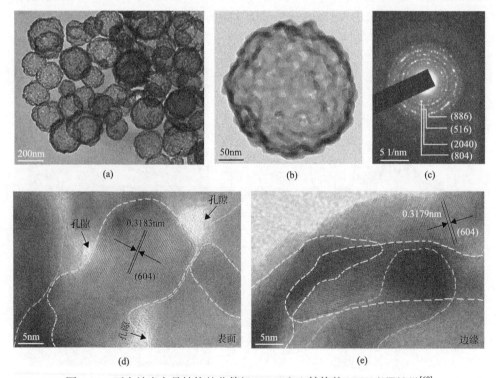

图 4-27 不含纳米孪晶结构的分等级 $Cu_7S_4$ 空心结构的 TEM 表征结果[69]

(a)低倍 TEM 图像；(b)高倍 TEM 图像；(c)SAED 图谱；(d) $Cu_7S_4$ 空心结构表面的
HRTEM 图像；(e) $Cu_7S_4$ 空心结构边缘的 HRTEM 图像

综上所述，通过控制溶剂类型可制备出由不同纳米结构单元组成的多晶硫化铜分等级空心结构，如图 4-25 和图 4-27 所示[69]。这是因为具有不同化学性质的溶剂将影响纳米结构单元的前期生长方式和后期聚集行为，即溶剂分子可改变晶面的生长习性，进而影响硫原子和氧原子的交换过程，最终形成具有不同微观结构的硫化铜空心结构[67]。

### 5. 空心硫化铜中纳米孪晶的生长机理

含有纳米孪晶的空心硫化铜的获得主要取决于 Cu₂O 模板的裸露晶面和硫化处理时使用的溶剂种类。这是因为乙醇的极性参数为 4.3，而水的极性参数为 10.2，数值越大说明极性越大，所以水分子的极性大于乙醇分子的极性。这使得乙醇溶剂体系中，反应物电荷之间的相互吸引力受溶剂的影响较小。Cu₂O 不同晶面的固有特性使得乙醇分子与 Cu₂O 之间容易发生选择性吸附[71]，因此乙醇分子对 Cu₂O 的保护作用比水分子更强。另外，氧原子和硫原子的半径差异使得硫原子在 Cu₂O 晶格中的扩散速率低于氧原子，因此在乙醇溶剂中，氧和硫在物质交换过程中产生的应变能更易存储于 Cu₇S₄ 空心结构的结构单元中[72]。这些存储的应变能最终以形成纳米孪晶的方式释放，从而降低总的自由能使体系更稳定。因此，在乙醇溶剂中易制备出含有纳米孪晶结构单元的空心硫化铜。

另外，大的过饱和度也将促进纳米孪晶的形成[73]。这是因为过饱和度 $S$ 与临界晶核半径 $r^*$ 成反比，随着过饱和度的增大临界晶核半径将减小。换言之，若体系的过饱和度很小，孪晶不易形核，而那些已经成核的其尺寸未超过临界半径的晶粒将自动消失。由此可见，$n/N$ 是过饱和度 $S$ 的增函数，其中 $n$ 是半径不小于临界半径的晶核数量，$N$ 是溶液中晶核的总数量，即溶液中半径不小于临界半径 $r^*$ 的晶核数量 $n$ 占晶核总数量 $N$ 的比例 $n/N$ 随 $S$ 的增大而增大。因此，过饱和度越大，越有利于孪晶的形核和生长。硫化钠易溶于水，微溶于乙醇，因而乙醇溶剂中反应物的过饱和度大，有利于纳米孪晶的形成。

纳米孪晶可调控金属和半导体材料的力学性能和物理化学特性[74-86]，因此揭示孪晶的形成机制以及与使用性能之间的相关性成为科研人员关注的焦点。文献研究表明，在相同比表面积条件下，含有纳米孪晶的分等级 Cu₇S₄ 空心结构的光催化降解亚甲基蓝活性明显高于不含纳米孪晶的分等级 Cu₇S₄ 空心结构[69]。这些纳米孪晶是如何增强 Cu₇S₄ 光催化活性的呢？光催化活性主要依赖光生载流子的分离与迁移。但光生载流子(电子-空穴对)极易被过量的晶界和点缺陷等晶体缺陷捕获，导致光生载流子复合而消失[87-89]。纳米孪晶不同于点缺陷和界面缺陷，它具有高度有序的对称结构，易形成一个静电势场，这有利于抑制光生载流子的无规则散射，产生一个阻碍光生载流子复合的势垒[74]。因此，含有大量纳米孪晶的硫化铜空心结构将呈现出良好的光催化性能。

纳米孪晶的光催化性能增强机理如下[69]：纳米孪晶的存在导致半导体光催化材料的导带和价带之间出现一个费米能级，这将诱发能带弯曲，从而在孪晶界附近形成一个"背靠背"的肖特基势垒[74,90]。这种肖特基势垒能够控制自由电荷的迁移，排斥多数载流子，吸引少数载流子[74,90]。因此，孪晶界不是光生载流子的复合中心，而是形成一个正、负电荷分离的静电场，从而加速电荷分离。这使得光生载流子可顺利通过单原子层的孪晶界而不被俘获或散射。p 型 $Cu_7S_4$ 半导体与 n 型半导体的能带弯曲方式不同[74]，其能带向下弯曲，故它的平行孪晶界可吸引电子、排斥空穴，促进光生载流子有效分离，如图 4-28 所示。因此，含有纳米孪晶结构的分等级 $Cu_7S_4$ 空心结构具有更高的光催化活性。简言之，与普通晶界相比，在半导体光催化材料中引入纳米孪晶不仅可以优化光生载流子的迁移路径，而且还能促进光生载流子的有效分离。纳米孪晶的数量越多光催化性能越好。因此，构筑含有纳米孪晶的功能材料有助于获得优异的物理化学性质和使用性能。

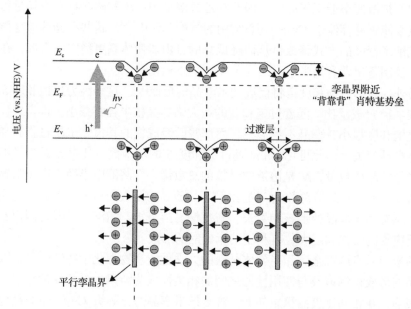

图 4-28　纳米孪晶的光催化性能增强机理示意图[69]

综上所述，本节分析了 $Cu_7S_4$ 空心结构中纳米孪晶的形成机制及纳米孪晶对光催化性能的增强机制。乙醇的极性比水小，这使得乙醇分子更易吸附在 $Cu_2O$ 的活性晶面上，因此在氧原子和硫原子发生互扩散物质交换的过程中，产生的应变能以形成纳米孪晶的形式释放。另外，硫化钠在乙醇溶剂中的过饱和度更大，依据晶体学生长理论，乙醇体系更有利于孪晶的形成。对 $Cu_2O$ 模板而言，乙醇分子对其(111)晶面的保护作用更强，硫化过程中产生的应变能不易被释放，故含有大量(111)晶面的多晶 Cu₂O 纳米球经乙醇溶液硫化处理后更易形成纳米孪晶。光反应过程中，在光催化剂的平行孪晶界上建立的有序"背靠背"肖特基势垒，不仅可优化光生载流子的迁移路径，还可促进光生载流子的高效分离。因此，含纳米孪晶的 Cu₇S₄ 空心结构表现出更加突出的光催化活性。

### 4.1.5　利用 Cu₂O 模板制备其他金属硫化物

采用阳离子交换技术，利用多面体空心 Cu$_x$S$_y$ 作模板，还可制备出其他金属硫化物的空心结构。例如，Wu 等[91]选择立方体和菱形十二面体 Cu₂O 作为模板，采用硫化处理和阳离子交换两步法成功制备出 CdS 空心结构，具体反应机理如图 4-29 所示。可以看到，经过硫化-盐酸处理立方体和菱形十二面体 Cu₂O 模板后，获得的空心硫化铜的物相分别为 Cu₉S₅(Cu₁.₈S) 和 Cu₇S₄(Cu₁.₇₅S)。随后利用阳离子交换技术处理 Cu₉S₅ 和 Cu₇S₄ 后，可获得物相分别为立方锌蓝相(ZB)和六方纤锌矿相(W)的 CdS 空心结构。类似地，利用该方法还可制备出多面体 ZnS 空心结构。显然，该实验结果与 4.1.3 节介绍的空心硫化铜的实验结果有所差别，究其原因主要有两点。第一，多面体 Cu₂O 模板的性质不同，这主要与制备工艺有关。Wu 等制备 Cu₂O 的工艺为：盐酸羟胺室温还原乙酸铜/十二烷基硫酸钠/氢氧化钠/水混合物；而本书作者制备 Cu₂O 的工艺为：葡萄糖在 70℃下还原乙酸铜/氢氧化钠/水混合物。第二，硫化处理和溶解 Cu₂O 的液相反应环境不同。Wu 等硫化处理 Cu₂O 的工艺为：冰水体系中利用硫化钠甲醇溶液与 Cu₂O 反应，随后利用盐酸刻蚀剩余的 Cu₂O 模板；而本书作者硫化处理 Cu₂O 的工艺为：室温下利用硫化钠乙醇溶液与 Cu₂O 反应，随后采用氨水刻蚀剩余的 Cu₂O 模板。因此，Cu₂O 模板的裸露晶面和液相反应环境共同决定了空心硫化铜产物的微观结构与物相。

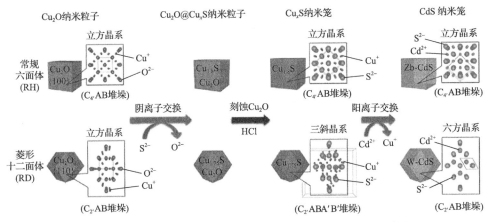

图 4-29　以 Cu₂O 为模板，采用硫化处理和阳离子交换两步法制备空心 CdS 纳米结构的反应机理示意图[91]

## 4.2 利用 Cu₂O 模板制备金属化合物空心结构

Cu₂O 模板具有单分散性良好、形貌多样、容易制备和去除等特点，因而不仅可用于合成各种空心硫化物，还可制备氢氧化物、氧化物和卤化物等金属化合物的空心结构。本节将结合国内外同行和作者团队前期研究工作[92]，为读者详细介绍利用 Cu₂O 模板制备金属化合物空心结构的研究进展。具体实例包括 Cu₂O 模板制备空心氧化铜(CuO)及其复合材料、Cu₂O 模板制备空心非铜基金属氧化物、Cu₂O 模板制备 AgBr/Ag 复合材料。

### 4.2.1 利用 Cu₂O 模板制备 CuO 及其复合材料空心结构

CuO 是一种典型的窄禁带间接带隙 p 型半导体，禁带宽度约为 1.2eV。因其具有优异的电化学活性，故 CuO 及其复合材料广泛用于无酶葡萄糖传感器和超级电容器[93-95]等领域。研究表明，空心结构拥有高的比表面积和更多的活性位点，有利于提升电化学性能[96]。本节将为读者重点介绍氨水处理二十六面体 Cu₂O 模板制备二十六面体 CuO 分等级空心结构的可控合成工艺，着重阐述产物的演变规律和调变机理。另外，通过进一步调变工艺参数还可制备出空心 CuO/Cu₂O 和空心 CuO/金属复合材料。

#### 1. 二十六面体 CuO 分等级空心结构的制备与表征

氨水不仅可以溶解 Cu₂O，在一定 pH 条件下还可用于制备空心 CuO 纳米结构。下面重点介绍氨水处理二十六面体 Cu₂O 模板制备二十六面体 CuO 分等级空心结构的可控合成工艺与相关机理。实验使用的二十六面体 Cu₂O 模板与 4.1 节所述的制备工艺相同。利用这种模板制备二十六面体 CuO 分等级空心结构的操作步骤如下[97]：首先，将 57.6mg 的二十六面体 Cu₂O 粉末加入装有 15mL 去离子水和 10mL 无水乙醇的锥形瓶中，超声 2min 后磁力搅拌 5min。然后，将 7mL 新氨水溶液(质量分数 25%)逐滴加入，在室温下磁力搅拌 10h。最后，将获得的产物用去离子水和无水乙醇反复离心洗涤数次，置于真空干燥箱中 50℃干燥 12h，即可获得二十六面体 CuO 分等级空心结构。

图 4-30(a)是二十六面体 CuO 分等级空心结构的 XRD 图谱，其呈现的衍射峰均与单斜结构 CuO 晶体(JCPDS 编号：48-1548)的标准衍射峰吻合。图谱中并未出现 Cu 或残余 Cu₂O 等其他物质的衍射峰，这表明产物为纯 CuO。图 4-30(b)是二十六面体 CuO 分等级空心结构的拉曼(Raman)光谱，三个主峰位置分别为 289cm⁻¹、332cm⁻¹ 和 627cm⁻¹，这与文献[98]中纯 CuO 的拉曼光谱吻合。其中，

289cm⁻¹ 峰对应 $A_g$ 振动模式，332cm⁻¹ 峰和 627cm⁻¹ 峰对应 $B_g$ 振动模式，光谱中无 Cu₂O 的拉曼峰，这进一步证明产物为纯 CuO。此外，X 射线光电子能谱仪 (XPS) 表征了二十六面体 CuO 分等级空心结构中 Cu 元素和 O 元素的化学价态，如图 4-30(c) 和 (d) 所示。图 4-30(c) 中 953.4eV 和 933.5eV 两个特征峰分别对应 Cu²⁺ 的 Cu 2p$_{1/2}$ 和 Cu 2p$_{3/2}$。另外，这两个特征峰也说明了产物中的 Cu 为二价，排除了存在 Cu₂O 的可能性。图 4-30(d) 中 529.4eV 和 531.2eV 两个特征峰分别对应于 CuO 的晶格氧和表面吸附氧[99]。

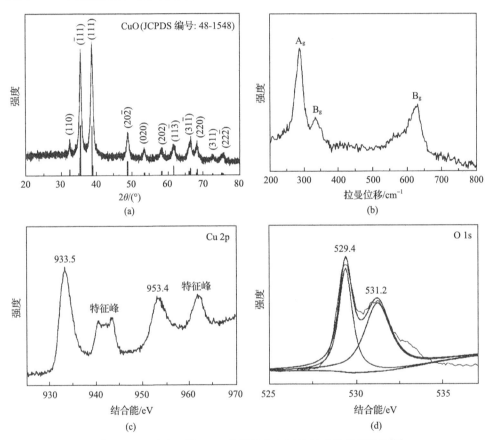

图 4-30 二十六面体 CuO 分等级空心结构的成分表征结果[97]

(a) XRD 图谱；(b) 拉曼光谱；(c) 产物中 Cu 元素的 XPS 图谱；(d) 产物中 O 元素的 XPS 图谱

图 4-31(a) 是二十六面体 CuO 分等级空心结构的低倍 SEM 图像，可以看到产物的形貌规则、尺寸均一且单分散性良好。图 4-31(b) 是单个颗粒的 SEM 图像，可以看到该颗粒表面存在一个明显的孔洞，这说明产物为空心结构。图 4-31(c) 是一个完整的二十六面体 CuO 分等级空心粒子。图 4-31(d) 是对应的高倍 SEM 图

像，可以看到空心结构的外壳是由许多纳米片聚集而成的，表现出典型的分等级结构特征。图 4-32(a)是单个二十六面体 CuO 空心粒子的 TEM 图像，可以看到这种二十六面体 CuO 分等级空心粒子具有较薄的外壳，厚度约为 95nm。以外壳表面的孔洞和衬度进行对比，可进一步证明产物为空心结构且具有粗糙表面。插图是对应的 SAED 图谱，结果显示该区域呈多晶特征。图 4-32(b)是图 4-32(a)中方框位置的放大图像，可以看到颗粒表面存在许多无序纳米片，该纳米片的厚度约为 12nm，其 HRTEM 图像和相应的 FFT 图像对应 CuO(110) 晶面(图 4-32(d)和(e))。图 4-32(c)是图 4-32(a)中圆圈区域的放大图像，可以看到 CuO 纳米片的侧面结构，其 HRTEM 图像和相应 FFT 图像对应 CuO(110) 晶面(图 4-32(f)和(g))。综上所述，产物是由许多纳米片自组装形成的二十六面体 CuO 分等级空心结构。

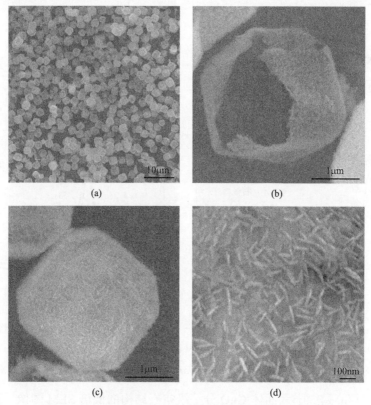

图 4-31　二十六面体 CuO 分等级空心结构的 SEM 图像[97]

(a)低倍 SEM 图像；(b)、(c)单个颗粒的 SEM 图像；(d)高倍 SEM 图像

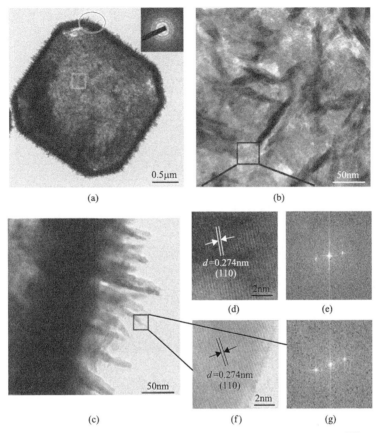

图 4-32 二十六面体 CuO 分等级空心结构的微观结构表征结果[97]

为进一步揭示这种二十六面体 CuO 分等级空心结构的形成过程,需要对不同反应时间下(30min、1h、5h 和 12h)所获产物的物相和形貌进行表征。图 4-33 是不同反应时间下所获产物的 SEM 图像。可以看到,随着反应时间的延长,产物表面并未出现明显变化,其表面均是由纳米片聚集组成的壳层。图 4-34 是不同反应时间下所获产物的 XRD 图谱,可以看到反应 30min 时,产物的主要物相仍为 Cu₂O,但此时已出现微弱的 CuO 衍射峰。由图 4-33(a)可知,反应 30min 时所获产物的内部结构为块状结构。结合 XRD 结果可知,产物表层是由纳米颗粒构筑而成的 CuO,内部块状结构为剩余的 Cu₂O。反应时间为 1h、5h 和 12h 时,所获产物的 XRD 图谱(图 4-34)表明,随着反应时间的延长,产物中的 CuO 含量逐渐增加,而 Cu₂O 含量逐渐降低。反应时间为 12h 时所获产物的 XRD 图谱中未出现 Cu₂O 的衍射峰,这说明此时产物为纯 CuO。根据 XRD 图谱中 Cu₂O 与 CuO(111)晶面衍射峰强度,可粗略估计不同反应时间所获产物中的 CuO 含量。计算结果表明,反应时间为 30min、1h、5h 和 12h 所获产物中的 CuO 含量分别为 12%、50%、70% 和 100%。

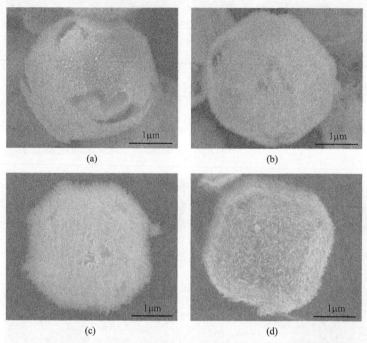

(a)    (b)

(c)    (d)

图 4-33 采用二十六面体 CuO 分等级空心结构制备工艺，在不同反应时间下
所获产物的 SEM 图像[97]

(a) 30min； (b) 1h； (c) 5h； (d) 12h

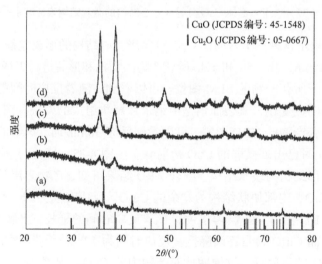

图 4-34 采用二十六面体 CuO 分等级空心结构制备工艺，在不同反应时间下
所获产物的 XRD 图谱[97]

(a) 30min； (b) 1h； (c) 5h； (d) 12h

需要注意的是：在上述二十六面体 CuO 分等级空心结构的液相制备工艺中，无水乙醇与去离子水的体积比为 10mL：15mL（即 2∶3）。为进一步揭示无水乙醇与去离子水的体积比对产物微观结构的影响，作者对以下溶剂体积比的液相反应进行尝试（保持溶剂总体积为 25mL）。具体溶剂配比分别为：25mL 无水乙醇；20mL 无水乙醇∶5mL 去离子水；15mL 无水乙醇∶10mL 去离子水；10mL 无水乙醇∶15mL 去离子水；5mL 无水乙醇∶20mL 去离子水；25mL 去离子水。

图 4-35 是在不同乙醇/水体积比的制备工艺下所获产物的 XRD 图谱。可以看到，随着去离子水体积的增加，产物中 Cu₂O 的含量逐渐降低，CuO 的含量逐渐升高，但晶化程度降低。根据 XRD 图谱中 Cu₂O 与 CuO（111）晶面的衍射峰强度可粗略估计不同乙醇/水体积比所获产物中的 CuO 含量分别为 13%、35%、65%、100%、100% 和 100%。图 4-36 是在不同乙醇/水体积比的制备工艺下所获产物的 SEM、TEM 和 HRTEM 图像。由图可知，当溶剂为 25mL 无水乙醇时，制备的产物表面含有大量的 CuO 纳米片，内部为剩余的 Cu₂O，如图 4-36（a）和（b）所示。当溶剂为 20mL 无水乙醇和 5mL 去离子水时，所获产物的微观结构与图 4-36（a）和（b）类似，如图 4-36（c）和（d）所示。当溶剂为 15mL 无水乙醇和 10mL 去离子水时，所获产物的 Cu₂O 内核明显变小，内核和壳层之间的间隙变大，此时的 CuO 外壳仍由许多纳米片聚集而成，如图 4-36（e）和（f）所示。当溶剂为 10mL 乙醇和 15mL 去离子水时，产物为典型的二十六面体 CuO 分等级空心结构，如图 4-36（g）和（h）所示，相应的 XRD 图谱也表明产物为纯 CuO。当溶剂为 5mL 无水乙醇和

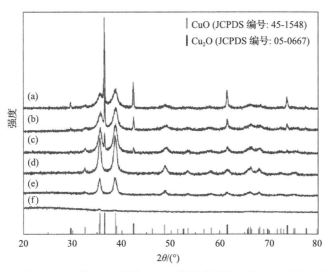

图 4-35　在二十六面体 CuO 分等级空心结构的制备工艺下，不同乙醇/水的
体积比所获产物的 XRD 图谱[97]

（a）25mL 无水乙醇；（b）20mL 无水乙醇∶5mL 去离子水；（c）15mL 无水乙醇∶10mL 去离子水；
（d）10mL 无水乙醇∶15mL 去离子水；（e）5mL 无水乙醇∶20mL 去离子水；（f）25mL 去离子水

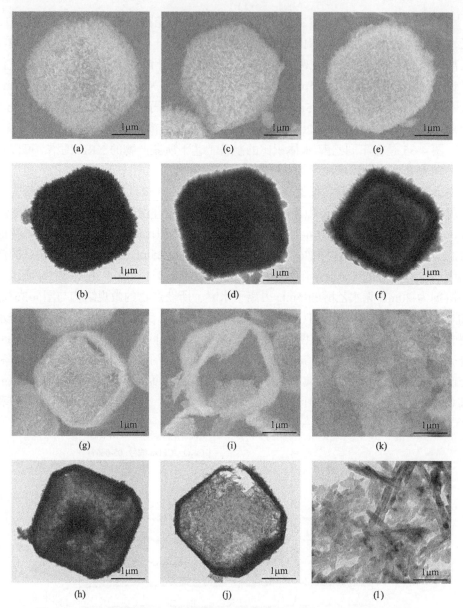

图 4-36　在二十六面体 CuO 分等级空心结构制备工艺中，不同乙醇/水体积比
所获产物的 SEM 和 TEM 图像[97]

(a)、(b) 25mL 无水乙醇；(c)、(d) 20mL 无水乙醇：5mL 去离子水；(e)、(f) 15mL 无水乙醇：10mL 去离子水；
(g)、(h) 10mL 无水乙醇：15mL 去离子水；(i)、(j) 5mL 无水乙醇：20mL 去离子水；(k)、(l) 25mL 去离子水

20mL 去离子水时，产物的空心多面体形貌发生破损，如图 4-36(i) 和 (j) 所示。当
溶剂为 25mL 去离子水时，产物 XRD 图谱中 CuO 晶体的衍射峰强度相对较弱，
这说明其结晶程度较低。此时的 CuO 产物已不再是空心多面体，而是不规则的碎

片，且每个碎片均由多个纳米颗粒组成，如图 4-36(k) 和 (l) 所示。综上所述，在氨水处理二十六面体 Cu₂O 模板制备二十六面体 CuO 分等级空心结构的液相合成工艺中，选择适当体积比的乙醇/水混合溶剂，有利于制备出形貌规则且结晶度良好的二十六面体 CuO 分等级空心结构。

　　根据以上实验结果，作者提出了二十六面体 CuO 分等级空心结构的形成机理。依据 Pourbaix 图谱[100]可以发现，在 pH 为 11~13 时，CuO 和[Cu(NH₃)₄]²⁺能够相互共存。这表明在低氨水浓度的碱性条件下，Cu₂O 经自溶解-沉淀过程最终可转化为 CuO 晶体，如反应方程式 (4-3)~式 (4-5) 所示：

$$[Cu(NH_3)_4]^{2+} + 2OH^- \longrightarrow Cu(OH)_2 + 4NH_3 \tag{4-3}$$

$$Cu(OH)_2 + 2OH^- \longrightarrow [Cu(OH)_4]^{2-} \tag{4-4}$$

$$[Cu(OH)_4]^{2-} \longrightarrow CuO + 2OH^- + H_2O \tag{4-5}$$

　　高的 pH (OH⁻浓度) 可以促进式 (4-3) 和式 (4-4) 的向右进行，但高的 pH 亦将稳定[Cu(OH)₄]²⁻，导致 CuO 的形成速率减小 (式 (4-5))，此时 CuO 的缓慢沉淀过程将破坏产物 CuO 对原始模板的复制，不利于合成空心结构，但此过程有利于产物的晶化。反之，低 pH 条件下 CuO 可快速形成，并能保持原始 Cu₂O 模板形貌有利于形成空心 CuO 结构，但不利于产物的晶化。鉴于此，对 Cu₂O-氨水-乙醇-水体系而言，只有选择合适的 pH 才能制备出具有原始 Cu₂O 模板几何形貌的高结晶 CuO 空心结构。

　　由式 (4-2) 可知，在体系中溶解氧的作用下，氨水与 Cu₂O 混合后可生成[Cu(NH₃)₄]²⁺络合物。当氨水较少时，[Cu(NH₃)₄]²⁺络合物会与溶液中的 OH⁻反应生成[Cu(OH)₄]²⁻，最后将其分解形成 CuO，具体反应过程如式 (4-3)~式 (4-5) 所示。当氨水较多时，式 (4-3) 所示的化学反应将被抑制，即 Cu₂O 完全被溶解，无法形成 CuO，该结果已被 4.1 节内容证实 (图 4-2)。这种 CuO 空心结构的形成归因于柯肯德尔效应，首先在 Cu₂O 表面形成一层 CuO 外壳，随后溶液中的 O₂ 和 NH₃ 向内扩散，而 Cu₂O 中的 Cu⁺向外扩散，两者不同的扩散速率最终导致空心结构的形成。该实验的具体反应过程如下：在一定的 pH 范围内，氨水与二十六面体 Cu₂O 模板混合后，光滑的 Cu₂O 表面会出现 CuO 纳米颗粒。随着反应时间的延长，为了降低体系的自由能，这些 CuO 纳米结构单元会通过自组装的方式聚集形成一个壳层，随后 Cu₂O 模板因发生自刻蚀而完全溶解，最终形成二十六面体 CuO 分等级空心结构。

　　产物中 CuO 的含量与水体积的增加成正比，该现象主要是因为溶液中的溶解氧和水均是反应不可缺少的要素 (式 (4-2))，因此当混合溶剂中无水乙醇比例较高时，溶解氧和水的含量相对降低，此时只能把一部分 Cu₂O 转化为 CuO；而当溶液全为去离子水时，氧气和水含量的增加会促进 CuO 的形成。另外，随着溶液中去离子水含量的增加，产物表面的粗糙度降低。这是因为水的极性比乙醇的极性大，因而随着水含量的增加溶剂的极性增大。然而，由于不同极性溶液中的物质迁移速率不同而使得 CuO 纳米颗粒的聚集速度不同，进而实现了产物微观结构的可控构筑。

### 2. 分等级空心 CuO 基复合材料

除了制备纯 CuO 空心结构，基于上述反应机理还可设计制备出分等级空心 CuO 基复合材料。例如，水热氧化刻蚀 $Cu_2O$ 立方体（式（4-4）～式（4-6））可制备出形貌规则的 $Cu_2O$/CuO 空心结构（图 4-37）[101]。类似地，根据"连续氧化溶解-沉淀"机制，可制备出具有高光催化活性的空心 CuO/Au 粒子[102]。另外，通过金属离子协助重塑 $Cu_2O$ 策略（在水热条件下加热由 $Cu_2O$ 与 $KAuCl_4$、$K_2PdCl_4$ 或 $K_2PtCl_4$ 溶液组成的固-液混合物）可制备出空心 CuO/金属纳米复合粒子[103]。图 4-38 是金属离子协助重塑 $Cu_2O$ 制备空心 CuO/金属纳米复合材料的反应机理示意图。具体反应机理如下[103]：首先，贵金属离子被 $Cu_2O$ 中的 $Cu^+$ 还原，同时 $Cu_2O$ 提供的电子可通过电偶置换转变为 $Cu^{2+}$。随后，形成新的 CuO 层，但此时还原生成的金属纳米颗粒不在 CuO 表面而在其内部。然后，质子充当催化剂，加速 $Cu_2O$ 溶解来制备空心 CuO 粒子。最终，形成了空心的 CuO/金属纳米复合材料。

$$2Cu_2O + O_2 + 4H_2O \longrightarrow 4Cu(OH)_2 \tag{4-6}$$

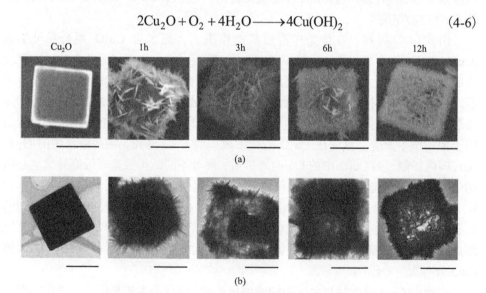

图 4-37 在水热氧化刻蚀 $Cu_2O$ 立方体工艺中，不同反应时间下 $Cu_2O$ 转变为 $Cu_2O$/CuO 空心结构的 SEM 图像(a) 和 TEM 图像(b)[101]

标尺为 1μm

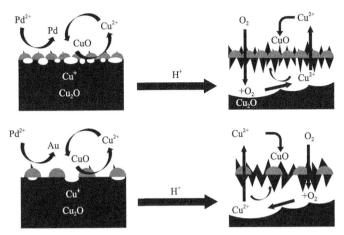

图 4-38　利用金属离子协助重塑 Cu₂O 原理制备空心 CuO/金属纳米复合材料的
反应机理示意图[103]

目前为止，单晶 CuO 空心结构的制备仍是一项挑战。文献表明：借助奥斯特瓦尔德熟化和氧化刻蚀原理可制备出单晶 Cu₂O 空心结构。例如，Kuo 和 Huang[104] 利用盐酸刻蚀策略制备出菱形十二面体 Cu₂O 纳米骨架。Sui 等[105]利用柠檬酸刻蚀策略制备出十四面体 Cu₂O 纳米骨架。以此为基础，本书作者提出利用氧化处理单晶 Cu₂O 空心结构的策略来制备单晶 CuO 空心结构。

### 4.2.2　利用 Cu₂O 模板制备非铜基金属氧化物空心结构

Cu⁺兼具氧化性和还原性，因而在一定的液相条件下它可与某些金属发生阳离子交换，进而在 Cu₂O 模板表层生成金属化合物（金属氢氧化物或氧化物）外壳。另外，借助配位刻蚀原理，这些 Cu₂O 模板将消失，最终形成了金属化合物的空心结构。本节将重点讲述国内外同行在"基于 Cu₂O 模板制备非铜基金属氧化物空心结构"领域取得的研究进展，希望可为读者提供一定的研究思路和理论指导。

室温下，路易斯酸度（Lewis acidity）较高的金属氯化物溶液可与 Cu₂O 模板中的 Cu⁺发生阳离子交换，从而在 Cu₂O 模板表面形成一层金属氢氧化物外壳，随后在氯离子的歧化作用下，剩余的 Cu₂O 模板被溶解掉。利用这一原理，Sohn 等[106] 首先将 Cu₂O 粉末分散在乙醇溶液中，然后向体系中加入一定量的氯化钠溶液，随后将过渡金属离子氯化物溶液（如氯化亚铁、氯化钴、氯化镍和四氯化钛等）缓慢加入，反应一定时间后，将剩余沉淀物离心洗涤数次，即可获得金属氢氧化物的空心结构。若将这些金属氢氧化物空心结构进行高温退火处理，即可获得相应的金属氧化物空心结构。该实验发现，Cu₂O 模板表面是否留存聚乙烯吡咯烷酮对能否制备出具有规则几何外形的金属氢氧化物外壳而言至关重要。聚乙烯吡咯烷酮的存在有利于形成具有规则几何形貌的空心结构，如图 4-39 所示。类似地，Wang 等[107]利用三氯化铁的强氧化性，首先在立方体 $Cu_2O$ 模板外表面构筑出 $Fe(OH)_x$ 外壳，该过程中 $Cu_2O$ 被氧化成 $Cu^{2+}$ 而溶解去除，进而制备出立方体 $Fe(OH)_x$ 空心结构。经退火后的立方体 $Fe(OH)_x$ 空心结构可进一步转变为立方体三氧化二铁和四氧化三铁空心结构。利用该方法对 $Cu_2O$ 模板进行二次氧化处理还可制备出双壳层纳米盒子，上述反应机理如图 4-40 所示。另外，Wang 等[108]将该原理进一步扩展，制备出具有均匀形貌、结构稳定性良好的空心二氧化锡纳米盒子(图 4-41)。空心二氧化锡纳米盒子的形成归因于四氯化锡和 $Cu_2O$ 之间的配位刻蚀反应，具体的反应机理如图 4-42 所示。由图可知，非晶态二氧化锡的沉积首先发生在四氯化锡溶液与 $Cu_2O$ 纳米立方体模板之间的界面处，随着反应的进行在 $Cu_2O$ 模板外表面形成了二氧化锡壳层。同时，液相体系中过量的 $Cl^-$ 可使难溶的 CuCl 中间体发生歧化反应，以可溶的 $[CuCl_x]^{1-x}$ 溶解，最终在室温下制备出形貌均匀的空心二氧化锡纳米盒子。经过退火后的二氧化锡纳米盒子(图 4-41(g)~(i))具有高的储锂性能和良好的循环性能。将上述反应机理继续扩展，如式(4-7)所示，Wang 和 Lou[109]还制备出空心 $TiO_2$ 纳米盒子。

$$TiF_4 + H_2O \longrightarrow Ti(OH)_{4-x}F_x \longrightarrow TiO_2 \tag{4-7}$$

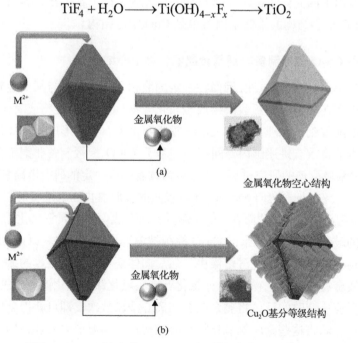

图 4-39 利用 PVP-$Cu_2O$(a)和非 PVP-$Cu_2O$(b)模板制备金属氧化物空心结构的反应机理示意图[106]

PVP 表示聚乙烯吡咯烷酮

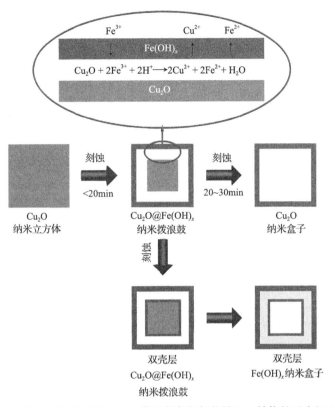

$$Fe^{3+} \qquad Cu^{2+} \qquad Fe^{2+}$$

Fe(OH)ₓ

$$Cu_2O + 2Fe^{3+} + 2H^+ \longrightarrow 2Cu^{2+} + 2Fe^{2+} + H_2O$$

Cu₂O

Cu₂O
纳米立方体

刻蚀
<20min

Cu₂O@Fe(OH)ₓ
纳米拨浪鼓

刻蚀
20~30min

Cu₂O
纳米盒子

刻蚀

双壳层
Cu₂O@Fe(OH)ₓ
纳米拨浪鼓

双壳层
Fe(OH)ₓ纳米盒子

图 4-40 利用三氯化铁氧化刻蚀 Cu₂O 模板制备氢氧化铁空心结构的反应机理示意图[107]

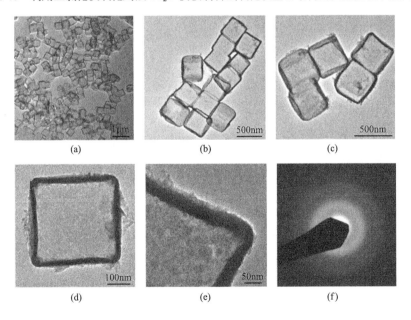

(a)　　　　　　　(b)　　　　　　　(c)

(d)　　　　　　　(e)　　　　　　　(f)

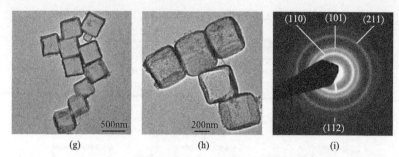

(g)       (h)       (i)

图 4-41　利用 $Cu_2O$ 模板制备的二氧化锡空心结构的微观表征结果[108]

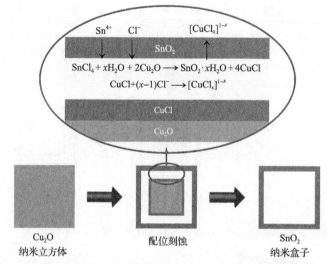

图 4-42　利用氯化锡配位刻蚀 $Cu_2O$ 模板制备二氧化锡空心结构的反应机理示意图[108]

　　虽然通过这种配位刻蚀策略可制备出某些金属氢氧化物和金属氧化物的空心结构，但其反应机理一直存在争议。例如，Nai 等[110]认为 Wang 等[108]阐述的 $Sn^{4+}$和 $Cu_2O$ 之间的反应是酸刻蚀反应而非配位刻蚀反应。以此为基础，Nai 等依据配位刻蚀原理，提出了一种利用 $Cu_2O$ 模板可在室温下合成金属氢氧化物($M(OH)_x$)空心结构(图 4-43)的普适性方法。具体制备工艺如下[110]：首先，将一定质量的 $Cu_2O$ 粉末与金属盐 $MCl_y \cdot xH_2O$ 同时放入含有聚乙烯吡咯烷酮的乙醇溶液中，磁力搅拌 10min 使之充分混合。然后，将一定浓度的硫代硫酸钠水溶液逐滴加入，待红色 $Cu_2O$ 完全变色时，离心洗涤即可获得相应的金属氢氧化物($M(OH)_x$)空心结构。需要强调的是：聚乙烯吡咯烷酮的引入对空心产物保持多面体外形而言至关重要[106]。另外，这些 $M(OH)_x$ 空心结构经退火处理后，即可转变为相应的金属氧化物空心结构(图 4-44)，且基本保持原有的形状不变。

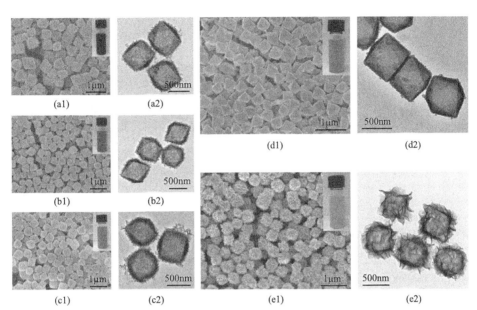

图 4-43　利用配位刻蚀 Cu₂O 模板制备的金属氢氧化物的 SEM、
TEM 表征结果以及产物在溶液中的宏观图像[110]

(a)氢氧化锰；(b)氢氧化铁；(c)氢氧化钴；(d)氢氧化镍；(e)氢氧化锌

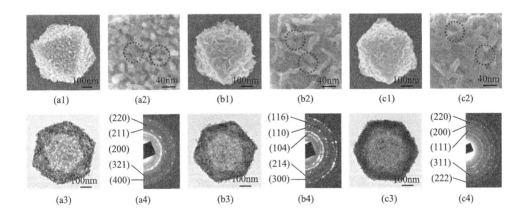

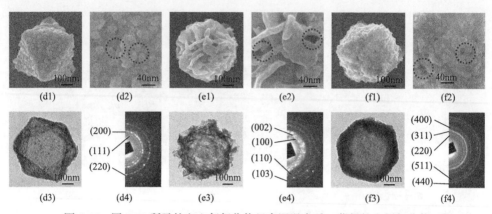

图 4-44 图 4-43 所示的空心氢氧化物经高温退火后，获得的金属氧化物
空心结构的微观结构表征[110]

(a)Mn₃O₄；(b)Fe₂O₃；(c)CoO；(d)NiO；(e)ZnO；(f)Co₃O₄

Nai 等[110]提出的配位刻蚀策略以软硬酸碱原理为理论基础。一方面，软路易斯碱可以和软酸形成稳定的复合物；另一方面，硬路易斯碱倾向于与硬酸结合。$Cu_2O$ 模板中的 $Cu^+$ 具有软酸性质，因此选择软碱($S_2O_3^{2-}$、$CN^-$、$SCN^-$等)作配位刻蚀剂比选择硬碱($Cl^-$、$NH_3$等)更为合适。然而，并不是所有的软碱都能用于该合成方法。例如，$CN^-$有一个空的 π*轨道，属于 C-配位配合基。因此，$CN^-$能接受来自 $t_{2g}$ 轨道的金属离子，对形成 π 轨道具有反馈作用，这将明显提高 $CN^-$ 与过渡金属离子间的化学亲和力，从而抑制金属氢化物的产生。在这项工作中，作者最终选用硫代硫酸钠作为配位刻蚀剂来设计合成金属氢化物空心结构。其形成过程如图 4-45 中的步骤 1 和步骤 2 所示，具体化学反应方程式如下：

$$Cu_2O + xS_2O_3^{2-} + H_2O \longrightarrow \left[Cu_2(S_2O_3)_x\right]^{2-2x} + 2OH^- \tag{4-8}$$

$$S_2O_3^{2-} + H_2O \Longleftrightarrow HS_2O_3^- + OH^- \tag{4-9}$$

$$M^{2+} + 2OH^- \longrightarrow M(OH)_2 \tag{4-10}$$

反应过程中 $S_2O_3^{2-}$ 扮演着多重角色：①$Cu^+$-$S_2O_3^{2-}$（软酸和软碱）的相互作用比 $Cu_2O$ 中 $Cu^+$-$O^{2-}$（软酸和硬碱）的相互作用更强，因此通过 $Cu_2O$ 配位刻蚀可形成可溶的$\left[Cu_2(S_2O_3)_x\right]^{2-2x}$，如式(4-8)所示；②由于边缘存在不稳定的酸-软碱结合，这使得溶液中其他过渡金属离子处于自由态；③$OH^-$从刻蚀 $Cu_2O$ 中释放出来，但仅由部分$S_2O_3^{2-}$水解形成的 $OH^-$（式(4-9)）才能较容易地形成 $M(OH)_2$，如式(4-10)所示。特别是反应过程中硫代硫酸钠溶液的 pH 呈弱碱性(1mol/L 硫代硫酸钠溶液的 pH 约为 9.35，0.2mol/L 硫代硫酸钠溶液的 pH 约为 8.5)。另外，$S_2O_3^{2-}$ 刻蚀 $Cu_2O$

时会释放出更多的 OH⁻(式(4-9)),因此不同金属盐反应体系的 pH 均超过 10。当发生配位刻蚀时,$M(OH)_2$ 同时开始沉淀,壳层倾向于在 OH⁻ 浓度最高的刻蚀界面周围形成,这种反应过程可定义为配位刻蚀沉淀(CEP),如图 4-45 中步骤 1 所示。综上所述,步骤 1 和步骤 2 两个化学反应的同步进行,确保了 $M(OH)_2$ 外壳完全地复制多面体 Cu₂O 模板的几何外形。这些壳层结构可在随后的配位刻蚀过程中保留下来(图 4-45 步骤 2),甚至在一些案例中(如 $Mn^{2+}$ 和 $Fe^{2+}$),由于氧化性的存在,$M(OH)_2$ 可转换为 $M(OH)_x$。

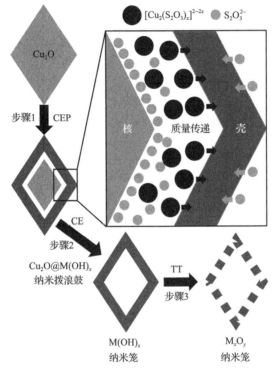

图 4-45 利用配位刻蚀 Cu₂O 模板合成金属氢氧化物($M(OH)_x$)和
金属氧化物空心纳米粒子的反应机理示意图[110]

应当指出的是:一方面,随着 CEP 反应的进行,金属氢化物壳层的厚度会持续增加,直到金属离子浓度降低到不能达到沉淀要求时结束(仅发生在步骤 1);另一方面,即使在封闭的壳层中 Cu₂O 也可连续溶解,这表明 $S_2O_3^{2-}$ 和 $[Cu_2(S_2O_3)_x]^{2-2x}$ 可通过壳层上粒子间的间隙来自由运输,运输过程中所需的驱动力由刻蚀期间形成的浓度梯度提供(步骤 1 和 2)。基于此,当前体系涉及的配位刻蚀机制不同于传统牺牲模板法的自刻蚀或后刻蚀机制。在此基础上,利用该原理还可制备 In₂O₃ 空心纳米结构[111]和 NiCo₂O₄ 空心纳米结构[112]。

### 4.2.3 利用 Cu₂O 模板制备分等级 Ag/AgBr 空心结构

根据配位刻蚀原理，利用 Cu₂O 模板还可制备出空心 Ag/AgBr 复合材料[113]。本节将着重介绍分等级 Ag/AgBr 空心结构的演变机理和调变规律。使用的立方体 Cu₂O 模板详见参考文献[113]。利用 Cu₂O 模板制备分等级 Ag/AgBr 空心结构的制备工艺如下[113]：首先，将 Cu₂O 粉末（0.8mg）与 1mL 无水乙醇混合并超声分散。然后，将固-液混合物加入 10mL 质量分数为 1% 的十六烷基三甲基溴化铵水溶液中，同时进行磁力搅拌，随后将上述混合溶液加热到 50℃，再将 2mL 浓度为 10mmol/L 的硝酸银水溶液逐滴加入，恒温恒速继续反应 60min。待反应完成后，将获得的产物用去离子水和无水乙醇反复离心洗涤数次。最后，置于真空干燥箱中 40℃保温 12h，即可获得分等级 Ag/AgBr 空心结构。

图 4-46（a）是上述工艺所获产物的 XRD 图谱，可以看到在 26.7°、30.9°、44.3°、55.1°、64.5° 和 73.3° 等位置出现了明显的衍射峰，分别对应于 AgBr 晶体（JCPDS 编号：06-0438）的（111）、（200）、（220）、（222）、（400）和（420）晶面。由图 4-46（b）

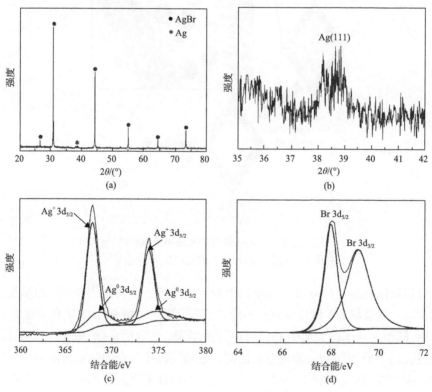

图 4-46 分等级 Ag/AgBr 空心结构的成分表征结果[113]

(a) 在 20°~80° 范围内对应的 XRD 图谱；(b) 在 35°~42° 范围内对应的 XRD 图谱；
(c) 产物中 Ag 元素的高分辨 XPS 图谱；(d) 产物中 Br 元素的高分辨 XPS 图谱

可知，38.5°附近存在微弱的衍射峰，对应于 Ag(111) 晶面。因此，产物包含 AgBr 和 Ag 两种物相，且 Ag 含量相对较少。为进一步明确产物的组分，需要对其进行 XPS 表征。由图 4-46(c) 可知，Ag/AgBr 中的 Ag 3d 轨道由 368eV 和 374eV 两个特征峰构成，分别对应于 Ag 3d$_{5/2}$ 和 Ag 3d$_{3/2}$。分峰处理后发现：Ag 3d$_{5/2}$ 和 Ag 3d$_{3/2}$ 又可分别被分成 367.90eV、368.63eV 和 373.93eV、374.73eV 四个特征峰。其中 367.90eV 和 373.93eV 位置的特征峰分别对应 AgBr 的 Ag$^+$，而 368.63eV 和 374.73eV 位置的特征峰对应 Ag$^0$。图 4-46(d) 是 Br 元素的高分辨 XPS 图谱，可以看到它存在 67.98eV 和 69.18eV 两个特征峰，分别对应 Br 3d$_{5/2}$ 和 Br 3d$_{3/2}$。综上所述，由 XRD 和 XPS 结果可知，产物由 Ag 和 AgBr 两种物相组成，且 AgBr 含量远大于 Ag 含量。

图 4-47 是 Ag/AgBr 的 SEM 图像。由图 4-47(a) 所示的低倍 SEM 图像可知，Ag/AgBr 的形貌为类立方体的分等级结构，尺寸均匀且边长约为 400nm。由图 4-47(b) 所示的单个颗粒的 SEM 图像可以看到，该类立方体颗粒是由许多毛刺状纳米针组成的分等级纳米结构。由 Ag/AgBr 的低倍 TEM 图像（图 4-48(a)）可以看到，产物为明显的空心结构，且保持立方体轮廓。由单个颗粒的 TEM 图像（图 4-48(b)）可以看到，其形貌特征与图 4-47(b) 的结果吻合。图 4-48(c) 是单颗粒分等级 Ag/AgBr

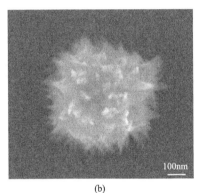

(a)　　　　　　　　　　　　　　　(b)

图 4-47　分等级 Ag/AgBr 空心结构的 SEM 图像[113]

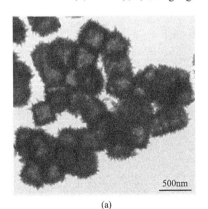

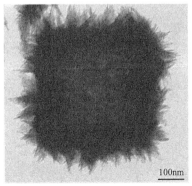

(a)　　　　　　　　　　　　　　　(b)

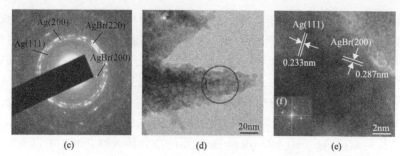

图 4-48　分等级 Ag/AgBr 空心结构的微观结构表征结果[113]

(a)、(b) TEM 图像；(c) SAED 图谱；(d) 高倍 TEM 图像；(e) 图 (d) 中圆圈处
对应的 HRTEM 图像；(f) 图 (e) 对应的 FFT 斑点

空心结构对应的 SAED 图谱且呈现出明显的衍射环，这说明 Ag/AgBr 具有多晶特征，衍射环分别对应于 Ag(111) 和 (200) 晶面以及 AgBr(200) 和 (220) 晶面，这与前述的 XRD 结果相吻合。图 4-48(d) 和 (e) 分别是毛刺状纳米针的高倍 TEM 和 HRTEM 图像。由图 4-48(e) 可知，其晶格条纹间距分别为 0.233nm 和 0.287nm，依次对应于 Ag(111) 晶面和 AgBr(200) 晶面。

为揭示分等级 Ag/AgBr 空心结构的形成过程，需要对不同反应时间所获产物进行微观结构表征。图 4-49 和图 4-50 分别是 $Cu_2O$ 与硝酸银反应不同时间后所获

图 4-49　$Cu_2O$ 与硝酸银反应不同时间所获产物的 TEM 图像[113]

(a)、(b) 0min；(c)、(d) 5min；(e)、(f) 30min

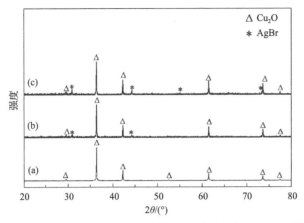

图 4-50　Cu₂O 与硝酸银反应不同时间所获产物的 XRD 图谱[113]
(a) 0min；(b) 5min；(c) 30min

产物的 TEM 图像和 XRD 图谱。图 4-49(a) 和 (b) 是 Cu₂O 模板的 TEM 图像。可以看到，Cu₂O 模板是表面光滑的立方体，尺寸约为 320nm。图 4-50(a) 所示的 XRD 图谱中只有 Cu₂O 的衍射峰，并无其他杂质。当反应时间为 5min 时，产物的 TEM 图像如图 4-49(c) 和 (d) 所示。可以看到，在立方体 Cu₂O 模板周围出现了细小的毛刺结构，且形成了一层致密的纳米壳层。此时产物的 XRD 图谱中出现了微弱的 AgBr 衍射峰(图 4-50(b))，这表明新出现的毛刺外壳为 AgBr 晶体，即产物是 Cu₂O@AgBr。当反应时间为 30min 时，产物的 TEM 图像如图 4-49(e) 和 (f) 所示，可以看到 AgBr 壳层厚度增加，立方体 Cu₂O 的内核尺寸变小，即在 Cu₂O 内核和新 AgBr 外壳之间出现了明显的间隙，此时产物 XRD 图谱中的 AgBr 衍射峰明显增强(图 4-50(c))。当反应时间为 60min 时，立方体 Cu₂O 模板完全消失，产物仅为分等级 Ag/AgBr 空心结构(图 4-48)。

　　由微观结构随时间的演变规律可知(图 4-49 和图 4-50)，分等级 Ag/AgBr 空心结构的形成机理如下[113]：当 Cu₂O 分散在十六烷基三甲基溴化铵溶液中时，十六烷基三甲基溴化铵分子将吸附于 Cu₂O 表面，随后 AgNO₃ 溶液中的 Ag⁺ 会与十六烷基三甲基溴化铵分子中的 Br⁻ 发生反应形成 AgBr，同时产生不溶的 CuBr，反应过程如式(4-11)所示：

$$Ag^+ + 3Br^- + 2H^+ + Cu_2O \longrightarrow AgBr + 2CuBr + H_2O \qquad (4\text{-}11)$$

　　随着反应时间的延长，AgBr 不断地熟化长大，为了降低体系的自由能，它以自组装的方式连接在一起，从而在 Cu₂O 表面形成一层致密的 AgBr 纳米壳层。随后，不溶的 CuBr 与过量的 Br⁻ 发生歧化反应生成可溶的 $[CuBr_x]^{1-x}$，反应过程如式(4-12)所示，最终形成 AgBr 空心结构。

$$CuBr + (x-1)Br^- \longrightarrow [CuBr_x]^{1-x} \qquad (4\text{-}12)$$

反应过程中，$Cu_2O$内核和新 AgBr 外壳之间出现的间隙归因于柯肯德尔效应，即向内扩散的 $Ag^+$和 $Br^-$与向外扩散的$[CuBr_x]^{1-x}$具有不同的扩散速率，因而在两者之间形成间隙。另外，在自然光作用下，化学稳定性差的 AgBr 会自发分解，故其表面将产生少量的 Ag，从而形成分等级 Ag/AgBr 空心结构，反应过程如式(4-13)所示：

$$AgBr \longrightarrow Ag + Br \tag{4-13}$$

## 4.3 利用 $Cu_2O$ 模板制备金属空心结构

4.1 节和 4.2 节分别介绍了利用 $Cu_2O$ 模板制备硫化物空心结构、金属氧化物空心结构和 Ag/AgBr 空心结构的典型实例。除此之外，$Cu_2O$ 模板还可用于制备金属空心结构或具有规则几何形貌的新型金属纳米结构。这是因为 $Cu_2O$ 中的 Cu 元素化合价为+1 价兼具氧化性和还原性，除可被氧化为 CuO 外还能被还原为单质 Cu。因此，利用 $Cu_2O$ 模板制备金属纳米结构主要包括两种途径。

(1)利用还原剂将 $Cu_2O$ 还原成单质 Cu。

(2)利用 $Cu^+$的还原性来制备 Au、Pt、Pd 和 Ag 等贵金属空心结构。

2011 年，作者团队利用过量的水合肼还原氯化铜/聚乙烯吡咯烷酮/氢氧化钠/水混合物，成功制备出由许多纳米颗粒聚集组成的多孔 Cu 八面体。该反应首先合成了八面体 $Cu_2O$ 晶体，随后这些八面体 $Cu_2O$ 被水合肼进一步还原，最终形成多孔 Cu 八面体[114]，如图 4-51 所示。该反应表明选用合适的还原剂可将 $Cu_2O$ 原位还原成 Cu 纳米结构，且保留原始 $Cu_2O$ 模板的几何形貌。此后，作者团队在利用 $Cu_2O$ 模板制备金属空心结构领域开展了一系列的研究。本节将着重讲述作者团队在利用 $Cu_2O$ 模板制备空心 Cu 及其合金纳米结构、Ag 纳米片等领域取得的研究成果，同时简要总结国内外同行利用 $Cu_2O$ 模板制备贵金属空心结构或特殊纳米结构的研究进展。

图 4-51 八面体 $Cu_2O$ 和八面体 Cu 多孔结构的 SEM 表征结果[114]

(a)八面体 $Cu_2O$；(b)八面体 Cu 多孔结构

### 4.3.1　利用 Cu₂O 模板制备分等级 Cu 空心结构

利用葡萄糖不仅可以制备二十六面体 Cu₂O(表 4-1)，还可将二十六面体 Cu₂O 进一步还原制备出空心 Cu 纳米结构。Cu₂O 模板制备分等级 Cu 空心结构的工艺如下[115]：首先，将 0.012g 的二十六面体 Cu₂O 粉末加入装有 30mL 乙二醇的锥形瓶中，超声 2min 后将其放入 60℃的水浴锅中磁力搅拌加热 10min，待混合液温度稳定之后，缓慢加入浓度为 5mol/L 的氢氧化钠溶液 10mL，继续强力搅拌 5min，随后缓慢加入 10mL 葡萄糖溶液(1.1mol/L)。然后，将上述混合物在 60℃水浴中保温 120min。最后，将获得的产物用去离子水和无水乙醇反复离心洗涤数次，置于真空干燥箱中 50℃干燥 12h，即可获得空心 Cu 纳米结构。

图 4-52(a)是产物的 XRD 图谱，可以看到在 43.3°、50.5°和 74.2°位置出现了明显的衍射峰，它们分别对应于 Cu(111)、(200) 和 (220) 晶面(JCPDS 编号：04-0836)。图谱中并未出现 CuO 或 Cu₂O 等杂质的衍射峰，这说明产物为纯 Cu。为进一步验证产物的纯度，需要对其价态进行 XPS 表征。由图 4-52(b)所示的 Cu 元素的 XPS 图谱可知，在 932.68eV 和 952.48eV 位置出现了两个明显的特征峰，分别对应于单质 Cu 的 Cu $2p_{3/2}$ 和 Cu $2p_{1/2}$，这进一步说明产物为纯 Cu。

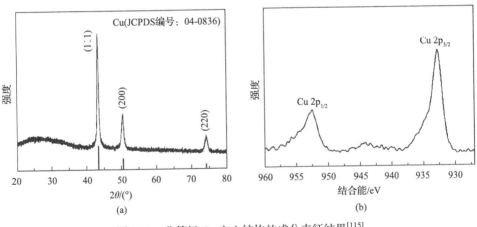

图 4-52　分等级 Cu 空心结构的成分表征结果[115]

(a) XRD 图谱；(b) XPS 图谱

图 4-53(a)是分等级 Cu 空心结构的低倍 SEM 图像，可以看到产物具有较好的单分散性，并保持较完整的二十六面体轮廓，粒径尺寸为(1.76±0.04)μm，如图 4-54(a)所示。图 4-53(d)给出了单个 Cu 空心颗粒的 SEM 图像，可以看到 Cu 空心结构是由许多尺寸约为 100nm 的纳米颗粒组成的分等级结构，且具有明显的空心腔体，如图 4-54(b)所示。图 4-53(b)和(e)是产物的低倍和高倍 TEM 图像，这进一步说明了产物具有粗糙表面和空心腔体。图 4-53(c)是分等

级 Cu 空心结构的 SAED 图谱且呈现出典型的多晶特征，衍射环由内至外分别对应 Cu(111)、(200) 和 (220) 晶面，这与前述的 XRD 图谱相吻合。产物边缘的 HRTEM 表征结果如图 4-53(f) 所示，其晶格条纹间距为 0.206nm，对应于 Cu(111) 晶面。

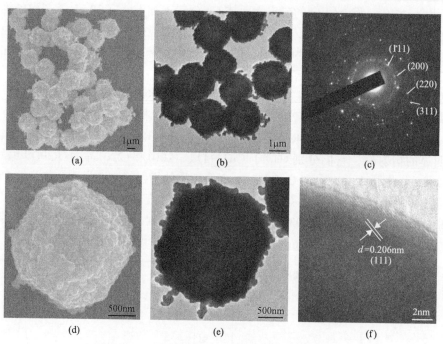

图 4-53　分等级 Cu 空心结构的微观表征结果[115]

(a) 低倍 SEM 图像；(b) 低倍 TEM 图像；(c) SAED 图谱；(d) 高倍 SEM 图像；
(e) 高倍 TEM 图像；(f) HRTEM 图像

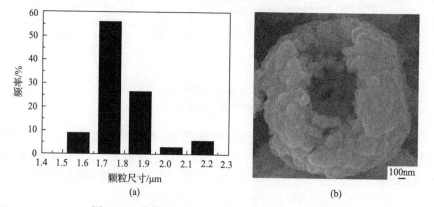

图 4-54　分等级 Cu 空心结构的微观表征结果[115]

(a) 粒径分布图；(b) 表面破损单个分等级 Cu 空心颗粒的 SEM 图像

为揭示分等级 Cu 空心结构的形成机制，需要对不同反应时间所获产物进行微观结构表征。图 4-55 是利用葡萄糖还原二十六面体 Cu₂O 模板，在不同反应时间下所获产物的 SEM 和 TEM 图像，图 4-56 是对应的 XRD 图谱。由图 4-55(a1)～(a4) 可以看到，二十六面体 Cu₂O 的表面光滑、尺寸均匀、形貌规则且单分散性良好。当反应时间为 5min 时，可以看到在光滑的二十六面体 Cu₂O 表面出现了细小的 Cu 纳米颗粒，如图 4-55(b1)～(b4) 所示。此时 Cu 含量过低，因此图 4-56(b) 所示的 XRD 图谱中并未出现明显的 Cu 衍射峰。当反应时间为 30min 时，可以看到细小的 Cu 纳米颗粒开始长大并形成包裹 Cu₂O 的壳层，如图 4-55(c1)～(c4) 所示，此时产物对应的 XRD 图谱中出现了微弱的 Cu(111) 和 Cu(200) 衍射峰(图 4-56(c))。当反应时间为 60min 时，Cu 壳层厚度增加，Cu₂O 尺寸变小(图 4-55(d1)～(d4))，此时产物对应的 XRD 图谱中出现了明显的 Cu 衍射峰(图 4-56(d))。当反应时间为 120min 时，产物为分等级 Cu 空心结构，如图 4-53 所示。

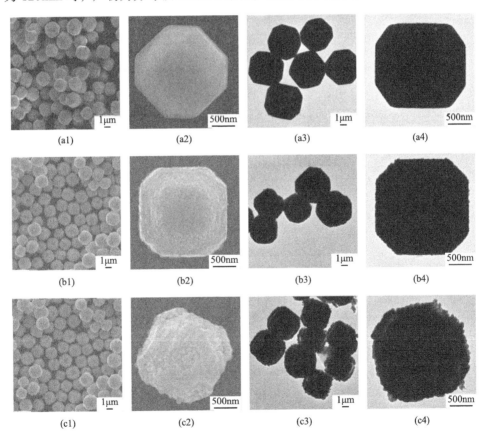

(a1)　　　　(a2)　　　　(a3)　　　　(a4)

(b1)　　　　(b2)　　　　(b3)　　　　(b4)

(c1)　　　　(c2)　　　　(c3)　　　　(c4)

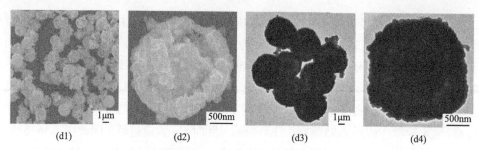

(d1)　　　　　　(d2)　　　　　　(d3)　　　　　　(d4)

图 4-55　利用葡萄糖还原二十六面体 $Cu_2O$ 模板，在不同反应时间下
所获产物的 SEM 和 TEM 图像[115]

(a1)～(a4) 0min；　(b1)～(b4) 5min；　(c1)～(c4) 30min；　(d1)～(d4) 60min

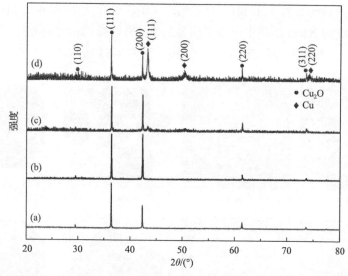

图 4-56　利用葡萄糖还原二十六面体 $Cu_2O$ 模板，在不同反应时间下所获产物的 XRD 图谱[115]

(a) 0min；　(b) 5min；　(c) 30min；　(d) 60min

由微观结构随时间的演变规律可知，分等级 Cu 空心结构的形成过程[115]。在葡萄糖的还原作用下，二十六面体 $Cu_2O$ 的光滑表面开始出现 Cu 纳米颗粒。随着反应时间的延长，不断被还原的 $Cu_2O$ 使得 Cu 纳米颗粒逐渐长大。为了维持体系的能量最低，这些长大的 Cu 纳米颗粒将通过自组装方式连接在一起，在二十六面体 $Cu_2O$ 表面逐渐形成一层致密的 Cu 纳米壳层，同时在 $Cu_2O$ 内核和 Cu 外壳之间出现了一定的间隙，这归因于柯肯德尔效应。

众所周知，利用锌箔的还原性可将 $CuCl_2$ 溶液中的 $Cu^{2+}$ 还原成纳米 Cu 枝晶。然而，当 $CuCl_2$ 溶液的浓度很低时，无法获得形貌规则的纳米 Cu 枝晶[116]。如何解决这个问题呢？理论上，$Cu^{2+}/Cu^0$ 氧化还原电位比 $Cu^+/Cu^0$ 更低，因此水溶液中 $Cu^{2+}$ 的稳定性比 $Cu^+$ 更好，即 Cu 更容易被还原。以此为基础，本书作者提出了通过还原 Cu$^+$ 来解决低浓度铜离子体系无法获得形貌规则的纳米 Cu 枝晶的问题。具体反应过程如下：首先，将 Cu$_2$O 与稀盐酸混合制备出 HCuCl$_2$ 溶液；然后，利用锌箔将 HCuCl$_2$ 溶液中的 Cu$^+$ 还原成单质 Cu 纳米枝晶。HCuCl$_2$ 的引入可有效控制 Cu$^+$ 的释放和改善 Cu 纳米结构的沉积速率，有利于形成如图 4-57 所示的稻穗状纳米 Cu 枝晶[116]。

图 4-57　利用 HCuCl$_2$ 溶液制备的稻穗状纳米 Cu 枝晶的 SEM 图像[116]

除此之外，Cu$_2$O 与硼烷氨（AB）反应亦可制备出类空心 Cu 纳米结构。Rej 等[117] 发现：向 Cu$_2$O 悬浮液中加入含有 AB 的乙醇溶液，AB 中 NH$_3$ 单元的氢质子倾向于附着在 Cu$_2$O 表面的 O$^{2-}$ 上，而 BH$_3$ 单元的氢质子倾向于附着在 Cu$_2$O 表面的 Cu$^+$ 上。Cu$_2$O 表面电荷的非均匀性增强了其与 AB 的键合，这不仅有效地降低了 AB 的活化势垒，还削弱了 AB 的 B—N 键。随后乙醇分子将打破这些弱化的 B—N 键，生成游离的 BH$_3$ 和 NH$_3$ 中间体，如式（4-14）所示：

$$H_3N - BH_3 + EtOH \longrightarrow NH_4^+ + \left[BH_3(OEt)\right]^- \longrightarrow NH_3 + BH_3 + EtOH \quad (4\text{-}14)$$

根据 Pearson 软硬酸碱原理，Cu$^+$-NH$_3$ 的软-软相互作用比 Cu$^+$-O$^{2-}$ 的软-硬相互作用更强，这使得 NH$_3$ 分子与 Cu$_2$O 表面的 Cu$^+$ 产生了更强的配位，从而形成了 Cu$^+$—NH$_3$ 键。配位反应一旦发生，附近游离的 BH$_3$ 分子会被乙醇分子分解并释放出氢化物阴离子（H$^-$），如式（4-15）所示：

$$BH_3 + 3EtOH \longrightarrow B(OEt)_3 + 3H^+ + 3H^- \quad (4\text{-}15)$$

同时把 Cu$^+$—NH$_3$ 单元还原成 Cu$^0$ 金属，该过程伴有 NH$_3$（式（4-16））和氢气分子（式（4-17））的释放：

$$Cu^+ - BH_3 + H^- \longrightarrow Cu^0 - H + NH_3 \quad (4\text{-}16)$$

$$Cu^0 - H \longrightarrow 2Cu + H_2 \quad (4\text{-}17)$$

### 4.3.2 利用 Cu₂O 模板制备贵金属空心结构

标准电极电势差是化学反应的驱动力,典型金属的标准电极电势分别为 $E^{\theta}(Cu^{2+}/Cu_2O)=+0.203V$、$E^{\theta}(AuCl_6^-/Au)=+1.002V$、$E^{\theta}(PtCl_6^{2-}/Pt)=+0.735V$、$E^{\theta}(PdCl_4^{2-}/Pd)=+0.591V$ 和 $E^{\theta}(Ag^+/Ag)=+0.8V$。因此,根据高电极电势物质可被低电极电势物质还原这一原理,利用 Cu₂O 模板与氯金酸、氯铂酸、氯钯酸和硝酸银溶液反应,可分别制备出纯金属 Au、Pt、Pd 和 Ag 的空心结构。这些贵金属空心结构的形成通常包括三个步骤。

(1)制备 Cu₂O 模板。

(2)Cu₂O 与 $AuCl_4^-$、$PtCl_6^{2-}$ 或 $PdCl_4^{2-}$ 反应生成 Cu₂O@M(M = Au、Pt 和 Pd)核壳结构:

$$3Cu_2O + 2H^+ + 2MCl_4^- + H_2O \longrightarrow 6Cu^{2+} + 8Cl^- + 4OH^- + 2M \qquad (4-18)$$

(3)利用氨水或酸溶解剩余的 Cu₂O,即可获得贵金属空心结构。

依据式(4-18)所示的反应机理,Liu[118]利用 Cu₂O 模板制备出了具有多种几何形貌的空心 Au 多面体(包括立方体、八面体、球体、凹立方体、截角八方体和立方八面体),如图 4-58 所示。Cu₂O 表面 Au 纳米粒子的形成归因于 Cu₂O/Cu²⁺ 和 $AuCl_4^-$/Au 之间的电极电势差。当 HAuCl₄ 水溶液和 Cu₂O 共存时,$AuCl_4^-$ 会立即被 Cu⁺还原,并在 Cu₂O 表面迅速成核形成团簇,随后形成纳米 Au 外壳,剩余的 Cu₂O 内核被 H⁺溶解除去,最终形成 Au 空心结构。类似地,利用 Cu₂O 与 H₂PtCl₆ 溶液反应,人们制备出由粒径尺寸为 2~3nm 的纳米粒子自组装形成的 Pt 纳米团簇[119]。另外,在十六烷基三甲基溴化铵的保护下,利用 Cu₂O 分别与 H₂PtCl₆、H₂PdCl₄、H₂PtCl₆-H₂PdCl₄ 溶液反应,并选择氨水作刻蚀剂,可制备出空心的 PtCu、PdCu 和 PtPdCu 合金[120],如图 4-59 所示。

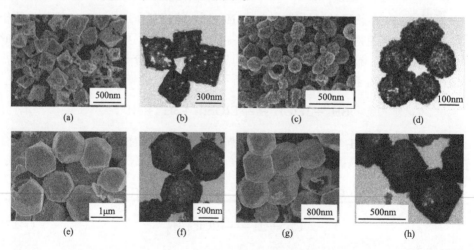

图 4-58　利用 Cu₂O 模板制备的空心 Au 多面体的 SEM 和 TEM 表征结果及反应机理示意图[118]

图 4-59　利用 Cu₂O 模板制备的空心 PtCu 合金的 SEM 图像、TEM 图像、HRTEM 图像、SAED
　　　　图谱、元素 mapping 的表征结果及反应机理示意图[120]

虽然 $Cu_2O$ 模板可用于制备 Cu、Au、PtCu、PdCu 和 PtPdCu 等空心结构，但是在可控合成 Ag 空心结构方面却鲜有报道。究其原因：$Cu_2O$ 仅在酸性环境下才能与 $Ag^+$ 发生还原反应，如式(4-18)所示。因此，Wang 等[121]采用立方体 $Cu_2O$ 作为模板，柠檬酸三钠作保护剂，成功制备出由许多纳米片组成的空心 Ag 分等级立方体，如图 4-60 所示。纳米片表面具有丰富的活性"热点"，因而作为表面增强拉曼散射(SERS)衬底的分等级 Ag 空心粒子表现出优异的拉曼增强性能。需要注意的是，只有在酸性条件下 $Cu^+$ 才能从 $Cu_2O$ 模板中释放出来，如式(4-19)所示：

$$2Cu_2O + 8H^+ + O_2 \longrightarrow 4Cu^{2+} + 4H_2O \tag{4-19}$$

此时 $Cu_2O$ 的溶解使得 Ag 晶核最先在 $Cu_2O$ 表面产生，并在柠檬酸三钠的协助下熟化成纳米片。为了维持体系能量最低，这些纳米片会迅速聚集形成致密的外壳，如式(4-20)所示：

$$Cu^+ + Ag^+ \longrightarrow Ag + Cu^{2+} \tag{4-20}$$

剩余的 $Cu_2O$ 内核会在酸性溶液中完全溶解，最后形成分等级 Ag 空心结构，具体的反应过程如式(4-21)所示：

$$2H^+ + Cu_2O + 2Ag^+ \longrightarrow 2Ag + 2Cu^{2+} + H_2O \tag{4-21}$$

图 4-60　$Cu_2O$ 模板及利用其制备的空心 Ag 分等级结构的微观表征结果[121]

除此之外，利用 Cu 空心结构作还原剂使之与 HAuCl₄ 溶液反应，可进一步制备出 Au 分等级空心结构[122]，产物的 SEM、TEM 和 HRTEM 表征结果如图 4-61 所示。另外，Ma 等[123]利用二十六面体 Cu₂O 模板还制备出图 4-62 所示的 Ag 纳米片。由图 4-62(a)和(b)可知，这些 Ag 纳米片呈表面光滑的弯曲状结构。由图 4-62(c)可知，单个 Ag 纳米片的厚度约为 10nm。因其厚度相对较薄和尺寸较大，所以这种 Ag 纳米片具有较高的比表面积。图 4-62(d)～(f) 是 Ag 纳米片的 TEM、HRTEM 和 SAED 表征结果。由图 4-62(e)可知纳米片的晶面间距为 0.204nm，对应于 Ag(200)晶面。由图 4-62(f)所示的 SAED 图谱可知 Ag 纳米片为单晶结构。利用二十六面体 Cu₂O 模板制备 Ag 纳米片的反应机理如下。二十六面体 Cu₂O 模板首先被还原成二十六面体 Cu 分等级空心结构，然后 Cu 作为还原剂将 AgNO₃

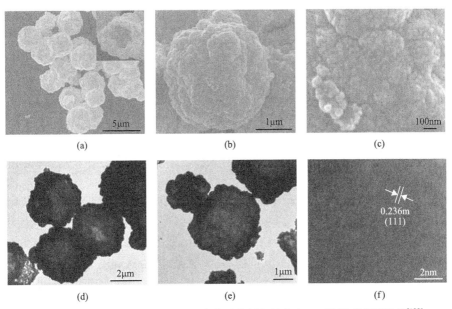

图 4-61　利用空心 Cu 与 HAuCl₄ 溶液反应制备的空心 Au 的微观表征结果[122]

(a)～(c)SEM 图像；(d)、(e)TEM 图像；(f)HRTEM 图像

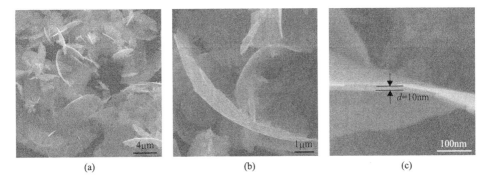

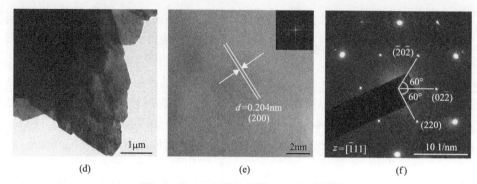

图 4-62 Ag 纳米片的微观表征结果[123]

(a)、(b)Ag 纳米片的低倍和高倍 SEM 图像；(c)单个 Ag 纳米片的高倍 SEM 图像；(d)Ag 纳米片的
低倍 TEM 图像；(e)Ag 纳米片的 HRTEM 图像；(f)Ag 纳米片的 SAED 图谱

溶液中的 $Ag^+$ 还原成 Ag 纳米粒子，最终这些 Ag 纳米颗粒借助奥斯特瓦尔德熟化形成单晶 Ag 纳米片。

## 4.4  小结与展望

$Cu_2O$ 化学模板具有成本低、形貌与尺寸可控、兼具氧化性和还原性以及易于被氨水或酸溶解等特点，因而其在可控备新型空心结构领域展现出良好的应用前景。目前，利用 $Cu_2O$ 模板可制备多类物质的空心结构(包括金属硫化物、金属氢氧化物、金属氧化物、Ag/AgBr、Cu、贵金属及合金)。例如，采用单分散 $Cu_2O$ 模板，依据柯肯德尔效应可获得硫化铜空心结构，随后通过金属盐溶液与硫化铜发生阳离子交换可进一步制备出 CdS 和 ZnS 等空心结构。通过配位刻蚀 $Cu_2O$ 模板可构建出空心金属氢氧化物、氧化物和 Ag/AgBr。虽然利用 $Cu_2O$ 模板可控制备空心或具有规则几何形貌微/纳米结构的策略已趋于成熟，但其在构建单晶空心结构、核壳结构(core-shell)、"蛋黄-蛋壳"核壳结构(york-shell)、多层复合结构、多组元金属氧化物或合金空心结构、元素掺杂型空心结构等领域具有潜在的应用前景。总而言之，$Cu_2O$ 晶体在化学模板领域的应用，必将进一步丰富硬模板法可控制备空心纳米结构的基本理论，为新材料的开发提供一定的实验依据和理论基础。

### 参 考 文 献

[1] Wu H B, Chen J S, Hng H H, et al. Nanostructured metal oxide-based materials as advanced anodes for lithium-ion batteries [J]. Nanoscale, 2012, 4: 2526-2542.

[2] Lai X Y, Halpert J E, Wang D. Recent advances in micro-/nano-structured hollow spheres for energy applications: From simple to complex systems[J]. Energy & Environmental Science, 2012, 5: 5604-5618.

[3] Hu J, Chen M, Fang X, et al. Fabrication and application of inorganic hollow spheres[J]. Chemical Society Reviews, 2011, 40: 5472-5491.

[4] Zhang Q, Wang W S, Goebl J, et al. Self-templated synthesis of hollow nanostructures[J]. Nano Today, 2009, 4: 494-507.

[5] An K, Hyeon T. Synthesis and biomedical applications of hollow nanostructures[J]. Nano Today, 2009, 4: 359-373.

[6] Zhao Y, Jiang L. Hollow micro/nanomaterials with multilevelinterior structures[J]. Advanced Materials, 2009, 21: 3621-3638.

[7] Cheng F Y, Tao Z L, Liang J, et al. Template-directed materials for rechargeable lithium-ion batteries[J]. Chemistry of Materials, 2008, 20: 667-681.

[8] Lou X W, Archer L A, Yang Z. Hollow micro/nanostructures: Synthesis and applications[J]. Advanced Materials, 2008, 20: 3987-4019.

[9] Wang Z Y, Zhou L, Lou X W. Metal oxide hollow nanostructures for lithium-ion batteries[J]. Advanced Materials, 2012, 24: 1903-1911.

[10] Lou X W, Wang Y, Yuan C L, et al. Template-free synthesis of SnO₂ hollow nanostructures with high lithium storage capacity[J]. Advanced Materials, 2006, 18: 2325-2329.

[11] Liu Y, Goebl J, Yin Y. Templated synthesis of nanostructured materials[J]. Chemical Society Reviews, 2013, 42: 2610-2653.

[12] Aiyappa H B, Pachfule P, Banerjee R, et al. Porous carbons from nonporous MOFs: Influence of ligand characteristics on intrinsic properties of end carbon[J]. Crystal Growth & Design, 2013, 13: 4195-4199.

[13] Das R, Pachfule P, Banerjee R, et al. Metal and metal oxide nanoparticle synthesis from metal organic frameworks (MOFs): Finding the border of metal and metal oxides[J]. Nanoscale, 2012, 4: 591-599.

[14] Schneider D, Beltramo P J, Mattarelli M, et al. Elongated polystyrene spheres as resonant building blocks in anisotropic colloidal crystals[J]. Soft Matter, 2013, 9: 9129-9136.

[15] Zhu G, Qiu S, Terasaki O, et al. Polystyrene bead-assisted self-assembly of microstructured silica hollow spheres in highly alkaline media[J]. Journal of the American Chemical Society, 2001, 123: 7723-7724.

[16] Xu Z, Gao Y, Liu T, et al. General and facile method to fabricate uniform Y₂O₃:Ln³⁺ (Ln³⁺ = Eu³⁺, Tb³⁺) hollow microspheres using polystyrene spheres as templates[J]. Journal of Materials Chemistry, 2012, 22: 21695-21703.

[17] Li L, Zhai T Y, Zeng H B, et al. Polystyrene sphere-assisted one-dimensional nanostructure arrays: Synthesis and applications[J]. Journal of Materials Chemistry, 2011, 21: 40-56.

[18] Dong A G, Wang Y J, Tang Y, et al. Fabrication of compact silver nanoshells on polystyrene spheres through electrostatic attraction[J]. Chemical Communications, 2002, 4: 350-351.

[19] Kawahashi N, Shiho H. Copper and copper compounds as coatings on polystyrene particles and as hollow spheres[J]. Journal of Materials Chemistry, 2000, 10: 2294-2297.

[20] Cai Z, Liu Y J, Teng J, et al. Fabrication of large domain crack-free colloidal crystal heterostructures with superposition bandgaps using hydrophobic polystyrene spheres[J]. ACS Applied Materials & Interfaces, 2012, 4: 5562-5569.

[21] Li H Q, Ha C S, Kim I. Facile fabrication of hollow silica and titania microspheres using plasma-treated polystyrene spheres as sacrificial templates[J]. Langmuir, 2008, 24: 10552-10556.

[22] Yuan Q, Yang L B, Wang M Z, et al. The mechanism of the formation of multihollow polymer spheres through sulfonated polystyrene particles[J]. Langmuir, 2009, 25: 2729-2735.

[23] Zhang X, Liang J, Gao G, et al. The preparation of mesoporous $SnO_2$ nanotubes by carbon nanofibers template and their lithium storage properties[J]. Electrochimica Acta, 2013, 98: 263-267.

[24] Xu X, Liang J, Zhou H, et al. The preparation of uniform $SnO_2$ nanotubes with a mesoporous shell for lithium storage[J]. Journal of Materials Chemistry A, 2013, 1: 2995-2998.

[25] Ding S J, Chen J S, Lou X W. Glucose-assisted growth of $MoS_2$ nanosheets on CNT backbone for improved lithium storage properties[J]. Chemistry-A European Journal, 2011, 17: 13142-13145.

[26] Ding S J, Chen J S, Lou X W. One-dimensional hierarchical structures composed of novel metal oxide nanosheets on a carbon nanotube backbone and their lithium-storage properties[J]. Advanced Functional Materials, 2011, 21: 4120-4125.

[27] Ding S J, Chen J S, Lou X W. CNTs@$SnO_2$@carbon coaxial nanocables with high mass fraction of $SnO_2$ for improved lithium storage[J]. Chemistry-An Asian Journal, 2011, 6: 2278-2281.

[28] Pradhan B K, Kyotani T, Tomita A. Nickel nanowires of 4 nm diameter in the cavity of carbon nanotubes[J]. Chemical Communications, 1999, 14: 1317-1318.

[29] Deng R, Liang F, Li W, et al. Shaping functional nano-objects by 3D confined supramolecular assembly[J]. Small, 2013, 9: 4099-4103.

[30] Ras R H A, Kemell M, Wit J D, et al. Hollow inorganic nanospheres and nanotubes with tunable wall thicknesses by atomic layer deposition on self-assembled polymeric templates[J]. Advanced Materials, 2007, 19: 102-106.

[31] Cho H S, Choi S H, Kim J Y, et al. Fabrication of gold dot, ring, and corpuscle arrays from block copolymer templates via a simple modification of surface energy[J]. Nanoscale, 2011, 3: 5007-5012.

[32] Jiang L, Wang L, Zhang J. A direct route for the synthesis of nanometer-sized $Bi_2WO_6$ particles loaded on a spherical MCM-48 mesoporous molecular sieve[J]. Chemical Communications, 2010, 46: 8067-8069.

[33] Fukuoka A, Higashimoto N, Sakamoto Y, et al. Preparation and catalysis of Pt and Rh nanowires and particles in FSM-16[J]. Microporous Mesoporous Materials, 2001, 48: 171-179.

[34] Bertero E, Manzano C V, Burki G, et al. Stainless steel-like FeCrNi nanostructures via electrodeposition into AAO templates using a mixed-solvent Cr(III)-based electrolyte[J]. Materials & Design, 2020, 190: 108559.

[35] Park S J, Han H, Rhu H, et al. A versatile ultra-thin Au nanomesh from a reusable anodic aluminium oxide (AAO) membrane[J]. Journal of Materials Chemistry C, 2013, 1: 5330-5335.

[36] Yuan L, Meng S, Zhou Y, et al. Controlled synthesis of anatase $TiO_2$ nanotube and nanowire arrays via AAO template-based hydrolysis[J]. Journal of Materials Chemistry A, 2013, 1: 2552-2557.

[37] Su Z, Yan C, Tang D, et al. Fabrication of $Cu_2ZnSnS_4$ nanowires and nanotubes based on AAO templates[J]. CrystEngComm, 2012, 14: 782-785.

[38] Zhao S Y, Roberge H, Yelon A, et al. New application of AAO template: A mold for nanoring and nanocone arrays[J]. Journal of the American Chemical Society, 2006, 128: 12352-12353.

[39] Luo Z X, Yan F. Structural influence on Raman scattering of a new $C_{60}$ thin film prepared by AAO template with the method of pressure difference[J]. Journal of Combinatorial Chemistry, 2006, 8: 500-504.

[40] 孙少东. 氧化亚铜晶体的形貌控制合成及其生长机制研究[D]. 西安: 西安交通大学, 2011.

[41] Sun S D, Yang Z M. $Cu_2O$-templated strategy for synthesis of definable hollow architectures[J]. Chemical Communications, 2014, 50: 7403-7415.

[42] Zhang W X, Chen Z X, Yang Z H. An inward replacement/etching route to synthesize double-walled $Cu_7S_4$ nanoboxes and their enhanced performances in ammonia gas sensing[J]. Physical Chemistry Chemical Physics, 2009, 11: 6263-6268.

[43] Soon A, Todorova M, Delley B, et al. Thermodynamic stability and structure of copper oxide surfaces: A first-principles investigation[J]. Physical Review B, 2007, 75: 125420.

[44] Penn R L, Banfield J F. Oriented attachment and growth, twinning, polytypism, and formation of metastable phases: Insights from nanocrystalline TiO₂[J]. American Mineralogist, 1998, 83: 1077-1082.

[45] Penn R L, Banfield J F. Imperfect oriented attachment: Dislocation generation in defect-free nanocrystals[J]. Science, 1998, 281: 969-971.

[46] Peng X G, Wickham J, Alivisatos A P. Kinetics of II-VI and III-V colloidal semiconductor nanocrystal growth: "Focusing" of size distributions[J]. Journal of the American Chemical Society, 1998, 120: 5343-5344.

[47] Cheng Y, Wang Y S, Chen D, et al. Evolution of single crystalline dendrites from nanoparticles through oriented attachment[J]. The Journal of Chemical Physics B, 2005, 109: 794-798.

[48] Yeadon M, Ghaly M, Yang J C, et al. "Contact epitaxy" observed in supported nanoparticles[J]. Applied Physics Letters, 1998, 73: 3208-3210.

[49] Liu B, Yu S H, Li L J, et al. Nanorod-direct oriented attachment growth and promoted crystallization processes evidenced in case of ZnWO₄[J]. The Journal of Chemical Physics B, 2004, 108: 2788-2792.

[50] Lee W H, Shen P Y. On the coalescence and twinning of cube-octahedral CeO₂ condensates[J]. Journal of Crystal Growth, 1999, 205: 169-176.

[51] Dai Z R, Sun S H, Wang Z L. Phase transformation, coalescence, and twinning of monodisperse FePt nanocrystals[J]. Nano Letters, 2001, 1: 443-447.

[52] Yang H G, Zeng H C. Preparation of hollow anatase TiO₂ nanospheres via Ostwald ripening[J]. The Journal of Chemical Physics B, 2004, 108: 3492-3495.

[53] Murray C B, Norris D J, Bawendi M G. Synthesis and characterization of nearly monodisperse CdE (E = S, Se, Te) semiconductor nanocrystallites[J]. Journal of the American Chemical Society, 1993, 115: 8706-8715.

[54] Redmond P L, Hallock A J, Brus L E. Electrochemical Ostwald ripening of colloidal Ag particles on conductive substrates [J]. Nano Letters, 2005, 5: 131-135.

[55] Yin Y D, Rioux R M, Erdonmez C K, et al. Formation of hollow nanocrystals through the nanoscale Kirkendall effect[J]. Science, 2004, 304: 711-714.

[56] Dubinko V I, Klepikov V F. The influence of non-equilibrium fluctuations on radiation damage and recovery of metals under irradiation[J]. Journal of Nuclear Materials, 2007, 362: 146-151.

[57] Jiao S H, Xu L F, Jiang K, et al. Well-defined non-spherical copper sulfide mesocages with single-crystalline shells by shape-controlled Cu₂O crystal templating[J]. Advanced Materials, 2006, 18: 1174-1177.

[58] Sun S D, Song X P, Kong C C, et al. Unique polyhedral 26-facet CuS hollow architectures decorated with nanotwinned, mesostructural and single crystalline shells[J]. CrystEngComm, 2011, 13: 6200-6205.

[59] Colfen H, Mann S. Higher-order organization by mesoscale self-assembly and transformation of hybrid nanostructures[J]. Angewandte Chemie International Edition, 2003, 42: 2350-2365.

[60] Colfen H, Antonietti M. Mesocrystals: Inorganic superstructures made by highly parallel crystallization and controlled alignment[J]. Angewandte Chemie International Edition, 2005, 44: 5576-5591.

[61] Niederberger M, Colfen H. Oriented attachment and mesocrystals: Non-classical crystallization mechanisms based on nanoparticle assembly[J]. Physical Chemistry Chemical Physics, 2006, 8: 3271-3287.

[62] Zhou L, O'Brien P. Mesocrystals: A new class of solid materials[J]. Small, 2008, 4: 1566-1574.

[63] Song R Q, Colfen H. Mesocrystals-ordered nanoparticle superstructures[J]. Advanced Materials, 2010, 22: 1301-1330.

[64] Ahniyaz A, Sakamoto Y, Bergstrom L. Magnetic field-induced assembly of oriented superlattices from maghemite nanocubes[J]. Proceedings of the National Academy of Sciences of the United States of America, 2007, 104: 17570-17574.

[65] Ge Y, Jiang H, Sozinov A, et al. Crystal structure and macrotwin interface of five-layered martensite in Ni-Mn-Ga magnetic shape memory alloy[J]. Materials Science and Engineering: A, 2006, 438: 961-964.

[66] Sun S D, Deng D C, Song X P, et al. Twins in polyhedral 26-facet $Cu_7S_4$ cages: Synthesis, characterization and their enhancing photochemical activities[J]. Dalton Transactions, 2012, 41: 3214-3222.

[67] Sun S D, Song X P, Deng D C, et al. Nanotwins in polycrystalline $Cu_7S_4$ cages: Highly active architectures for enhancing photocatalytic activities[J]. Catalysis Science & Technology, 2012, 2: 1309-1314.

[68] Sun S D, Zhang X Z, Song X P, et al. Bottom-up assembly of hierarchical $Cu_2O$ nanospheres: Controllable synthesis, formation mechanism and enhanced photochemical activities[J]. CrystEngComm, 2012, 14: 3545-3553.

[69] Sun S D, Deng D C, Song X P, et al. Elucidating a twin-dependent chemical activity of hierarchical copper sulfide nanocages[J]. Physical Chemistry Chemical Physics, 2013, 15: 15964-15970.

[70] Zhang F, Wong S S. Controlled synthesis of semiconducting metal sulfide nanowires[J]. Chemistry of Materials, 2009, 21: 4541-4554.

[71] Sun S D, You H J, Kong C C, et al. Etching-limited branching growth of cuprous oxide during ethanol-assisted solution synthesis[J]. CrystEngComm, 2011, 13: 2837-2840.

[72] Roy P, Mondal K, Srivastava S K. Synthesis of twinned CuS nanorods by a simple wet chemical method[J]. Crystal Growth & Design, 2008, 8: 1530-1534.

[73] Rubbo M, Bruno M, Massaro F R, et al. The five twin laws of gypsum ($CaSO_4 \cdot 2H_2O$): A theoretical comparison of the interfaces of the penetration twins[J]. Crystal Growth & Design, 2012, 12: 3018-3024.

[74] Liu M C, Wang L Z, Lu G Q, et al. Twins in $Cd_{1-x}Zn_xS$ solid solution: Highly efficient photocatalyst for hydrogen generation from water[J]. Energy & Environmental Science, 2011, 4: 1372-1378.

[75] Lu L, Shen Y, Chen X, et al. Ultrahigh strength and high electrical conductivity in copper[J]. Science, 2005, 304: 422-426.

[76] Eun-Ji G, Hansol J, Eunji S, et al. Twinned nanoporous gold with enhanced tensile strength[J]. Acta Materials, 2018, 155: 253-261.

[77] Lu K, Lu L, Suresh S. Strengthening materials by engineering coherent internal boundaries at the nanoscale[J]. Science, 2009, 324: 349-352.

[78] Bezares J, Jiao S, Liu Y, et al. Indentation of nanotwinned fcc metals: Implications for nanotwin stability[J]. Acta Materials, 2012, 60: 4623-4635.

[79] Cheng G, Wei Y, Xiong J Y, et al. Same titanium glycolate precursor but different products: Successful synthesis of twinned anatase $TiO_2$ nanocrystals with excellent solar photocatalytic hydrogen evolution capability[J]. Inorganic Chemistry Frontiers, 2017, 4: 1319-1329.

[80] Liu M C, Chen Y B, Su J Z, et al. Photocatalytic hydrogen production using twinned nanocrystals and an unanchored $NiS_x$ co-catalyst[J]. Nature Energy, 2016, 1: 16151.

[81] Dong W Y, Liu Y T, Zeng G M, et al. Regionalized and vectorial charges transferring of $Cd_{1-x}Zn_xS$ twin nanocrystal homojunctions for visible-light driven photocatalytic applications[J]. Journal of Colloid and Interface Science, 2018, 518: 156-164.

[82] Du H, Liang K, Yuan C Z, et al. Bare Cd₁₋ₓZnₓS ZB/WZ heterophase nanojunctions for visible light photocatalytic hydrogen production with high efficiency[J]. ACS Applied Materials & Interfaces, 2016, 8: 24550-24558.

[83] Zhao X, Luo Z M, Hei T J, et al. One-pot synthesis of ZnₓCd₁₋ₓS nanoparticles with nano-twin structure[J]. Journal of Photochemistry and Photobiology A: Chemistry, 2019, 382: 111919.

[84] Han Z H, Hong W Z, Xing W N, et al. Shockley partial dislocation-induced self-rectified 1D hydrogen evolution photocatalyst[J]. ACS Applied Materials & Interfaces, 2019, 11: 20521-20527.

[85] Huang H M, Wang Z L, Luo B, et al. Design of twin junction with solid solution interface for efficient photocatalytic H₂ production[J]. Nano Energy, 2020, 69: 104410.

[86] Wood E L, Sansoz F. Growth and properties of coherent twinning superlattice nanowires[J]. Nanoscale, 2012, 4: 5268-5276.

[87] Kudo A, Miseki Y. Heterogeneous photocatalyst materials for water splitting[J]. Chemical Society Reviews, 2009, 38: 253-278.

[88] Yu H B, Wang W H, Zhang J L, et al. Statistic analysis of the mechanical behavior of bulk metallic glasses[J]. Advanced Engineering Materials, 2009, 11: 370-373.

[89] Broniatowski A. Multicarrier trapping by copper microprecipitates in silicon[J]. Physical Review Letters, 1989, 62: 3074-3077.

[90] Spicer W E, Lindau I, Skeath P, et al. Unified mechanism for Schottky-barrier formation and III-V oxide interface states[J]. Physical Review Letters, 1980, 44: 420-423.

[91] Wu H L, Sato R, Yamaguchi A, et al. Formation of pseudomorphic nanocages from Cu₂O nanocrystals through anion exchange reactions[J]. Science, 2016, 351: 1306-1310.

[92] 孔春才. 基于氧化亚铜模板的分等级结构的可控合成及相关性能研究[D]. 西安: 西安交通大学, 2014.

[93] Sun S D, Zhang X Z, Sun Y X, et al. Facile water-assisted synthesis of cupric oxide nanourchins and their application as nonenzymatic glucose biosensor[J]. ACS Applied Materials & Interfaces, 2013, 5: 4429-4437.

[94] Dubal D P, Gund G S, Holze R, et al. Mild chemical strategy to grow micro-roses and micro-woolen like arranged CuO nanosheets for high performance supercapacitors[J]. Journal of Power Sources, 2013, 242: 687-698.

[95] Heng B J, Qing C, Sun D M, et al. Rapid synthesis of CuO nanoribbons and nanoflowers from the same reaction system, and a comparison of their supercapacitor performance[J]. RSC Advances, 2013, 3: 15719-15726.

[96] Park J C, Kim J, Kwon H, et al. Gram-scale synthesis of Cu₂O nanocubes and subsequent oxidation to CuO hollow nanostructures for lithium-ion battery anode materials[J]. Advanced Materials, 2008, 20: 1-5.

[97] Kong C C, Tang L L, Zhang X Z, et al. Templating synthesis of hollow CuO polyhedron and its application for nonenzymatic glucose detection[J]. Journal of Materials Chemistry A, 2014, 2: 7306-7312.

[98] Xu J F, Ji W, Shen Z X, et al. Raman spectra of CuO nanocrystals[J]. Journal of Raman Spectroscopy, 1999, 30: 413-415.

[99] Wang J, Liu Y C, Wang S Y, et al. Facile fabrication of pompon-like hierarchical CuO hollow microspheres for high-performance lithium-ion batteries[J]. Journal of Materials Chemistry A, 2014, 2: 1224-1229.

[100] Park J C, Kim J H, Kwon H, et al. Gram-scale synthesis of Cu₂O nanocubes and subsequent oxidation to CuO hollow nanostructures for lithium-ion battery anode materials[J]. Advanced Materials, 2009, 21: 803-807.

[101] Zhang L, Cui Z M, Wu Q, et al. Cu₂O-CuO composite microframes with well-designed micro/nano structures fabricated via controllable etching of Cu₂O microcubes for CO gas sensors[J]. CrystEngComm, 2013, 15: 7462-7467.

[102] Qin Y, Che R, Liang C, et al. Synthesis of Au and Au-CuO cubic microcages via an in situ sacrificial template approach [J]. Journal of Materials Chemistry, 2011, 21: 3960-3965.

[103] Kim J Y, Kwon Y W, Lee H J. Metal ion-assisted reshaping of $Cu_2O$ nanocrystals for catalytic applications[J]. Journal of Materials Chemistry A, 2013, 1: 14183-14188.

[104] Kuo C H, Huang M H. Fabrication of truncated rhombic dodecahedral $Cu_2O$ nanocages and nanoframes by particle aggregation and acidic etching[J]. Journal of the American Chemical Society, 2008, 130: 12815-12820.

[105] Sui Y M, Fu W Y, Zeng Y, et al. Synthesis of $Cu_2O$ nanoframes and nanocages by selective oxidative etching at room temperature[J]. Angewandte Chemie International Edition, 2010, 49: 4282-4285.

[106] Sohn J H, Cha H G, Kim C W, et al. Fabrication of hollow metal oxide nanocrystals by etching cuprous oxide with metal（II）Ions: Approach to the essential driving force[J]. Nanoscale, 2013, 5: 11227-11233.

[107] Wang Z Y, Luan D Y, Li C M, et al. Engineering nonspherical hollow structures with complex interiors by template-engaged redox etching[J]. Journal of the American Chemical Society, 2010, 132: 16271-16277.

[108] Wang Z Y, Luan D Y, Boey F Y C, et al. Fast formation of $SnO_2$ nanoboxes with enhanced lithium storage capability[J]. Journal of the American Chemical Society, 2011, 133: 4738-4741.

[109] Wang Z Y, Lou X W. $TiO_2$ nanocages: Fast synthesis, interior functionalization and improved lithium storage properties[J]. Advanced Materials, 2012, 24: 4124-4129.

[110] Nai J W, Tian Y, Guan X, et al. Pearson's principle inspired generalized strategy for the fabrication of metal hydroxide and oxide nanocages[J]. Journal of the American Chemical Society, 2013, 135: 16082-16091.

[111] Han D, Song P, Zhang H H, et al. $Cu_2O$ template-assisted synthesis of porous $In_2O_3$ hollow spheres with fast response towards acetone[J]. Materials Letters, 2014, 124: 93-96.

[112] Guo H, Liu L X, Li T T, et al. Accurate hierarchical control of hollow crossed $NiCo_2O_4$ nanocubes for superior lithium storage[J]. Nanoscale, 2014, 6: 5491-5497.

[113] Kong C C, Ma B, Liu K, et al. Templated-synthesis of hierarchical Ag-AgBr hollow cubes with enhanced visible-light-responsive photocatalytic activity[J]. Applied Surface Science, 2018, 443: 492-496.

[114] Sun S D, Kong C C, Deng D C, et al. Nanoparticle-aggregated octahedral copper hierarchical nanostructures[J]. CrystEngComm, 2011, 13: 63-66.

[115] Kong C C, Sun S D, Zhang X Z, et al. Nanoparticle-aggregated hollow copper microcages and their surface-enhanced Raman scattering activity[J]. CrystEngComm, 2013, 15: 6136-6139.

[116] Sun S D, Kong C C, Wang L Q, et al. Nanoparticle-aggregated paddy-like copper dendritic nanostructures[J]. CrystEngComm, 2011, 13: 1916-1921.

[117] Rej S, Madasu M, Tan C S, et al. Polyhedral $Cu_2O$ to Cu pseudomorphic conversion for stereoselective alkyne semihy drogenation[J]. Chemical Science, 2018, 9: 2517-2524.

[118] Liu X W. $Cu_2O$ microcrystals: A versatile class of self-templates for the synthesis of porous Au nanocages with various morphologies[J]. RSC Advances, 2011, 1: 1119-1125.

[119] Li Q, Xu P, Zhang B, et al. Self-supported Pt nanoclusters via galvanic replacement from $Cu_2O$ nanocubes as efficient electrocatalysts[J]. Nanoscale, 2013, 5: 7397-7402.

[120] Hong F, Sun S D, You H J, et al. $Cu_2O$ template strategy for the synthesis of structure-definable noble metal alloy mesocages[J]. Crystal Growth & Design, 2011, 11: 3694-3697.

[121] Wang Y Q, Gao T, Wang K, et al. Template-assisted synthesis of uniform nanosheet-assembled silver hollow microcubes[J]. Nanoscale, 2012, 4: 7121-7126.

[122] Kong C C, Lv J, Sun S D, et al. Copper-templated synthesis of gold microcages for sensitive surface-enhanced Raman scattering activity[J]. RSC Advances, 2014, 4: 27074-27077.

[123] Ma B, Kong C C, Hu X X, et al. A sensitive electrochemical nonenzymatic biosensor for the detection of $H_2O_2$ released from living cells based on ultrathin concave Ag nanosheets[J]. Biosensors and Bioelectronics, 2018, 106: 29-36.